"十二五"职业教育规划教材

传感器与检测技术

CHUANGANQI YU JIANCE JISHU

张晓娜　胡孟谦　主编

祁翠琴　万晓航　刘 杰　张军翠　副主编

韩提文　主审

化学工业出版社

·北京·

本书系统介绍了传感器与检测技术的相关概念、常见传感器的工作原理、现代检测技术等内容，内容深入浅出，强调传感器在检测中的应用，突出新颖性、系统性、技术性、知识性、趣味性、实用性和可操作性。采用项目式编写体例。同时，教材内容紧跟传感器与检测技术的发展，及时将新技术、应用引入教材，并将常用传感器单独设置为项目，便于教师根据所在院校的实际情况选择使用。

为方便教学，本书配套电子课件。

本书适合作为高职高专院校机电设备类、制造类、自动化类、电子信息类及计算机应用类专业的教学用书，也可作为机电及测试类本科专业学生参考用书及工程技术人员参考资料。

图书在版编目（CIP）数据

传感器与检测技术/张晓娜，胡孟谦主编. —北京：化学工业出版社，2014.1（2021.8重印）

“十二五”职业教育规划教材

ISBN 978-7-122-19114-4

Ⅰ.①传… Ⅱ.①张…②胡… Ⅲ.①传感器-检测-高等职业教育-教材 Ⅳ.①TP212

中国版本图书馆CIP数据核字（2013）第279219号

责任编辑：韩庆利 王金生　　装帧设计：韩 飞

责任校对：徐贞珍

出版发行：化学工业出版社（北京市东城区青年湖南街13号 邮政编码100011）

印　　装：北京虎彩文化传播有限公司

787mm×1092mm 1/16 印张9¾ 字数237千字 2021年8月北京第1版第4次印刷

购书咨询：010-64518888　　售后服务：010-64518899

网　　址：http：//www.cip.com.cn

凡购买本书，如有缺损质量问题，本社销售中心负责调换。

定　　价：30.00元

前　言

本书内容符合国家教育部关于“高等教育要面向 21 世纪教学内容和课程体系改革计划”的基本要求，根据教育部制定的《高职高专教育专业人才培养目标及规格》的要求，结合专业实际教学的需要编写。

传感器技术是现代科学技术的重要组成部分，在当今时代，随着自动检测技术、控制技术的发展，传感器技术已经成为许多专业工程技术人员必须掌握的技术之一。传感器技术是测量和控制技术的基础，用传感器将非电量转换成电量，从而对原始信息进行精确可靠地捕获和转换。

本书采用项目式编写体例，每个项目包括“项目描述”、“任务导入”、“基本知识与技能”、“任务实施”、“课外实训”、“知识拓展”、“项目小结”、“习题与训练”八个栏目，系统介绍了传感器与检测技术的相关概念、常见传感器的工作原理、现代检测技术等内容，内容深入浅出，强调传感器在检测中的应用，突出新颖性、系统性、技术性、知识性、趣味性、实用性和可操作性。每个项目中的学习任务介绍传感器的类型、结构、特性、原理、技术参数和选用方法，简化了理论，避免过多的公式推导和电路分析，然后结合实例介绍传感器的应用。同时，教材内容紧跟传感器与检测技术的发展，及时将新技术、应用引入教材，并将常用传感器单独设置为项目，便于教师根据所在院校的实际情况选择使用。

本书适合作为高职高专院校机电设备类、制造类、自动化类、电子信息类及计算机应用类专业的教学用书，也可作为机电及测试类本科专业学生参考用书及工程技术人员参考资料。

本书项目 1、项目 3 由张晓娜编写，项目 2、项目 4 由胡孟谦编写，项目 5 由万晓航编写，项目 6 由祁翠琴编写，项目 7 由张军翠编写，文字校对和绘图工作由刘杰完成，解景浦、段永彬、赵宇辉、赵玉、冯之权等也参与本书的编写。全书由张晓娜统稿，韩提文教授主审。

由于编者水平所限，书中如有不足之处敬请使用本书的师生与读者批评指正，以便修订时改进。如读者在使用本书的过程中有其他意见或建议，恳请向编者提出宝贵意见（编者 E-mail：humeq@126. com）。

编者

目　录

项目 1　传感器与自动检测数据处理

【项目描述】

检测是指在各类生产、科研、试验及服务等领域，为及时获得被测、被控对象的有关信息而实时或非实时地对一些参量进行定性检查和定量测量。

对工业生产而言，采用各种先进的检测技术对生产全过程进行检查、监测，对确保安全生产，保证产品质量，提高产品合格率，降低能源和原材料消耗，提高企业的劳动生产率和经济效益是必不可少的。传感器用于非电量的检测，检测的目的不仅是为了获得信息或数据，在一定程度上讲更主要是为了生产和研究的需要。因此检测系统的终端设备应该包括各种指示、显示和记录仪表，以及可能的各种控制用的伺服机构或元件。

本项目主要学习传感器的基本知识，特点、作用和组成，传感器的应用，传感器的特性与常用的检测数据处理方法。

【知识目标】

学习什么是传感器，掌握传感器的定义、组成、作用，了解传感器的分类、主要性能指标，熟悉检测数据处理方法。

【技能目标】

认识各种设备中最常见的传感器。

任务 1.1　传感器的认识

任务导入

在现代化的大都市中，高楼大厦鳞次栉比，大厦里看似舒适的环境，却因空调系统的通风管道清洁不便致使室内空气污浊，影响人们的身体健康。在狭小的空间里，要完成清扫工作是件不容易的事。

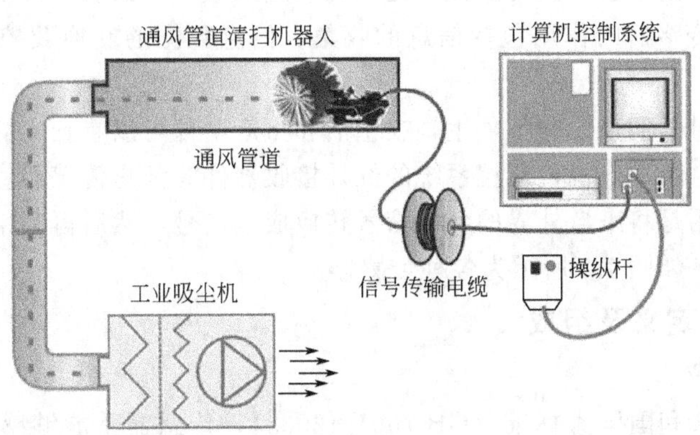

图 1-1　大厦中央空调系统的通风管道示意图

瑞典某公司设计的通风管道清洗机器人专门用于清洁及维护大厦中央空调系统的通风管道，如图 1-1 所示。

管道清洗机器人是由坦克状的车、各种传感器、显示器、录像机、控制箱及操控杆组成。工作人员可以根据机器人感受到的外部信息用操控杆控制机器人前进、倒退、转弯，清扫通风管道。机器人之所以能感受到外界环境的各种信息，正是因为在机器人的各部位安装了相应的传感器来感觉环境信息。

什么是传感器？它能够起什么作用？本课题任务就是认识传感器，了解传感器在人们生活以及自动化生产中的作用。

1.1.1 传感器的认识

传感器是一种检测装置，是自动化系统和机器人技术中的关键部件，它是实现自动检测的首要环节，为自动控制提供控制依据。传感器在机械电子、测量、控制、计量等领域应用广泛。

人们为了从外界获取信息，需要依靠人的五种感觉器官（视、听、嗅、味、触）感受外界信息。在自动控制系统中，也需要获取外界信息，这些需要依靠传感器来完成。如图 1-2 所示，人们把电子计算机比作人的大脑，把传感器比作人的五种感觉器官，执行器比作人的四肢。

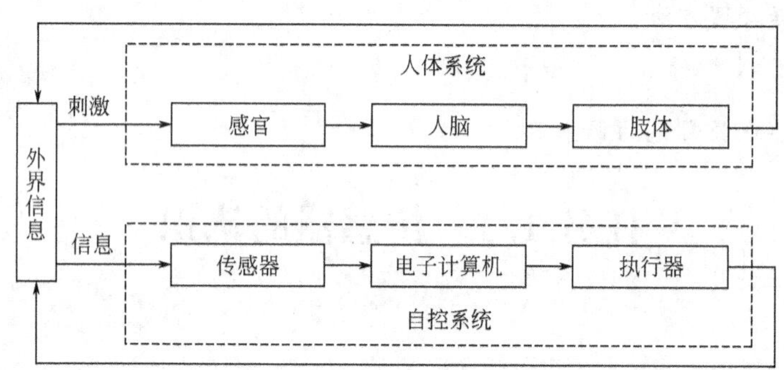

图 1-2 人体与自控系统的对应关系

尽管传感器与人的感觉器官相比还有许多不完善的地方，但传感器在诸如高温、高湿、深井、高空等环境及高精度、高可靠性、远距离、超细微等方面所表现出来的能力是人的感官所不能代替的。传感器的作用包括信息的收集、信息数据的交换及控制信息的采集三大内容。

实际上传感器对我们来说并不陌生，在生活和生产中都可以看到它们的身影，如声光控节能开关中的光敏电阻、电视机遥控系统的红外接收器件等都是传感器。传感器实际上是一种功能模块，其作用是将来自外界的各种信号转换成电信号，然后再利用后续装置或电路对此电信号进行处理。如图 1-3 所示为各种传感器。

1.1.2 传感器的定义及组成

1. 传感器的定义

根据中华人民共和国国家标准（GB 7665—2005），传感器是能够感受规定的被测量并按照一定的规律转换成可用输出信号的器件或装置。对此定义需要明确以下几点：

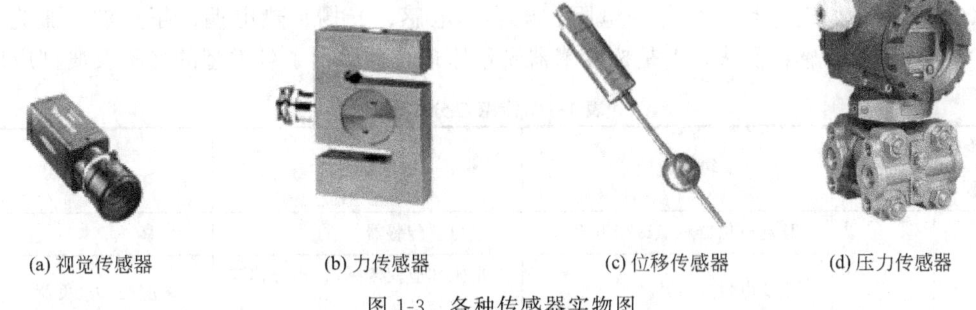

(a) 视觉传感器　(b) 力传感器　(c) 位移传感器　(d) 压力传感器

图 1-3　各种传感器实物图

(1) 传感器是一种能够检测被测量的器件或装置；

(2) 被测量可以是物理量、化学量或生物量等；

(3) 输出信号要便于传输、转换、处理、显示等，一般是电参量；

(4) 输出信号要正确地反映被测量的数值、变化规律等，即两者之间要有确定的对应关系，且应具有一定的精确度。

2. 传感器的组成

传感器一般由敏感元件、转换元件和转换电路组成。如图 1-4 所示。

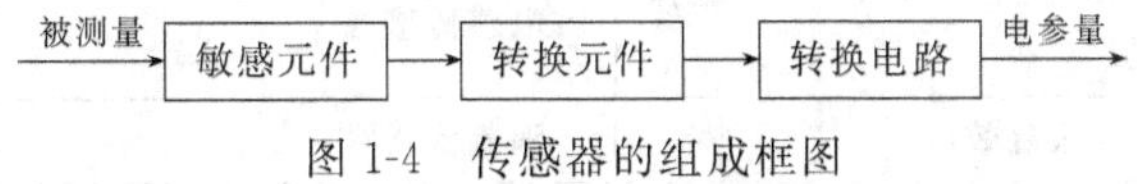

图 1-4　传感器的组成框图

(1) 敏感元件

敏感元件是直接感受被测量，并输出与被测量成确定关系的其他物理量的元件。如后续项目要介绍的对力敏感的电阻应变片、对光敏感的光敏电阻、对温度敏感的热敏电阻等。

(2) 转换元件

转换元件也叫传感元件，是将敏感元件的输出量转换成电参量（电阻、电容等）的元件。有些传感器的敏感元件和转换元件合二为一，它感受被测量并直接输出电参量，如热电偶等；有些传感器，转换元件不止一个，要经过若干次转换。

(3) 转换电路

转换电路将转换元件输出的电参量转换为电压、电流或电频率。如果转换元件的输出已经是电压、电流或电频率，则不需要转换电路。

需要注意，不是所有的传感器均由以上三部分组成。最简单的传感器是由一个敏感元件（兼转换元件）组成，它感受被测量时直接输出电量，如热电偶传感器。有些传感器由敏感元件和转换元件组成，而没有转换电路，如压电式加速度传感器，其中质量块是敏感元件，压电片（块）是转换元件。有些传感器，转换元件不止一个，要经过若干次转换。另外，一般情况下，转换电路后续电路，如信号放大、处理、显示等电路就不应包括在传感器的组成范围之内。

1.1.3　传感器的分类

目前传感器主要有几种分类方法：根据传感器工作原理分类法，根据传感器能量转换情况分类法，根据传感器转换原理分类法和按照传感器的使用分类法。

常用的分类方法有：

(1) 按被测量分类　可分为位移、力、力矩、转速、振动、加速度、温度、压力、流量、流速等传感器。

(2) 按测量原理分类 可分为电阻、电容、电感、光栅、热电偶、超声波、激光、红外、光导纤维等传感器。表1-1是按传感器测量原理分类给出了各类型的名称及典型应用。

表1-1 传感器分类表

传感器分类		转换原理	传感器名称	典型应用
转换形式	中间参量			
电参数	电阻	移动电位器触点改变电阻	电位器传感器	位移
		改变电阻丝或片的尺寸	电阻丝应变传感器、半导体应变传感器	微应变、力、负荷
		利用电阻的温度效应(电阻温度系数)	热线传感器	气流速度、液体流量
			电阻温度传感器	温度、辐射热
			热敏电阻传感器	温度
		利用电阻的光敏效应	光敏电阻传感器	光强
		利用电阻的湿度效应	湿敏电阻	湿度
	电容	改变电路几何尺寸	电容传感器	力、压力、负荷、位移
		改变电容的介电常数		液位、厚度、含水量
	电感	改变磁路几何尺寸、导磁体位置	电感传感器	位移
		涡流去磁效应	涡流传感器	位移、厚度、硬度
		利用压磁效应	压磁传感器	力、压力
		改变互感	差动变压器	位移
			自整角机	位移
			旋转变压器	位移
	频率	改变谐振回路中的固有参数	振弦式传感器	压力、力
			振筒式传感器	气压
			石英谐振传感器	力、温度等
	计数	利用莫尔条纹	光栅	大角位移、大直线位移
		改变互感	感应同步器	
		利用数字编码	角度编码器	
	数字	利用数字编码	角度编码器	大角位移
电量	电动势	温差电动势	热电偶	温度、热流
		霍尔效应	霍尔传感器	磁通、电流
		电磁感应	磁电传感器	速度、加速度
		光电效应	光电池	光强
	电荷	辐射电离	电离室	离子计数、放射性强度
		压力电效应	压电传感器	动态力、加速度

1.1.4 传感器的应用

1. 传感器在工业检测和自动控制系统中的应用

在石油、化工、电力、钢铁、机械等工业生产中需要及时检测各种工艺参数的信息，通过电子计算机或控制器对生产过程进行自动化控制。

2. 传感器在家用电器中的应用

现代家庭中，用电厨具、空调器、电冰箱、洗衣机、电子热水器、安全报警器、吸尘器、电熨斗、照相机、音像设备等都用到了传感器。

3. 传感器在基础科学研究中的应用

在基础科学研究中，传感器具有突出的地位。例如，对深化物质认识、开拓新能源新材料等具有重要作用的各种尖端技术研究，如超高温、超低温、超高压、超高真空、超强磁场、超弱磁场等等。显然，要获取大量人类感官无法获取的信息，没有相应的传感器是不可能的。许多基础科学研究的障碍，首先就在于对研究对象的信息获取存在困难，而一些新机理和高灵敏度的检测仪器的出现，往往会导致该领域内的突破。一些传感器的发展，往往是一些边缘学科开发的先驱。

4. 传感器在汽车中的应用

目前，传感器在汽车上不只限于测量行驶速度、行驶距离、发动机旋转速度以及燃料剩余量等有关参数，而且在一些新设施中，如汽车安全气囊、防滑控制等系统，防盗、防抱死、排气循环、电子变速控制、电子燃料喷射等装置以及汽车“黑匣子”等都安装了相应的传感器。美国为实现汽车自动化，曾在一辆汽车上安装了数百只传感器去检测不同的信息。

5. 传感器在机器人中的应用

在生产用的单能机器人中，传感器用来检测臂的位置和角度；在智能机器人中，传感器用作视觉和触觉感知器。在日本，机器人成本的二分之一是耗费在高性能传感器上的。

6. 传感器在医学中的应用

在医疗上，应用传感器可以准确测量人体温度、血压、心脑电波，并帮助医生对肿瘤等进行诊断。

7. 传感器在环境保护中的应用

为了保护环境，研制用以监测大气、水质及噪声污染的传感器，已被世界各国所重视。

8. 传感器在航空航天中的应用

在航空航天领域，飞行的速度、加速度、位置、姿态、温度、气压、磁场、振动都需要测量。“阿波罗10号”飞船需要对3295个参数进行检测，其中，温度传感器559个，压力传感器140个，信号传感器501个，遥控传感器142个，专家说：整个宇宙飞船就是高性能传感器的集合体。

此外，传感器在国防军事（雷达探测系统、水声目标定位系统、红外制导系统等）、刑事侦查（声音、指纹识别）、交通管理（车流量统计、车速监测、车牌识别）等都有广泛的应用。

任务实施

管道清洗机器人是由坦克状的车、各种传感器、显示器、录像机、控制箱及操控杆组成。工作人员可以根据机器人感受到的外部信息用操控杆控制机器人前进、倒退、转弯，清扫通风管道。机器人之所以能感受到外界环境的各种信息，正是因为在机器人的各部位安装了相应的传感器来感觉环境信息。

任务 1.2 传感器的特性分析与检测数据处理

传感器所要测量的信号可能是恒定量或缓慢变化的量，也可能随时间变化较快，无论哪种情况，使用传感器的目的都是使其输出信号能够准确地反映被测量的数值或变化情况。而且在机电一体化产品中，被测量的控制和信息处理多数采用计算机来实现，因此传感器的被测信号一般需要被采集到计算机中作进一步处理，以便获得所需信息的控制和显示信息。本任务就是了解传感器的基本特性，信号处理及传感器的标定和选择。

要实时监测一个高温箱的温度：测量温度大约为 50～80℃，检测结果的精度要达到 1℃。现有三种带数字显示表的温度传感器，它们的量程分别是 0～500℃、0～300℃、0～100℃，精度等级分别是 0.2 级、0.5 级和 1.0 级，为了满足需要，你应该怎样选择呢？判别传感器好坏的标准是什么？

基本知识与技能

1.2.1 传感器的基本特性

传感器的特性主要是指输出与输入之间的关系，它有静态、动态之分。静态特性是指当输入量为常量或变化极慢时，即被测量各个值处于稳定状态时的输入输出关系。动态特性是描述传感器在被测量随时间变化时的输出和输入的关系。对于加速度等动态测量的传感器必须进行动态特性的研究，通常是用输入正弦或阶跃信号时传感器的响应来描述的，即传递函数和频率响应。这里仅介绍传感器静特性的一些指标。

1. 线性度

传感器的静态特性是在静态标准条件下，利用一定等级的校准设备对传感器进行往复循环测试，得出输出-输入特性（列表或曲线）。通常，希望这个特性（曲线）为线性，这给标定和数据处理带来方便。但实际的输出-输入特性或多或少地都存在着非线性问题，只能接近线性，对比理论直线有偏差，如图 1-5 所示。

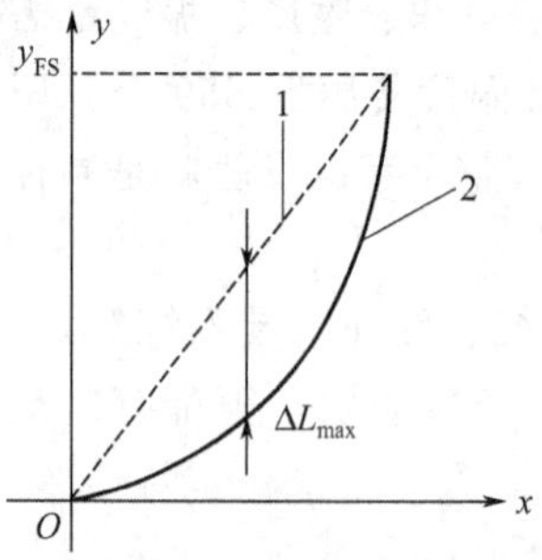

图 1-5 线性误差

1—拟合曲线；2—实际曲线

实际曲线与其两个端点连线（拟合曲线）之间的偏差称为传感器的非线性误差。取其最大偏差与理论满量程之比作为评价线性度（或非线性误差）的指标。

$$e_L = \pm \frac{\Delta L_{max}}{y_{FS}} \times 100\% \qquad (1\text{-}1)$$

式中 ΔL_{max}——输出平均值与拟合直线间的最大偏差；

y_{FS}——理论满度值。

2. 迟滞

传感器在正向行程（输入量增大）、反向行程（输入量减小）中输出、输入曲线不重合称为迟滞，如图 1-6 所示。也就是说，对应于同一大小的输入信号，传感器的输出信号大小不相等。一般用两曲线之间输出量的最大差值 ΔH_{max} 与满量程输出 y_{FS} 的百分比来表示迟滞误差，即

$$e_{H}=\pm\frac{\Delta H_{max}}{y_{FS}}\times100\% \tag{1-2}$$

式中　ΔH_{max}——正反行程间输出的最大差值；

y_{FS}——理论满度值。

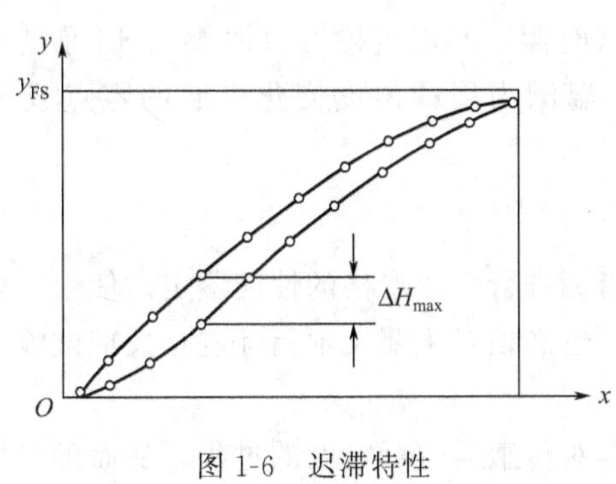

图1-6　迟滞特性

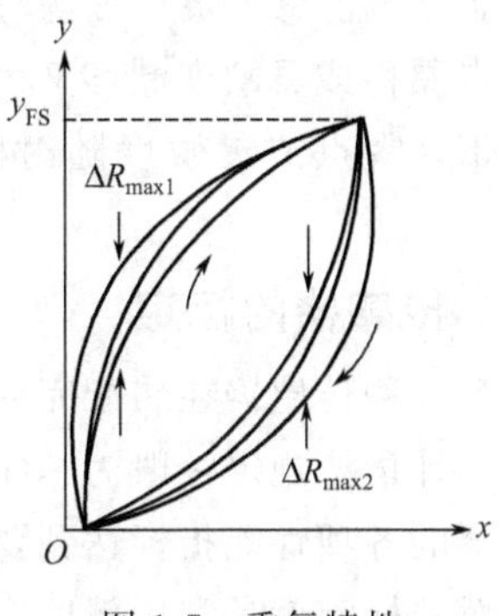

图1-7　重复特性

产生迟滞的原因是：传感器的机械部分、结构材料方面存在不可避免的弱点，如轴承摩擦、间隙等。

3．重复性

重复性是指传感器的输入量按同一方向变化，作全量程连续多次测量时所得到的曲线不一致的程度。图1-7所示为校正曲线的重复特性。

正行程的最大重复性偏差为ΔR_{max1}，反行程的最大重复性偏差为ΔR_{max2}。重复性偏差取这两个最大偏差中之较大者为ΔR_{max}，再以ΔR_{max}与满量程输出y_{FS}的百分比表示，即

$$e_{R}=\pm\frac{\Delta R_{max}}{y_{FS}}\times100\% \tag{1-3}$$

4．灵敏度

传感器输出的变化量Δy与引起该变化量的输入量变化Δx之比即为其静态灵敏度。表达式为

$$K=\frac{\Delta y}{\Delta x} \tag{1-4}$$

即传感器的灵敏度就是校准曲线的斜率。

线性传感器特性曲线的斜率处处相同，灵敏度K是常数。以拟合直线作为其特性的传感器，也可认为其灵敏度为一常数，与输入量的大小无关。非线性传感器的灵敏度不是常数，应以$\mathrm{d}y/\mathrm{d}x$表示。

5．分辨力和阈值

分辨力是指传感器能检测到的最小的输入增量。分辨力可用绝对值表示，也可用满量程的百分数表示。

当一个传感器的输入从零开始极缓慢地增加，只有达到了某一最小值后，才能测出输出变化，这个最小值就称为传感器的阈值。事实上阈值是传感器在零点附近的分辨力。

分辨力说明了传感器最小可测出的输入变量，而阈值则说明了传感器的可测出的最小输入量。

6．稳定性

稳定性有短期稳定性和长期稳定性之分。传感器常用长期稳定性描述其稳定性，它是指

在室温条件下，经过相当长的时间间隔，如一天、一月或一年，传感器的输出与起始标定时的输出之间的差异。通常又用其不稳定性来表征其输出的稳定程度。

7. 漂移

漂移指在一定时间间隔内，传感器输出量存在着与被测输入量无关的、不需要的变化。漂移包括零点漂移与灵敏度漂移。

零点漂移或灵敏度漂移又可分为时间漂移（时漂）和温度漂移（温漂）。时漂是指在规定条件下，零点或灵敏度随时间的缓慢变化；温漂为周围温度变化引起的零点或灵敏度漂移。

1.2.2 传感器的标定

任何一种传感器在装配完后都必须按设计指标进行全面严格的性能鉴定。使用一段时间后（中国计量法规定一般为一年）或经过修理，也必须对主要技术指标进行校准试验，以确保传感器的各项性能指标达到要求。

传感器标定就是利用精度高一级的标准器具对传感器进行定度的过程，从而确立传感器输出量和输入量之间的对应关系，同时也确定不同使用条件下的误差关系。

为了保证各种被测量量值的一致性和准确性，很多国家都建立了一系列计量器具（包括传感器）鉴定的组织、规程和管理办法。我国由原国家计量局、中国计量科学研究院和部、省、市计量部门以及一些企业的计量站进行制定和实施。国家计量局（1989 年后改为国家技术监督局）制定和发布了力值、长度、压力、温度等一系列计量器具规程，并于 1985 年 9 月公布了《中华人民共和国计量法》。

工程测量中传感器的标定，应在与其使用条件相似的环境下进行。为获得较高的标定精度，应将传感器及其配用的电缆（尤其是电容式、压电式传感器等）、放大器等测试系统一起标定。

传感器标定工作的内容包括对新研发的传感器进行全面的技术性能鉴定，并将鉴定的数据进行量值传递；对经过一段时间储存或使用后的传感器进行复测，通过再次鉴定来判定被复测的传感器是否可以继续使用；对可以继续使用但某些指标发生了变化的传感器，则需要重新标定并修正相应的原始数据。

传感器的标定工作分为静态标定和动态标定两种。传感器的静态标定主要是检验、测试传感器或整个系统的静态特性指标，如静态灵敏度、线性度、迟滞、重复性等。传感器的动态标定主要是检验、测试传感器或整个系统的动态特性指标，如动态灵敏度、频率响应等。

1.2.3 传感器信号处理

各种非电量经传感器检测转变为电信号，这些电信号比较微弱，并与输入的被测量之间呈非线性关系，因此需要经过信号放大、隔离、滤波、A/D 转换、线性化处理、误差修正等处理。

1. 传感器信号预处理

传感器与微机的接口电路主要由信号预处理电路、数据采集系统和计算机接口电路组成，如图 1-8 所示。其中，预处理电路把传感器输出的非电压量转换成具有一定幅值的电压量；数据采集系统把模拟电压量转换成数字量；计算机接口电路把 A/D 转换后的数字信号送入计算机，并把计算机发出的控制信号送至输入接口的各功能部件；计算机还可通过其他接口把信息数据送往显示器、控制器、打印机等等。由于信号预处理电路随被测量和传感器而不同，常用的传感器信号的预处理方法有以下几种：

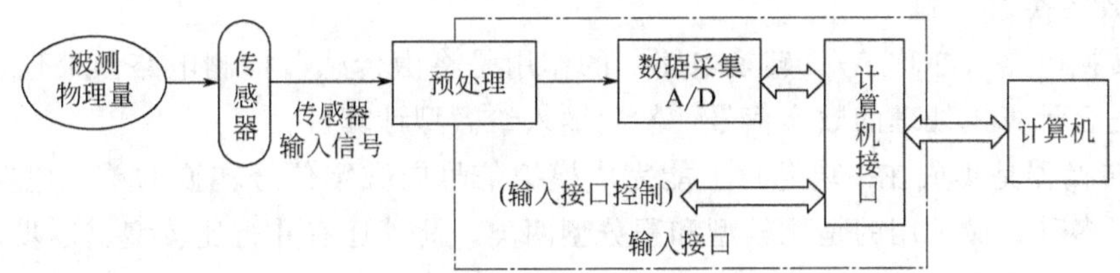

图1-8　传感器与微机的接口框图

（1）电桥电路把传感器的电阻、电感和电容值转换为电流或电压值。

（2）电流电压转换电路将传感器的电流输出转换为电压值。

（3）频率电压转换电路把传感器输出的频率信号转换为电流或电压值。

（4）放大电路将传感器输出的微弱信号放大。

（5）阻抗变换电路在传感器输出为高阻抗的情况下，变换为低阻抗，以便于检测电路准确地拾取传感器的输出信号。

（6）电荷放大器将电场型传感器输出产生的电荷量转换为电压值。

（7）交-直流转换电路在传感器为交流输出的情况下，转换为直流输出。

（8）滤波电路通过低通及带通滤波器消除传感器的噪声成分。

（9）非线性矫正电路传感器的特性是非线性时，进行非线性校正。

2. 传感器信号的放大电路

测量放大器又叫仪表放大器（简称IA），用于信号微弱且存在较大共模干扰的场合，具有精确的增益标定，因此又称数据放大器。

通用IA由三个运算放大器 A_1、A_2、A_3 组成，如图1-9所示。其中，A_1 和 A_2 组成具有对称结构的差动输入/输出级，差模增益为 $1+2R_1/R_G$，而共模增益仅为1。A_3 将 A_1、A_2 的差动输出信号转换为单端输出信号。A_3 的共模抑制精度取决于四个电阻 R 的匹配精度。通用IA的电压放大倍数为

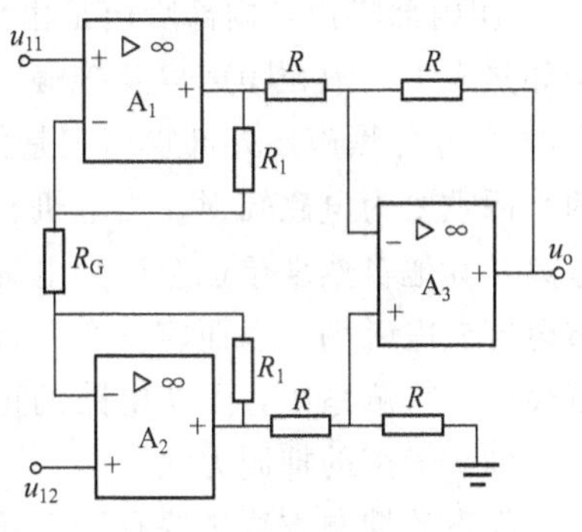

图1-9　通用IA的结构

$$A_u=\frac{u_0}{u_{11}-u_{12}}=-\left(1+\frac{2R_1}{R_G}\right) \tag{1-5}$$

3. 信号的调制与解调

传感器输出的信号，通常是一种频率不高的弱小信号，要通过放大后才能向下传输。从信号放大角度来看，直流信号（传感器传出的信号有许多是近似直流缓变信号）的放大比较困难。因此需要把传感器输出的缓变信号先变成具有高频率的交流信号，再进行放大和传输，最后，再还原成原来频率的信号（信号已被放大），这样的一个过程称为信号的调制和解调。

调制是利用信号来控制高频振荡的过程，即人为地产生一个高频信号（它由频率、幅值、和相位3个参数决定），使这个高频信号的3个参数中一个随着需要传输的信号变化而变化。使得原来变化缓慢的信号被这个受控的高频振荡信号所代替，进行放大和传输，已期

得到最好的放大和传输效果，通常有调幅、调相和调频调制三种方法。

解调是从已被放大和传输的，且有原来信号的高频信号中，把原来信号取出的过程。

4. 模数转换

模数转换电路（亦称 A/D 转换电路）的作用是将由传感器检测电路预处理过的模拟信号转换成适合计算机处理的数字信号，然后输入给微型计算机。

A/D 转换器是集成在一块芯片上能完成模拟信号向数字信号转换的单元电路。A/D 转换的方法有多种，最常用的是比较型和积分型两类。此外还有并行比较型、逐步逼近型、计数器型等。比较型是将模拟输入电压与基准电压比较后直接得到数字信号输出。积分型是先将模拟信号电压转换成时间间隔或频率信号，然后再把时间间隔或频率信号转换成数字信号输出。选择 A/D 转换器时，需要考虑它的精度、转换时间和价格。比较型 A/D 转换器的转换速度快，但要实现高精度则价格比较高。积分型 A/D 转换器虽然转换时间较长，但价格低，精度高。

5. 噪声的抑制

在非电量的检测及控制系统中，往往混入一些干扰的噪声信号，它们会使测量结果产生很大的误差，这些误差将导致控制程序紊乱，从而造成控制系统中的执行机构产生误动作。因此在传感器信号处理中，噪声的抑制是非常重要的，噪声的抑制也是传感器信号处理的重要内容之一。

（1）噪声产生的根源

噪声就是测量系统电路中混入的无用信号，按噪声源的不同，噪声可分为两种。

① 内部噪声：内部噪声是由传感器或检测电路元件内部带电微粒的无规则运动产生的，例如热噪声、散粒噪声以及接触不良引起的噪声等。

② 外部噪声：外部噪声则是由传感器检测系统外部人为或自然干扰造成的。外部噪声的来源主要为电磁辐射，当电机、开关及其他电子设备工作时会产生电磁辐射，雷电、大气电离及其他自然现象也会产生电磁辐射。在检测系统中，由于元件之间或电路之间存在着分布电容或电磁场，因而容易产生寄生耦合现象，在寄生耦合的作用下，电场、磁场及电磁波就会引入检测系统，干扰电路的正常工作。

（2）噪声的抑制方法

噪声的抑制方法主要有以下几种。

① 选用质量好的元器件。

② 接地。电路或传感器中的地指的是一个等电位点，它是电路或传感器的基准电位点，与基准电位点相连接，就是接地。传感器或电路接地，是为了清除电流流经公共地线阻抗时产生的噪声电压，也可以避免受磁场或地电位差的影响。把接地和屏蔽正确结合起来使用，就可以抑制大部分的噪声。

③ 屏蔽。屏蔽就是用低电阻材料或磁性材料把元件、传输导线、电路及组合件包围起来，以隔离内外电磁或电场相互干扰。屏蔽可分为 3 种，即电场屏蔽、磁场屏蔽及电磁屏蔽。电场屏蔽主要用来防止元器件或电路间因分布电容耦合形成的干扰，磁场屏蔽主要用来消除元器件或电路间因磁场寄生耦合产生的干扰，磁场屏蔽的材料一般都选用高磁导系数的磁性材料，如铜、银等，利用电磁场在屏蔽金属内部产生涡流而起屏蔽作用。电磁屏蔽的屏蔽体可以不接地，但一般为防止分布电容的影响，可以使电磁屏蔽体接地，起到兼有电场屏蔽的作用，电场屏蔽体必须可靠接地。

④ 隔离。前后两个电路信号端直接连接，容易形成环路电流，引起噪声干扰。这时，常采用隔离的方法，把两个电路的信号端从电路上隔开。隔离的方法主要采用变压器隔离和光电耦合器隔离，在两个电路之间加入隔离变压器可以切断环路，实现前后电路的隔离，变压器隔离只适用于交流电路。在直流或超低频测量系统中，常采用光电耦合的方法实现电路的隔离。

⑤ 滤波。滤波电路或滤波器是一种能使某一部分频率顺利通过而另一部分频率受到较大衰减的装置。因传感器的输出信号大多是缓慢变化的，因而对传感器输出信号的滤波常采用有源低通滤波器，它只允许低频信号通过而不能通过高频信号。常采用的方法是在运算放大器的同相端接入一阶或二阶 RC 有源低通滤波器，使干扰的高频信号滤除，而有用的低频信号顺利通过；反之，在输入端接高通滤波器，将低频干扰滤除，使高频有用信号顺利通过。

1.2.4　传感器的选择原则与方法

现代传感器在原理与结构上千差万别，如何根据具体的测量目的、测量对象以及测量环境合理地选用传感器，是在组成测量系统时首先要解决的问题。当传感器确定之后，与之相配套的测量方法和测量设备也就可以确定了。测量结果的成败，在很大程度上取决于传感器的选用是否合理。

如何选择合适的传感器，这需要分析多方面的因素之后才能确定。因为，即使是测量同一物理量，也有多种原理的传感器可供选用，哪一种原理的传感器更为合适，则需要根据被测量的特点和传感器的使用条件具体分析。应从以下几方面因素进行考虑：

1. 与测量条件有关的因素

(1) 测量的目的；

(2) 被测试量的选择；

(3) 测量范围；

(4) 输入信号的幅值，频带宽度；

(5) 精度要求；

(6) 测量所需要的时间。

2. 技术指标要求

(1) 静态特性要求，如线性度及测量范围、灵敏度、分辨率、精确度和重复性等；

(2) 动态特性要求，如快速性和稳定性等；

(3) 信息传递要求，如形式和距离等；

(4) 过载能力要求，如机械、电气和热的过载能力。

3. 使用环境要求

(1) 安装现场条件及情况；

(2) 环境条件（湿度、温度、振动等）；

(3) 信号传输距离；

(4) 所需现场提供的功率容量；

(5) 安装现场的电磁环境。

此外，传感器的选择还要考虑电源电压形式、等级、功率、绝缘电阻、接地保护、抗干扰、寿命、无故障工作时间等要求。

具体选择传感器时可考虑如下的方法：

（1）借助于传感器分类表，按被测量的性质，从典型应用中可以初步确定几种可供选用的传感器的类别。

（2）借助于常用传感器比较表，按被测量的范围，精度要求，环境要求等确定传感器类别。

（3）借助于传感器的产品目录，选型样本，最后查出传感器的规格、型号、性能和尺寸。

任务实施

在本任务中，要实时监测一个高温箱的温度，在选择温度传感器时，主要从技术指标和成本两方面考虑。

技术指标上测量精度是主要因素。分别计算它们的最大相对误差进行比较，如果选用0～500℃、0.2级的温度传感器，它的最大示值相对误差为：

$$\gamma=\frac{\Delta}{A_0}\times100\%=\pm\frac{500\times0.2\%}{80}\times100\%=\pm1.25\%$$

如果选用0～300℃、0.5级的温度传感器，它的最大示值相对误差为：

$$\gamma=\frac{\Delta}{A_0}\times100\%=\pm\frac{300\times0.5\%}{80}\times100\%=\pm1.875\%$$

如果选用0～100℃、1.0级的温度传感器，它的最大示值相对误差为：

$$\gamma=\frac{\Delta}{A_0}\times100\%=\pm\frac{100\times1.0\%}{80}\times100\%=\pm1.25\%$$

精度计算表明：（0～300℃、0.5级）的温度传感器的示值相对误差较大，（0～500℃、0.2级）的温度传感器与（0～100℃、1.0级）的温度传感器示值相对误差相同。从成本考虑：精度0.2级的温度传感器价格较高，量程为0～500℃，80℃输出时，灵敏度较小。综合分析选用（0～100℃、1.0级）的温度传感器比较合适。

【课外实训】

从机电设备技术资料或家用电器的说明书中搜集传感器使用的相关知识。

【知识拓展】

传感器技术的发展趋势

传感器技术在科学技术领域、农业生产及日常生活中发挥着越来越重要的作用。人类社会对传感器提出越来越高的要求是传感器技术发展的强大动力，现代科学技术的不断发展，为传感器技术的水平提高创造了物质条件，反之，拥有高水平的传感器技术又会促进新科技的不断出现，这两者相辅相成。传感器的发展通常包含两个方面：提高与改善传感器的技术性能和寻找新材料、新原理及新功能等。

一、改善传感器性能的技术途径

1. 差动技术

差动技术是传感器中普遍采用的技术。它的应用可显著地减小温度变化、电源波动、外界干扰等对传感器精度的影响，抵消了共模误差，减小非线性误差等。不少传感器由于采用了差动技术，还可使灵敏度增大。

2. 平均技术

在传感器中普遍采用平均技术可产生平均效应，其原理是利用若干个传感单元同时感受被测量，其输出则是这些单元输出的平均值，常用的平均技术有误差平均和数据平均。在传感器中利用平均技术不仅可使传感器误差减小，且可增大信号量，即增大传感器灵敏度。

3. 补偿与修正技术

补偿与修正技术的运用大致针对两种情况：

针对传感器本身特性，找出误差的变化规律，或者测出其大小和方向，采用适当的方法加以补偿或修正。

针对传感器工作条件或外界环境进行误差补偿，也是提高传感器精度的有力技术措施。不少传感器对温度敏感，由于温度变化引起的误差十分可观。为了解决这个问题，必要时可以控制温度，搞恒温装置，但往往费用太高，或使用现场不允许。而在传感器内引入温度误差补偿又常常是可行的。这时应找出温度对测量值影响的规律，然后引入温度补偿措施。

补偿与修正，可以利用电子线路（硬件）来解决，也可以采用微型计算机通过软件来实现。

4. 屏蔽、隔离与干扰抑制

传感器大都要在现场工作，现场的条件往往是难以充分预料的，有时是极其恶劣的。各种外界因素要影响传感器的精度与各有关性能。为了减小测量误差，保证其原有性能，就应设法削弱或消除外界因素对传感器的影响。其方法有：减小传感器对影响因素的灵敏度和降低外界因素对传感器实际作用的程度。

对于电磁干扰，可以采用屏蔽、隔离措施，也可用滤波等方法抑制。对于如温度、湿度、机械振动、气压、声压、辐射、甚至气流等，可采用相应的隔离措施，如隔热、密封、隔振等，或者在变换成为电量后对干扰信号进行分离或抑制，减小其影响。

5. 稳定性处理

传感器作为长期测量或反复使用的器件，其稳定性显得特别重要，其重要性甚至胜过精度指标，尤其是对那些很难或无法定期标定的场合。造成传感器性能不稳定的原因是：随着时间的推移和环境条件的变化，构成传感器的各种材料与元器件性能将发生变化。

提高传感器性能的稳定性措施：对材料、元器件或传感器整体进行必要的稳定性处理。如永磁材料的时间老化、温度老化、机械老化及交流稳磁处理、电气元件的老化筛选等。

在使用传感器时，若测量要求较高，必要时也应对附加的调整元件、后续电路的关键元器件进行老化处理。

二、传感器技术的发展

1. 向高精度发展

随着自动化生产程度的不断提高，对传感器的要求也在不断提高，必须研制出具有灵敏度高、精确度高、响应速度快、互换性好的新型传感器以确保生产自动化的可靠性。目前能生产万分之一以上的传感器的厂家为数很少，其产量也远远不能满足要求。

2. 向高可靠性、宽温度范围发展

传感器的可靠性直接影响到电子设备的抗干扰等性能，研制高可靠性、宽温度范围的传感器将是永久性的方向。提高温度范围历来是大课题，大部分传感器其工作范围都在－20～＋70℃，在军用系统中要求工作温度在－40～＋85℃范围，而汽车锅炉等场合要求传感器的温度要求更高，因此发展新兴材料（如陶瓷）的传感器将很有前途。

3. 向微功耗及无源化发展

传感器一般都是非电量向电量的转化，工作时离不开电源，在野外现场或远离电网的地方，往往是用电池供电或用太阳能等供电，开发微功耗的传感器及无源传感器是必然的发展方向，这样既可以节省能源又可以提高系统寿命。

4. 向新材料开发新产品发展

传感器材料是传感器技术的重要基础，是传感器技术升级的重要支撑。随着材料科学的进步，人们可制造出各种新型传感器。

陶瓷电容式压力传感器是一种无中介液的干式压力传感器。采用先进的陶瓷技术，厚膜电子技术，其技术性能稳定，年漂移量的满量程误差不超过0.1%，温漂小，抗过载更可达量程的数百倍。

光导纤维的应用是传感材料的重大突破，光纤传感器与传统传感器相比有许多特点：灵敏度高、结构简单、体积小、耐腐蚀、电绝缘性好、光路可弯曲、便于实现遥测等。而光纤传感器与集成光路技术的结合，加速了光纤传感器技术的发展。将集成光路器件代替原有光学元件和无源光器件，光纤传感器又具有了高带宽、低信号处理电压、可靠性高、成本低等特点。

半导体技术中的加工方法有氧化、光刻、扩散、沉积、平面电子工艺、各向导性腐蚀及蒸镀、溅射薄膜等，这些都已引进到传感器制造。如利用半导体技术制造出硅微传感器，利用薄膜工艺制造出快速响应的气敏、湿敏传感器，利用溅射薄膜工艺制造压力传感器等。

高分子有机敏感材料，是近几年人们极为关注的具有应用潜力的新型敏感材料，可制成热敏、光敏、气敏、湿敏、力敏、离子敏和生物敏等传感器。高分子聚合物能随周围环境的相对湿度大小成比例地吸附和释放水分子。将高分子电介质做成电容器，测定电容容量的变化，即可得出相对湿度。利用这个原理制成的等离子聚合法聚苯乙烯薄膜温度传感器，具有测湿范围宽、温度范围宽、响应速度快、尺寸小、可用于小空间测湿、温度系数小等特点。

另外，传感器技术的不断发展，也促进了更新型材料的开发，如纳米材料等。美国NRC公司已开发出纳米 ZrO_2 气体传感器，控制机动车辆尾气的排放，对净化环境效果很好，由于采用纳米材料制作的传感器，具有庞大的界面，能提供大量的气体通道，而且导通电阻很小，有利于传感器向微型化发展。随着科学技术的不断进步将有更多的新型材料诞生。

5. 向集成化发展

随着微电子学、微细加工技术和集成化工艺等方面的发展，出现了多种集成化传感器。集成传感器的优势是传统传感器无法达到的，它不仅仅是一个简单的传感器，其将辅助电路中的元件与传感元件同时集成在一块芯片上，使之具有校准、补偿、自诊断和网络通信的功能，它可降低成本、增加产量。这类传感器，或是同一功能的多个敏感元件排列成线性、面型的阵列型传感器；或是多种不同功能的敏感元件集成一体，成为可同时进行多种参数测量的传感器；或是传感器与放大、运算、温度补偿等电路集成一体具有多种功能——实现了横向和纵向的多功能。

6. 向智能化发展

20世纪80年代发展起来的智能化传感器是微电子技术、微型电子计算机技术与检测技术相结合的产物，具有测量、存储、通信、控制等特点。

所谓智能传感器就是由传感器和微处理器（或微计算机）及相关的电路组成的传感器。

传感器将被测量转换成相应的电信号，然后送到信号调理电路中进行滤波、放大、模-数转换后，送到微计算机中。计算机是智能传感器的核心，它不仅可以对传感器测量的数据进行计算、存储、处理，还可以通过反馈回路对传感器进行调节。由于计算机充分发挥了各种软件的功能，可以完成硬件难以完成的任务，从而降低了传感器的制造难度，提高了传感器的性能，降低了成本。智能传感器大体上可以分三种类型，即具有判断能力的传感器；具有学习能力的传感器；具有创造能力的传感器。

近年来，智能化传感器开始同人工智能相结合，创造出各种基于模糊推理、人工神经网络、专家系统等人工智能技术的高度智能传感器，称为软传感器技术。它已经在家用电器方面得到利用，相信未来将会更加成熟。同时，它还将朝着微传感器、微执行器和微处理器三位一体构成一个微系统的方向发展，智能化传感器是传感器技术未来发展的主要方向。在今后的发展中，智能化传感器无疑将会进一步扩展到化学、电磁、光学和核物理等研究领域。

【项目小结】

传感器是检测中首先感受被测量，并将它转换成与被测量有确定关系的电量的器件，是检测和控制系统中最关键的部分。

传感器的分类方法有：按照工作原理分类，按照传感器用途分类，按照输出信号的性质分类。

传感器的静态特性是指当输入量为常量或变化极慢时，即被测量各个值处于稳定状态时的输入输出关系。主要指标有：线性度、灵敏度、迟滞和重复性。

各种非电量经传感器检测转变为电信号，这些电信号比较微弱，并与输入的被测量之间呈非线性关系，因此需要经过信号放大、隔离、滤波、A/D转换、线性化、误差修正等处理。

【习题与训练】

1. 什么是传感器？
2. 画出传感器系统的组成框图，说明各环节的作用。
3. 传感器特性在检测系统中起到什么作用？
4. 衡量传感器静态特性的主要指标有哪些？说明它们的含义。
5. 传感器信号处理的主要目的是什么？
6. 抑制噪声的方法有哪些？
7. 如何选择传感器？
8. 怎样理解“系统的自动化程度越高，对传感器的依赖性越强”这句话？举例说明你的观点。
9. 思考与讨论：在常见的家用电器中，分别使用了什么功能的传感器？

项目 2　力的测量

【项目描述】

在生产实践中测力传感器应用非常广泛。例如在钢铁工业中，大型轧钢机上装有测力传感器，可以测定轧制力和提供进轧与自动控制钢板厚度的信号；在起重运输行业中，如在滑车和大型吊车上安装测力传感器，一方面可以实现自称重，另一方面可以在超重时发出警报信号，自动避免事故；此外，在运输、航空航天、化工等领域里以及在工程建设中的自动检测、自动控制，对瞬态力的测量，测力传感器有着重要的作用。本项目主要介绍电阻应变式和压电式传感器。

【知识目标】

了解电阻应变式传感器、压电式传感器的基本结构、材料，掌握直流电桥的平衡条件，熟悉电阻应变片的温度补偿方法。学习电阻应变式、压电式传感器在相关领域的应用。

【技能目标】

学会识别一般的电阻应变式传感器、压电式传感器，通过实训掌握电阻应变式传感器的使用方法，掌握电阻应变式传感器测量电路的调试方法。

任务 2.1　电阻应变式传感器测量力

任务导入

在生活、生产中，我们常常需要对物体的重量进行检测。港口码头、造船厂、矿山及建筑安装工地，广泛使用着各种各样的起重机械。为了提高生产效率，需要充分发挥吊车的能力，最大限度地吊运货物，而又要防止万一超载而产生的严重后果。通常采用什么方法测量、控制吊运货物的重量呢?

基本知识与技能

电阻应变式传感器是一种利用电阻应变效应，将力学量转换为电信号的传感器，如图 2-1 所示。

2.1.1　应变式传感器常用弹性敏感元件

1. 弹性敏感元件

传感器中由弹性材料制成的敏感元件称为弹性敏感元件。在传感器的工作过程中常采用弹性敏感元件把力、压力、力矩、振动等被测参量转换成应变量或位移量，然后再通过各种转换元件把应变量或位移量转换成电量。

2. 变换力的弹性敏感元件

所谓变换力的弹性敏感元件是指输入量为力 F，输出量为应变或位移的弹性敏感元件。

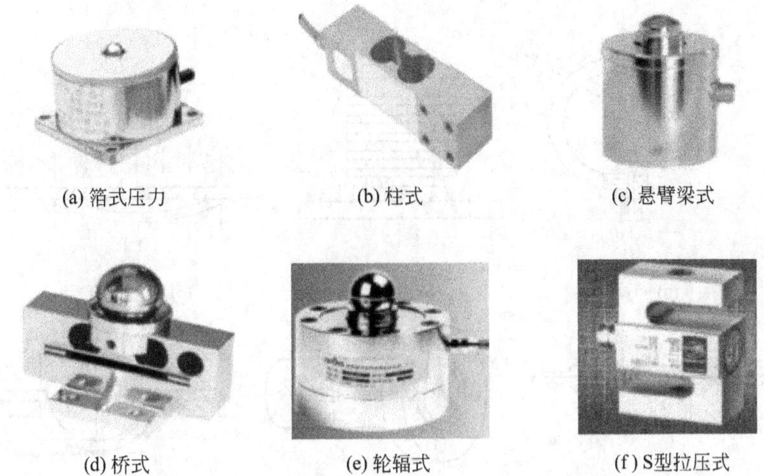

(a) 箔式压力　(b) 柱式　(c) 悬臂梁式

(d) 桥式　(e) 轮辐式　(f) S型拉压式

图 2-1　各种电阻应变式传感器的外形图

常用的变换力的弹性敏感元件有实心轴、空心轴、等截面圆环、变截面圆环、悬臂梁、扭转轴等，如图 2-2 所示。

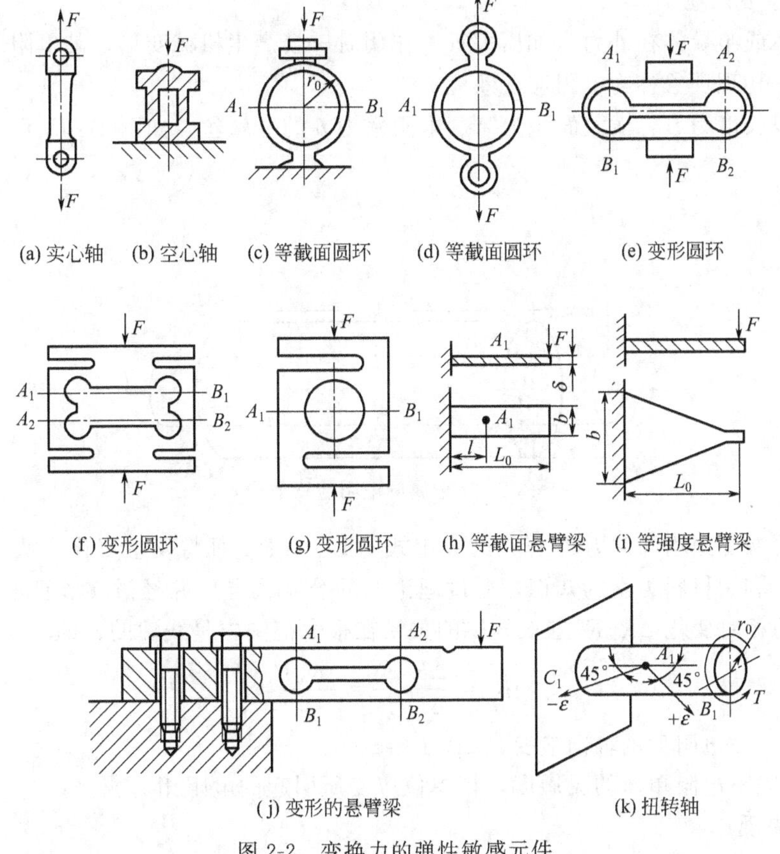

(a) 实心轴　(b) 空心轴　(c) 等截面圆环　(d) 等截面圆环　(e) 变形圆环

(f) 变形圆环　(g) 变形圆环　(h) 等截面悬臂梁　(i) 等强度悬臂梁

(j) 变形的悬臂梁　(k) 扭转轴

图 2-2　变换力的弹性敏感元件

3. 变换压力的弹性敏感元件

在工业生产中，经常需要测量气体或液体的压力。变换压力的弹性敏感元件形式很多，如图 2-3 所示。

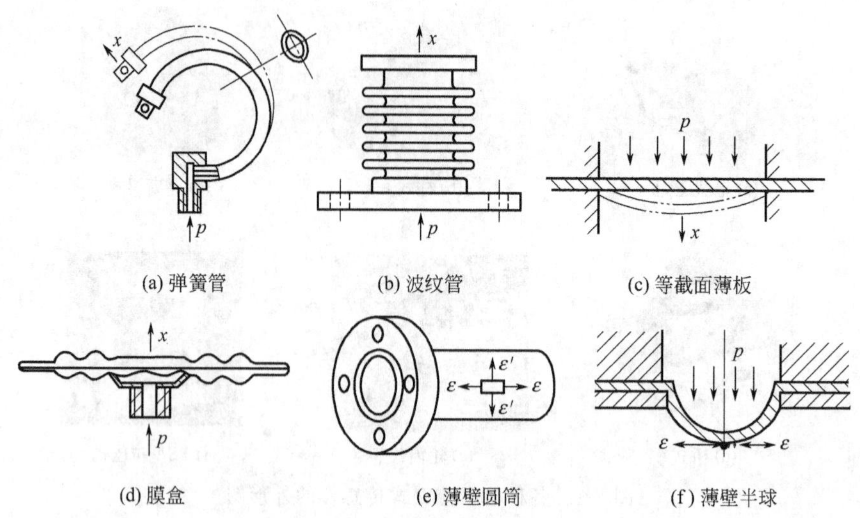

(a) 弹簧管　(b) 波纹管　(c) 等截面薄板

(d) 膜盒　(e) 薄壁圆筒　(f) 薄壁半球

图 2-3　变换压力的弹性敏感元件

2.1.2　电阻应变片的工作原理

1. 电阻应变效应

金属导体或半导体在外力（如压力等）作用时，会产生机械变形，其电阻值也相应地发生变化，这一物理现象称为电阻应变效应。

设有一根长度为 L、横截面积为 A、电阻率为 ρ 的金属丝，如图 2-4 所示，其电阻 R 的阻值为

$$R=\rho\frac{L}{A} \tag{2-1}$$

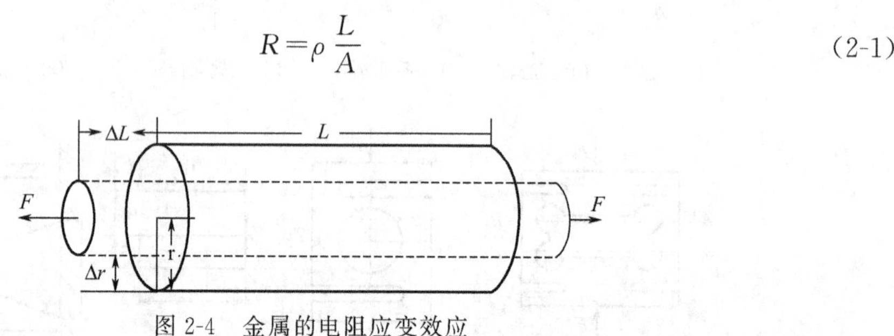

图 2-4　金属的电阻应变效应

当导线两端受到均匀的力 F 作用时，上式的 L、A、ρ 都将发生变化，从而导致电阻值 R 发生变化。利用材料力学的知识，通过理论上的公式推导，并经过实验证明，可以得到：电阻丝电阻的相对变化 $\Delta R/R$ 与 $\Delta L/L$ 的关系在很大范围内是线性的，即

$$K_{\mathrm{s}}=\frac{\Delta R/R}{\Delta L/L}=\frac{\Delta R/R}{\varepsilon_{\mathrm{x}}} \tag{2-2}$$

式中　$\Delta L/L$——电阻丝的轴向应变，$\Delta L/L=\varepsilon_{\mathrm{x}}$；

K_{s}——电阻单丝的灵敏度，指单位应变所引起的电阻相对变化。

2. 测量原理

电阻应变式传感器是根据应变原理，从式(2-2) 可以看出，应变与电阻变化率呈线性关系，在使用应变片测量时，通常将其粘贴在被测对象表面上，当被测对象受力变形时，应变片的电阻值发生相应变化，通过转换电路转换为电压或电流的变化，这样就能直接测量被测对象的应变。其原理框图如图 2-5 所示。

图 2-5　电阻应变式传感器原理框图

通过弹性敏感元件，可以将位移、力、力矩、加速度、压力等物理量转换为应变，从而可用应变片测量上述各量，而做成各种应变式传感器。

2.1.3　电阻应变片的结构、类型、粘贴

1. 应变片结构

电阻应变片（简称应变片）由基底、敏感栅、覆盖层、引出线等组成。它的基本结构如图 2-6 所示。

基底——保持电阻丝固定的形状、尺寸和位置。一般为纸或胶片物质，厚度 b 为 0.02～0.04mm。

敏感栅——实现应变（长度的相对变化）电阻转换的敏感元件。其电阻值一般在 100Ω 以上。

覆盖层——用纸、胶做成覆盖在电阻丝上的保护层，起防潮、防蚀、防损等作用。

引线——它起着敏感栅与测量电路之间的过渡连接和引导作用。

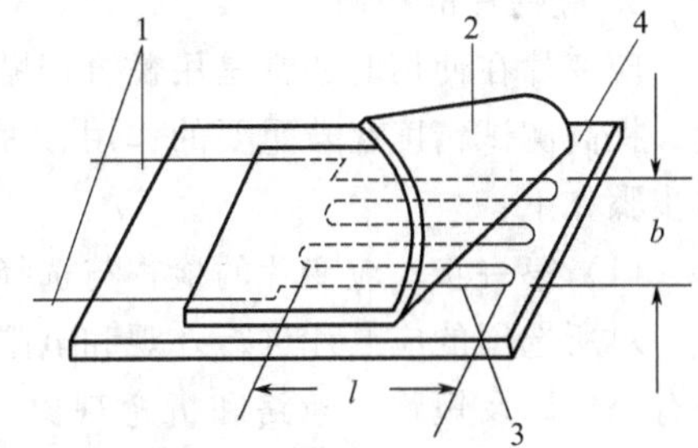

图 2-6　电阻应变片的结构

1—引线；2—覆盖层；3—敏感栅；4—基底

电阻应变片的灵敏度系数定义为：$K=\dfrac{\Delta R/R}{\varepsilon_x}$，其中 ε_x 为轴向应变。

由于横向效应的影响，应变片的灵敏度系数 K 恒小于同一材料电阻单丝的灵敏度系数 K_s，即 $K\neq K_s$。

2. 应变片的类型

根据敏感栅材料的不同，应变片主要分为金属电阻应变片和半导体应变片两大类。

（1）金属电阻应变片

金属电阻应变片有丝式、箔式、薄膜式三种，其结构如图 2-7 所示。

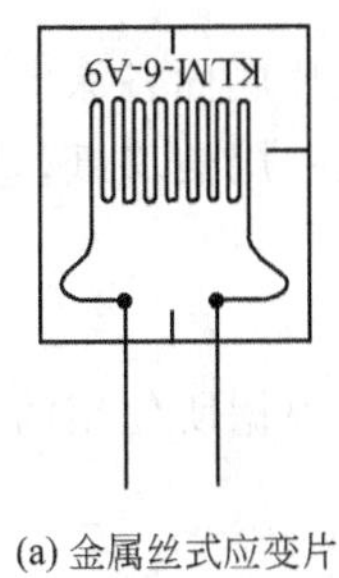

(a) 金属丝式应变片

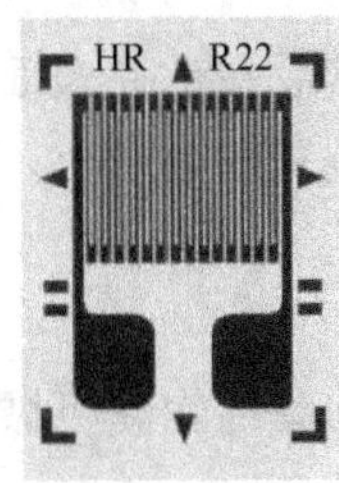

(b) 金属箔式应变片

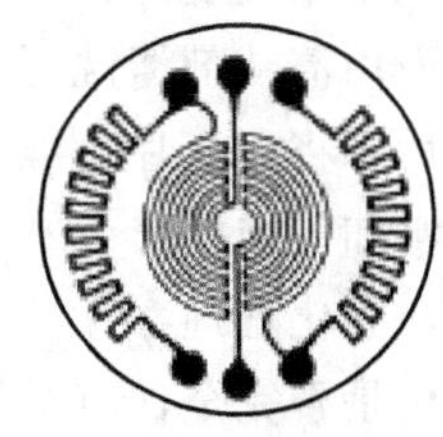

(c) 薄膜式应变片

图 2-7　金属电阻应变片

金属丝式应变片是将金属丝按图示形状弯曲后用黏合剂贴在衬底上而成，有纸基型、胶基型两种。金属丝式应变片蠕变较大，金属丝易脱落，但其价格低，强度高，广泛用于应变、应力的大批量、一次性测量要求不很高的实验。

金属箔式应变片是通过光刻、腐蚀等工艺，将电阻箔片在绝缘基片上制成各种图案而形成的应变片，其厚度通常在 0.001～0.01mm 之间。因其面积比丝式大得多，所以散热效果

好，通过电流大，横向效应小、柔性好、寿命长、工艺成熟且适于大批量生产。

金属薄膜式应变片是采用真空蒸镀或溅射式阴极扩散等方法，在薄的基底材料上制成一层金属电阻材料薄膜以形成应变片。这种应变片有较高的灵敏度系数，允许电流密度大，工作温度范围较广。

（2）半导体应变片

半导体应变片是利用半导体材料的压阻效应而制成的一种纯电阻性元件。半导体的压阻效应是指半导体材料受到应力作用时，其电阻率会发生变化。

半导体应变片常见的有体型、薄膜型和扩散型，半导体应变片灵敏度高（一般比金属丝式、箔式高几十倍），横向效应小，故它的应用日趋广泛。

3．应变片的粘贴

应变片在使用时通常是用黏合剂贴在弹性元件或试件上，正确的粘贴工艺对保证粘贴质量、提高测试精度起着重要的作用。因此应变片在粘贴时，应严格按粘贴工艺要求进行。基本步骤如下：

（1）第一步　应变片的检查与选择

对所选用的应变片进行外观和电阻的检查。观察线栅或箔栅的排列是否整齐、均匀，是否有锈蚀以及短路、断路和折弯现象。测量应变片的电阻值，检查阻值、精度是否符合要求，阻值选取合适将对传感器的平衡调整带来方便，对桥臂配对用的应变片，电阻值要尽量一致。

（2）第二步　试件的表面处理

为了获得良好的黏合强度，必须对试件表面进行处理，清除试件表面杂质、油污及疏松层等。粘贴表面应保持平整，表面光滑。最好在表面打光后，采用喷砂处理，面积约为应变片的3～5倍。值得注意的是，为避免氧化，应变片的粘贴要尽快进行。如果不立刻贴片，可涂上一层凡士林暂作保护。

（3）第三步　确定贴片位置

在应变片上标出敏感栅的纵、横向中心线，粘贴时应使应变片的中心线与试件的定位线对准。

（4）第四步　粘贴应变片

将应变片底面用清洁剂清洗干净，然后在试件表面和应变片底面各涂上一层薄而均匀的黏合剂。待稍干后，将应变片对准划线位置迅速贴上，然后盖一层玻璃纸，用手指或胶辊加压，将多余的胶水和气泡排出。

（5）第五步　固化处理

黏合剂的固化是否完全，直接影响到胶的物理机械性能。根据所使用的黏合剂的固化工艺要求进行固化处理和时效处理。

（6）第六步　粘贴质量检查

首先是从外观上检查粘贴位置是否正确，黏合层是否有气泡、漏粘、破损等。然后是测量有无短路、断路现象，应变片的电阻值有无较大的变化。应变片与被测物体之间的绝缘电阻进行检查，一般应大于200MΩ

（7）第七步　引线焊接与组桥连线

检查合格后即可焊接引出导线，引线应适当加以固定。应变片之间通过粗细合适的漆包线连接组成桥路。连接长度应尽量一致，且不宜过多。

4. 应变片的主要参数

为了更好地使用应变片，还需知道应变片的主要参数。

(1) 标准电阻值（R_0）　标准电阻值指的是在无应变（即无应力）的情况下的电阻值，单位为Ω，主要规格有60，90，120，150，350，600，1000等。其中以120Ω最为常用。实际使用的应变片的阻值相对于标称值可能存在一些偏差，因此使用前要进行测量分选。

(2) 灵敏度系数（K）　灵敏度是指应变片安装到被测物体表面后，在其轴线方向上的单向应力作用下，应变片阻值的相对变化与被测物表面上安装应变片区域的轴向应变之比。

(3) 应变极限（ξ_{max}）　应变极限是指恒温时的指示应变值与真实应变值的相对差值不超过一定数值的最大真实应变值。这种差值一般规定在10%以内，当示值大于真实应变10%时，真实应变值就称为应变片的应变极限。

(4) 允许电流（I_e）　允许电流是指应变片允许通过的最大电流。

(5) 机械滞后　机械滞后是指所粘贴的应变片在温度一定时，在增加或减少机械应变过程中真实应变与约定应变（即同一机械应变量下所指示的应变）之间的最大差值。

(6) 蠕变及零漂　蠕变是指已粘贴好的应变片，在温度一定并承受一定机械应变时，指示应变值随时间变化而产生变化。零漂是指已粘贴好的应变片，在温度一定且又无机械应变时，指示应变值发生变化。

2.1.4　电阻应变片的测量转换电路

由于机械应变一般在10～3000$\mu\varepsilon$之间，而应变灵敏度K值较小，因此电阻相对变化是很小的，如果直接用欧姆表（万用表电阻挡）测量其电阻的变化将十分困难，且误差很大。通常采用电桥电路，将应变片微小的电阻变化转化为易测量的电压或电流信号。通过电桥电路输出的信号既可用指示仪表（如电压表）直接测量，也可以通过放大器放大作进一步的信号处理。

按照所采用的激励电源不同，电桥可分为直流电桥和交流电桥。这里主要介绍电阻应变片的直流电桥电路。

1. 直流电桥电路

如图2-8所示为一直流供电的平衡电阻电桥。A、B、C、D为电桥顶点，它的四个桥臂由电阻组成。E为直流电源，接于桥的A、C点，电桥从B、D接线输出，R_L为其负载。

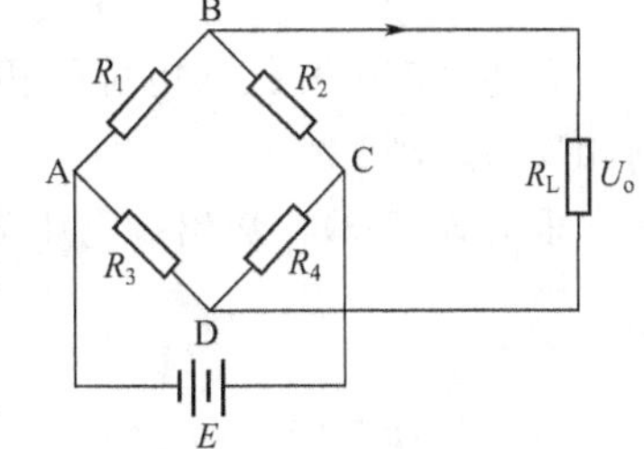

图2-8　直流电桥电路

当电桥输出端（B、D）接到一个无穷大负载电阻（实际上只要大到一定数值即可）上时，可认为输出端开路，这时直流电桥称为电压桥，即只有电压输出。当忽略电桥电源E的内阻时，输出端电压U_o为

$$U_o=U_{AB}-U_{AD}=\left(\frac{R_1}{R_1+R_2}-\frac{R_3}{R_3+R_4}\right)E=\frac{R_1R_4-R_2R_3}{(R_1+R_2)(R_3+R_4)}E \tag{2-3}$$

由式(2-3) 可得，欲使输出电压U_o为零，即电桥平衡，应满足

$$R_1R_4=R_2R_3 \tag{2-4}$$

式(2-4) 是直流电桥的平衡条件。适当选择各桥臂的电阻值，可使电桥测量前满足平衡条件，输出电压$U_o=0$。

实际的测量电桥往往采用全等臂电桥，取4个桥臂的初始电阻相等，即

$$R_1=R_2=R_3=R_4=R \tag{2-5}$$

2. 电桥的连接方式

在测试技术中，根据在工作时电阻值发生变化的桥臂个数分为单臂电桥、差动半桥和差动全桥三种连接方式，如图 2-9 所示。设图中均为全等臂电桥，且电桥初始平衡。根据式(2-3) 讨论三种连接方式的输出电压。

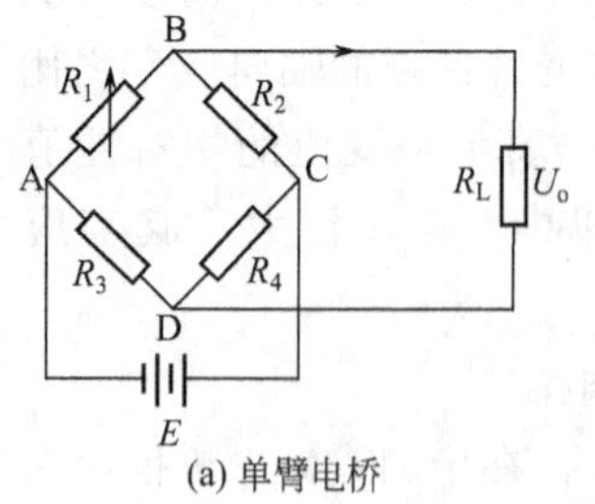

(a) 单臂电桥

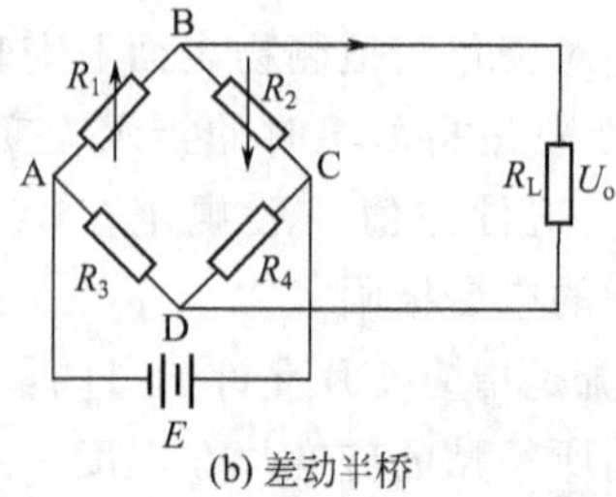

(b) 差动半桥

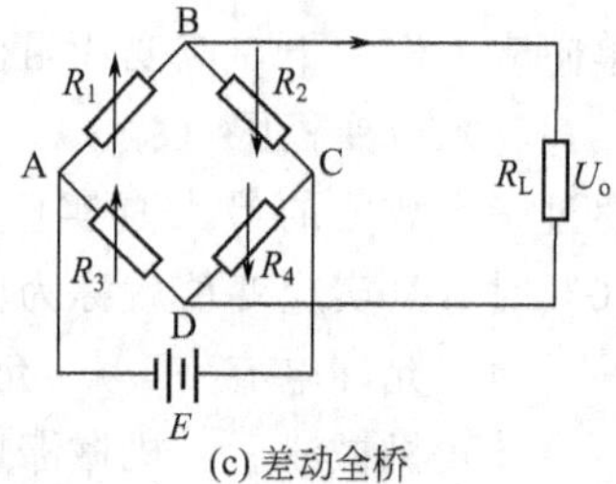

(c) 差动全桥

图 2-9 直流电桥的连接方式

(1) 单臂电桥

只有一个应变片接入电桥，设 R_1 为接入应变片，其余桥臂均为固定电阻。当 R_1 的阻值变化 ΔR 时，根据式(2-3)，电桥输出电压

$$U_o=\frac{R\cdot\Delta R}{2R(2R+\Delta R)}E$$

通常情况下，$\Delta R\ll R$，所以

$$U_o=\frac{E}{4}\times\frac{\Delta R}{R}$$

由电阻应变效应，上式可写成

$$U_o=\frac{E}{4}K\varepsilon \tag{2-6}$$

(2) 差动半桥

有两个应变片接入电桥的相邻两支桥臂，并且两支桥臂的应变片的电阻变化大小相等方向相反（差动工作）。

根据式(2-3)，输出端电压为

$$U_o=\frac{E}{2}\times\frac{\Delta R}{R}=\frac{E}{2}K\varepsilon \tag{2-7}$$

(3) 差动全桥

有 4 个应变片接入电桥，且差动工作，则有

$$U_o=\frac{\Delta R}{R}\times E=EK\varepsilon \tag{2-8}$$

由此可见，电桥的接法不同，其灵敏度也不同，相同条件下，差动半桥接法的灵敏度比单臂电桥的灵敏度高一倍，差动全桥接法工作时输出电压最大，检测灵敏度最高。

设电桥初始平衡，四臂工作，各臂应变电阻变化分别为 ΔR_1、ΔR_2、ΔR_3、ΔR_4，代入式(2-3)，全桥工作时可得输出电压

$$U_o=\frac{E}{4}\left(\frac{\Delta R_1}{R_1}-\frac{\Delta R_2}{R_2}-\frac{\Delta R_3}{R_3}+\frac{\Delta R_4}{R_4}\right)=\frac{E}{4}K\,(\varepsilon_1-\varepsilon_2-\varepsilon_3+\varepsilon_4) \tag{2-9}$$

在上式中 ε 可以是轴向应变，也可以是径向应变。当应变片的粘贴方向确定以后，若为

压应变则 ε 以负值代入；若为拉应变则 ε 以正值代入。

3. 应变片的温度补偿

在应变片的实际应用中，环境温度的变化也会引起电桥电阻的变化，导致电桥的零点漂移，这种因温度变化产生的误差称为温度误差。产生的原因有：电阻应变片的电阻温度系数不一致；应变片材料与被测试件材料的线膨胀系数不同，使应变片产生附加应变。因此必须采取一定的措施减小或消除温度变化的影响，称之为温度补偿。常用的温度补偿方法一是从电阻应变片的敏感栅材料及制造工艺上采取措施，这是从应变传感器生产角度上来讲的；二是通过适当的贴片技巧与桥路连接方法消除温度的影响，这是从应变传感器应用角度上来讲的。这里主要介绍两种桥路补偿法。

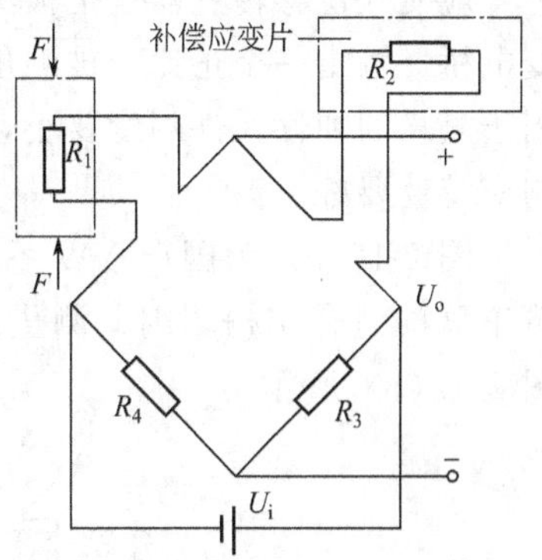

图 2-10　补偿应变片的温度补偿

(1) 补偿片法

在只有一个应变片工作的桥路中，可用补偿片法。如图 2-10 所示，欲测量力 F 作用下试件的应变时，采用两片初始电阻值、灵敏系数和敏感元件都相同的应变片 R_1 和 R_2。R_1 贴在试件的测量点上，R_2 贴在补偿块上。所谓补偿块，就是与试件材料、温度相同，但不受力的试块，由于工作片 R_1 和补偿片 R_2 所受温度相同，则两者所产生的热应变相等。因为是处于电桥的两臂，所以不影响电桥的输出。补偿片法的优点是简单、方便，在常温下补偿效果比较好。缺点是温度变化梯度较大时，比较难以掌握。

(2) 应变片自补偿法

当测量桥路处于双臂半桥和全桥工作方式时，电桥相邻两臂受温度影响，同时产生大小相等、符号相同的电阻增量而互相抵消，从而达到桥路温度自补偿的目的。

2.1.5　电阻应变片的应用

电阻应变片除可直接用于测量试件的应变外，也可以制成各种专门的应变式传感器，用于测量力、扭矩、加速度、压力等各种物理量。

1. 力的测量（应变式力传感器）

把应变片粘贴到弹性元件表面（图 2-11），弹性元件在力 F 的作用下发生应变，应变片也发生应变，两个应变在工程上通常被认为是一致的。由材料力学的知识可以知道试件的应变 $\varepsilon_x = F/AE$，其中 A 是试件（弹性元件）的横截面面积，E 是试件（弹性元件）的弹性模量。一旦试件选定后，A 与 E 均是已知的参数，F 与应变成正比，所以利用上述测量应变的方法即可获知试件受力 F 的大小。

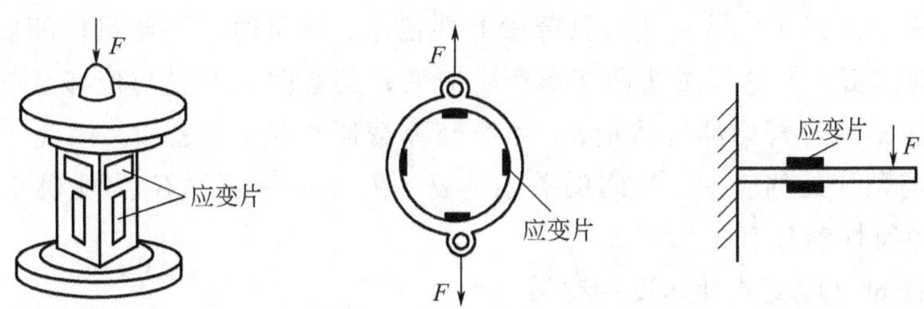

图 2-11　应变式测力传感器

作为测力传感器的弹性元件，其形式多种多样，常见的有柱式、环式柱形、悬臂梁式等。

在使用应变片进行力的测量时，应变片需要粘贴到弹性元件表面（由专业的生产厂家完成），形成一体化的应变式力传感器。应变式力传感器在使用时，被测的力是作用在弹性元件上而不是应变片上，否则会损坏应变式力传感器。

2. 位移传感器

应变式位移传感器是把被测位移量转换成弹性元件的变形和应变，然后通过应变计和应变电桥，输出一个正比于被测位移的电量。它可进行静态与动态的位移量检测。使用时要求用于测量的弹性元件刚度要小，被测对象的影响反力要小，系统的固有频率要高，动态频率响应特性要好。

图 2-12(a) 为国产 YW 系列应变式位移传感器结构示意图。它采用了悬臂梁-螺旋弹簧串联的组合结构，因此测量的位移较大（通常测量范围为 10～100mm）。其工作原理如图 2-12(b) 所示。

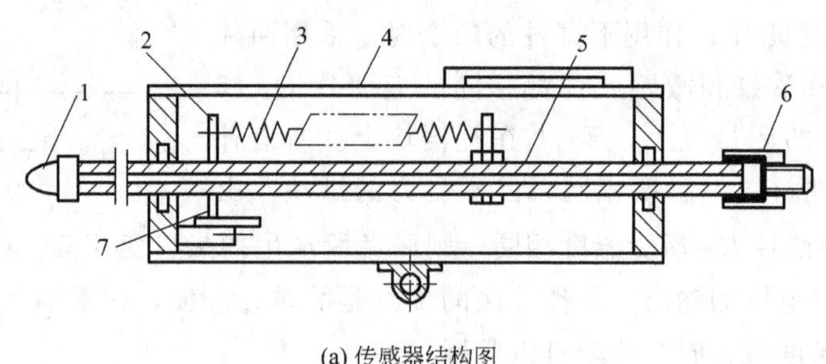

(a) 传感器结构图

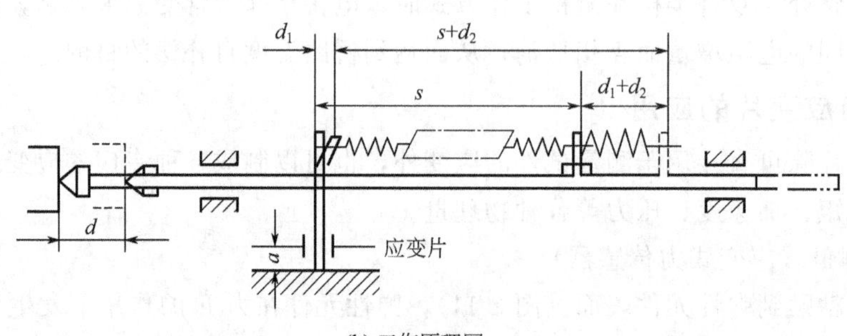

(b) 工作原理图

图 2-12　YW 型应变片位移传感器

1—测量头；2—弹性元件；3—弹簧；4—外壳；5—测量杆；6—调整螺母；7—应变计

从图中可以看出，4 片应变片分别贴在距悬臂梁根部距离为 a 处的正、反两面；当拉伸弹簧的一端与测量杆相连，另一端与悬臂梁上端相连。测量时，当测量杆随被测件产生位移 d 时，就要带动弹簧，使悬臂梁弯曲变形产生应变；其弯曲应变量与位移量成线性关系。由于测量杆的位移 d 为悬臂梁部位移量 d_1 和螺旋弹簧伸长量 d_2 之和。因此，由材料力学可知，位移量 d 与贴片处的应变 ε 之间的关系为 $d=d_1+d_2=K$（K 为比例系数，它与弹性元件尺寸和材料特性参数有关）。

3. 加速度测量（应变式加速度传感器）

加速度传感器通常由弹性悬臂梁、质量块、应变片和壳体组成，如图 2-13 所示。质量块固定在悬臂梁的一端，梁的上下表面粘贴有应变片。测量时将传感器的壳体与被测对象刚性连接，在一定的频率范围内，质量块产生的加速度与被测加速度相等，因而作用于悬臂梁上的惯性力亦与被测加速度成正比。应变式加速度传感器常用于低频振动测量。

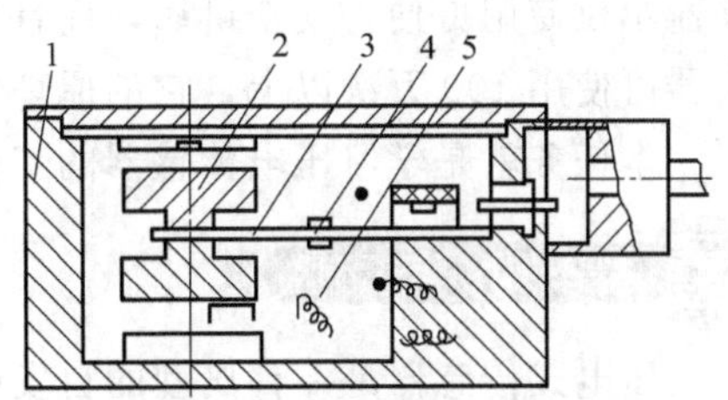

图 2-13　应变式加速度传感器

1—壳体；2—质量块；3—悬臂梁；4—应变片；5—阻尼油

4. 测量扭矩（应变式扭矩传感器）

应变式扭矩传感器利用应变片将扭矩产生的剪应变转换为电阻值的变化。弹性元件为整体式薄壁筒，应变片在薄壁筒的同一圆周线上成45°和135°方向粘贴。在实际制作与测量时，沿轴的某断面的圆周方向每隔90°布置一个应变片，并将它们接成全桥电路，其展开图如图2-14所示。这种布置可提高扭矩传感器的输出灵敏度，并可消除轴向力和弯曲力的影响。

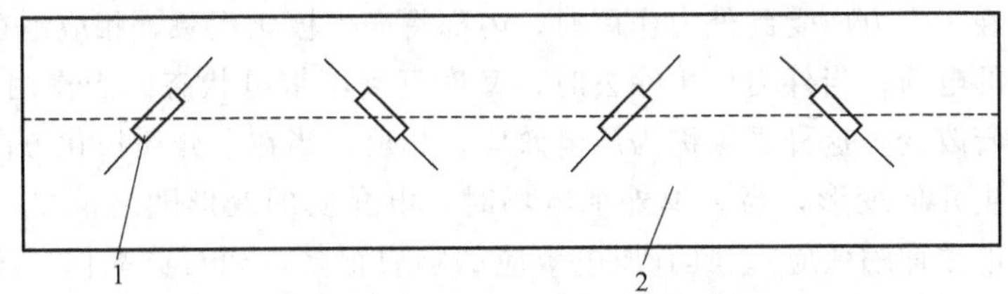

图 2-14　应变式扭矩传感器展开图

1—应变片；2—薄壁筒

任务实施

吊车的载重量可以通过测量绳索的拉力来完成。在起重绳索上或吊钩上安装测力传感器，可以间接检测吊车起吊重量，力传感器的输出信号既可以用来显示吊车载重量，又可以进行超载报警，防止事故的发生。具体方法：测量、控制起重设备吊运货物的重量，可以采用在吊钩的圆柱壁上粘贴应变片的方法，检测起吊重量。测量吊运货物的重量，量程较大，一般在吊钩的圆柱壁上横竖各粘贴一片应变片，组成双臂半桥电路，结构如图2-15所示，为应变电桥提供±2V稳压电源，电桥输出信号接入差动直流放大电路，测量输出电压。根据输出电压值可以推算出应力的大小，即重力。也可以使用应变片专用测量仪——电阻应变仪进行检测。这种测量方法简单、方便，成本低。但容易损坏，受环境影响大，使用寿命短。长期使用时，零点漂移大，需要在使用前调节零点。

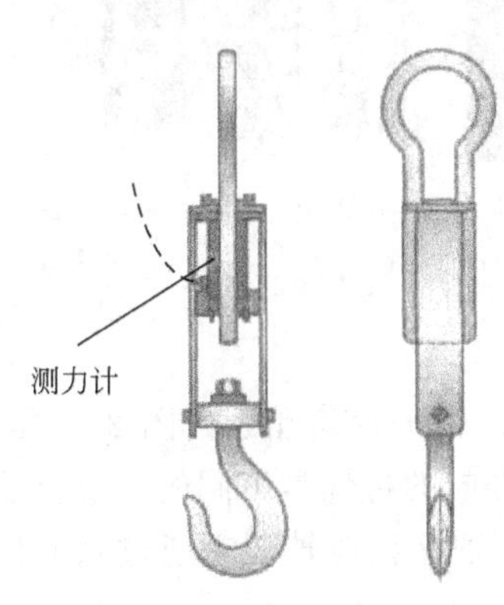

图 2-15　吊臂结构图

任务 2.2　压电式传感器测量力

任务导入

生活中，煤气灶电子点火器是利用压电传感器工作原理进行点火的。煤气灶压电陶瓷打火器不仅使用方便，安全可靠，而且使用寿命长，据有关资料介绍，采用压电陶瓷制成的打火器可使用100万次以上，它的原理是什么？

本任务就是学习压电传感器的工作原理及其测量方法。

压电式传感器是一种典型的自发电式传感器，它是以某些晶体受力后在其表面产生电荷的压电效应为转换原理的传感器。它可以测量最终能变换为力的各种非电物理量，例如动态力、动态压力、振动加速度等，但不能用于静态参数的测量。

压电式传感器具有体积小、重量轻、频带宽、灵敏度高等优点。近年来压电测试技术发展迅速，特别是电子技术的迅速发展，使压电式传感器的应用越来越广泛。

2.2.1　压电传感器工作原理

1. 压电效应

某些晶体，在一定方向受到外力作用时，内部将产生极化现象，相应地在晶体的两个表面产生符号相反的电荷；当外力作用除去时，又恢复到不带电状态。当作用力方向改变时，电荷的极性也随着改变，这种现象称为压电效应。相反，当在电介质极化方向施加电场，这些电介质也会产生几何变形，当去掉外加电场时，电介质的变形随之消失，这种现象称为"逆压电效应"（电致伸缩效应）。具有压电效应的物质很多，如石英晶体、压电陶瓷、高分子压电材料等，如图2-16所示。

(a) 天然石英晶体

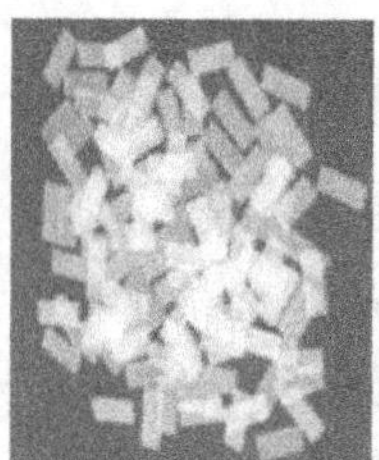

(b) 石英晶体薄片

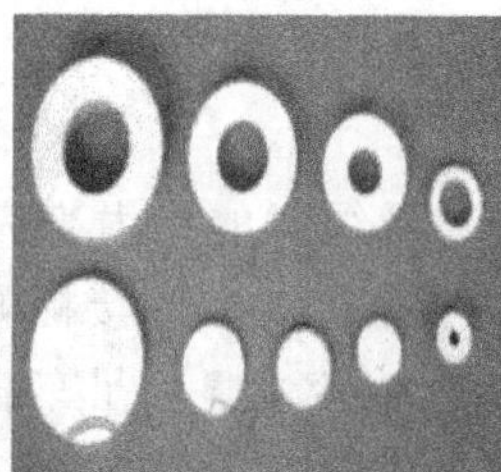

(c) 压电陶瓷

(d) 高分子压电薄膜

图2-16　各种压电材料的外形图

2. 石英晶体的压电效应

石英晶体是一种应用广泛的压电晶体。它是二氧化硅单晶，属于六角晶系。图2-17(a)是天然晶体的外形图，它为规则的六角棱柱体。石英晶体各个方向的特性是不同的。石英晶体有三个晶轴：z 轴又称光轴，它与晶体的纵轴线方向一致；x 轴又称电轴，它通过六面体

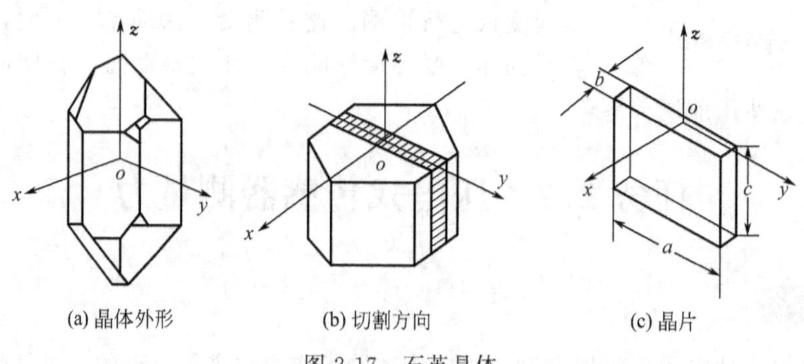

(a) 晶体外形　(b) 切割方向　(c) 晶片

图2-17　石英晶体

相对的两个棱线并垂直于光轴；y 轴又称为机械轴，它垂直于两个相对的晶柱棱面，如图 2-17(b) 所示。通常把沿电轴 x 方向的力作用下产生电荷的压电效应称为“纵向压电效应”，而把沿机械轴 y 方向的力作用下产生电荷的压电效应称为“横向压电效应”。而沿光轴 z 方向的力作用时不产生压电效应。

若从晶体上沿 y 方向切下一块如图 2-17(c) 所示的晶片，当沿电轴方向施加作用力 F_x 时，在与电轴 x 垂直的平面上将产生电荷为

$$Q=d_{/\!/}F_x \tag{2-10}$$

式中　$d_{/\!/}$——x 方向受力的压电系数。

若在同一切片上，沿机械轴 y 方向施加作用力 F_y，则仍在与 x 轴垂直的平面上产生电荷为

$$Q=-d_{/\!/}\frac{l}{\delta}F_y \tag{2-11}$$

式中　l——石英晶片的长度。

δ——石英晶片的厚度。

从式(2-11) 可见沿机械轴方向的力作用在晶体上时，产生的电荷与晶体切面的几何尺寸有关，式中的负号说明沿机械轴的压力引起的电荷极性与沿电轴的压力引起的电荷极性恰好相反。

在压电晶片上，产生电荷的极性与受力的方向有关系。若沿晶片的 x 轴施加压力 F_x，则在加压的两表面上分别出现正负电荷，如图 2-18(a) 所示。若沿晶片的 y 轴施加压力 F_y 时，则在加压的表面上不出现电荷，电荷仍出现在垂直 x 轴的表面上，只是电荷的极性相反。如图 2-18(c) 所示，若将 x、y 轴方向施加的压力改为拉力，则产生电荷的位置不变，只是电荷的极性相反，如图 2-18(b)、(d) 所示。

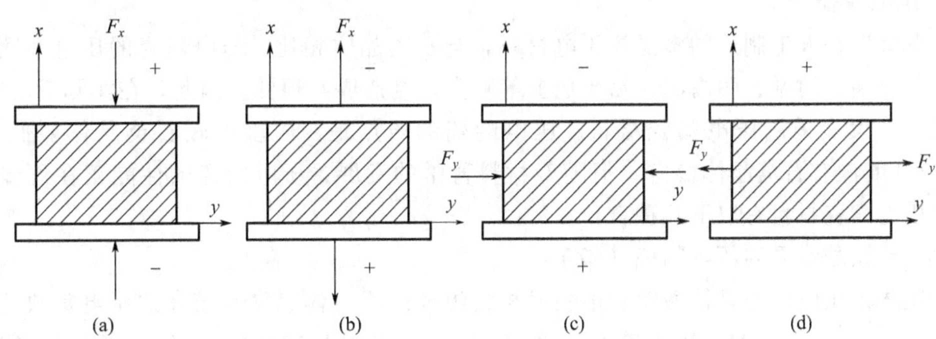

图 2-18　石英晶体切片受力与电荷极性示意图

3. 压电陶瓷的压电效应

压电陶瓷是人工制造的多晶体压电材料。材料内部的晶粒有许多自发极化的电畴，它有一定的极化方向，从而存在电场。在无外电场作用时，电畴在晶体中杂乱分布，它们各自的极化效应被相互抵消，压电陶瓷内极化强度为零。因此原始的压电陶瓷呈中性，不具有压电性质，如图 2-19(a) 所示。

在陶瓷上施加外电场时，电畴的极化方向发生转动，趋向于按外电场方向的排列，从而使材料得到极化。外电场愈强，就有更多的电畴更完全地转向外电场方向。让外电场强度大到使材料的极化达到饱和的程度，即所有电畴极化方向都整齐地与外电场方向一致时，当外

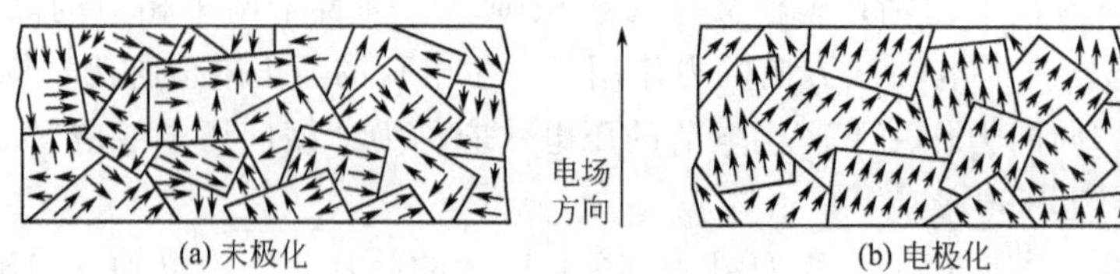

图 2-19 压电陶瓷的极化

电场去掉后，电畴的极化方向基本变化，即剩余极化强度很大，这时的材料才具有压电特性，如图 2-19(b) 所示。

极化处理后陶瓷材料内部存在有很强的剩余极化，当陶瓷材料受到外力作用时，电畴的界限发生移动，电畴发生偏转，从而引起剩余极化强度的变化，因而在垂直于极化方向的平面上将出现极化电荷的变化。这种因受力而产生的由机械效应转变为电效应，将机械能转变为电能的现象，就是压电陶瓷的正压电效应。

2.2.2 压电材料的分类

1. 石英晶体

石英晶体是一种性能良好的压电晶体，它的突出优点是性能非常稳定，介电常数与压电系数的温度稳定性特别好，且居里点高，达到 575℃（即到 575℃时，石英晶体将完全丧失压电性质）。此外，它还具有很大的机械强度和稳定的机械性能，绝缘性能好，动态响应快，线性范围宽，迟滞小等优点。但石英晶体的压电常数小（$d_{/\!/}=2.31\times10^{-12}$ C/N），灵敏度低，且价格较贵，所以只在标准传感器、高精度传感器或高温环境下工作的传感器中作为压电元件使用。石英晶体分为天然与人造晶体两种。天然石英晶体性能优于人造石英晶体，但天然石英晶体价格较贵。

2. 压电陶瓷

压电陶瓷是人工制造的多晶体压电材料，与石英晶体相比，压电陶瓷的压电系数很高，具有烧制方便、耐湿、耐高温、易于成型等特点，制造成本很低。因此，在实际应用中的压电传感器，大多采用压电陶瓷材料。压电陶瓷的弱点是，居里点较石英晶体要低 200～400℃，性能没有石英晶体稳定。但随着材料科学的发展，压电陶瓷的性能正在逐步提高。常用的压电陶瓷材料有以下几种：

（1）锆钛酸铅系列压电陶瓷（PZT）

锆钛酸铅压电陶瓷是钛酸铅和锆酸铅材料组成的固熔体。它有较高的压电常数［$d_{/\!/}=(200\sim500)\times10^{-12}$ C/N］和居里点（300℃以上），工作温度可达 250℃，是目前经常采用的一种压电材料。在上述材料中掺入微量的镧（La）、铌（Nb）或锑（Sb）等，可以得到不同性能的材料。PZT 是工业中应用较多的压电材料。

（2）钛酸钡压电陶瓷（$BaTiO_3$）

由 $BaCO_3$ 和 TiO_2 二者在高温下合成的，具有较高的压电常数（$d_{/\!/}=190\times10^{-12}$ C/N）和相对介电常数，但居里点较低（约为 120℃），机械强度也不如石英晶体，目前使用较少。

（3）铌酸盐系列压电陶瓷

如铌酸铅具有很高的居里点和较低的介电常数。铌酸钾的居里点为 435℃，常用于水声传感器。铌酸锂具有很高的居里点，可作为高温压电传感器。

（4）铌镁酸铅压电陶瓷（PMN）

具有较高的压电常数［$d_{//}=(800\sim900)\times10^{-12}$C/N］和居里点（260℃），它能在压力大至70MPa时正常工作，因此可作为高压下的力传感器。

3. 高分子压电材料

某些合成高分子聚合物薄膜经延展拉伸和电场极化后，具有一定的压电性能，这类薄膜称为高分子压电薄膜。目前出现的压电薄膜有聚二氟乙烯PVF_2、聚氟乙烯PVF、聚氯乙烯PVC等。这些是柔软的压电材料，可根据需要制成薄膜或电缆套管等形状，它不易破碎，具有防水性，可以大量连续拉制，制成较大面积或较长的尺度，因此价格便宜。

高分子压电材料的声阻抗约为0.02MPa/s，与空气的声阻抗有较好的匹配，可以制成特大口径的壁挂式低音扬声器。它的工作温度一般低于100℃。温度升高时，灵敏度将降低。而且它的机械强度不够高，耐紫外线能力较差，不宜暴晒，以免老化。

如果将压电陶瓷粉末加入到高分子压电化合物中，制成高分子压电陶瓷薄膜，这种复合材料保持了高分子压电薄膜的柔韧性，又具有压电陶瓷材料的优点，是一种发展前途很大的材料。

在选用压电材料应考虑其转换特性、机械特性、电气特性、温度特性等几方面的问题，以便获得最好的效果。

2.2.3　压电式传感器的测量转换电路

1. 等效电路

压电传感器在受外力作用时，在两个电极表面将要聚集电荷，且电荷量相等，极性相反。这时它相当于一个以压电材料为电介质的电容器，其电容量为

$$C_a=\varepsilon_r\varepsilon_0A/\delta \tag{2-12}$$

式中　A——压电元件电极面面积；

δ——压电元件厚度；

ε_r——压电材料的相对介电常数；

ε_0——真空的介电常数。

因此可以把压电式传感器等效为一个电压源，如图2-20(a) 所示，也可以等效成一个与电容相并联的电荷源，如2-20(b) 所示。

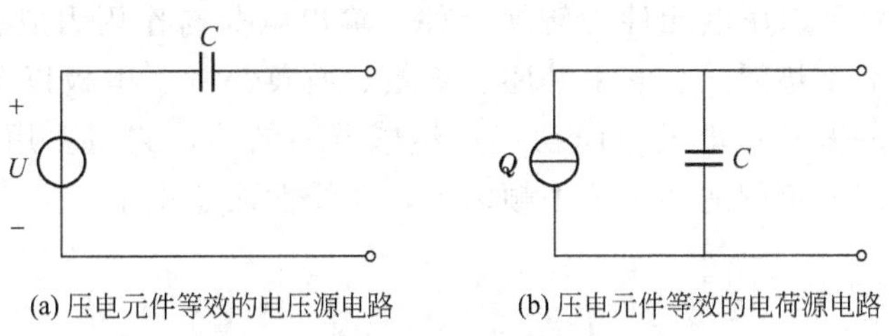

(a) 压电元件等效的电压源电路　(b) 压电元件等效的电荷源电路

图2-20　压电元件等效电路

2. 测量电路

压电传感器的内阻抗很高，而输出的信号微弱，因此一般不能直接显示和记录。压电传感器要求测量电路的前级输入端要有足够高的阻抗，这样才能防止电荷迅速泄漏而使测量误差变大。压电传感器的前置放大器有两个作用：一是把传感器的高阻抗输出变换为低阻抗输出；二是把传感器的微弱信号进行放大。压电传感器的输出可以是电压信号，也可以是电荷信号，因此前置放大器也有两种形式：电压放大器和电荷放大器。由于电压前置放大器的输

出电压与电缆电容有关，故目前多采用电荷放大器。

电荷放大器是一种输出电压与输入电荷量成正比的前置放大器。压电元件可以等效为一个电容 C 和一个电荷源并联的形式，而电荷放大器实际上是一个具有深度电容负反馈的高增益运算放大器。压电元件与电荷放大器连接的等效电路如图 2-21 所示。

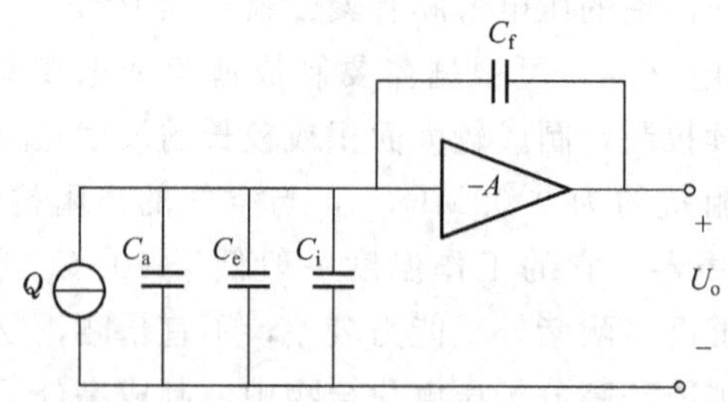

图 2-21 压电元件与电荷放大器连接的等效电路

放大器的输出电压 U_o 正比于输入电荷 Q，即

$$U_o=\frac{QA}{C_a+C_c+C_i-C_f(A-1)}=U_mA \tag{2-13}$$

若 $A\geqslant 1$，$C_fA\geqslant C_a+C_c+C_i$，则有

$$U_o=\left|\frac{Q}{C_f}\right| \tag{2-14}$$

$$U_m=\left|\frac{Q}{C_fA}\right| \tag{2-15}$$

由以上公式可以发现，在电荷放大器中，U_o 与电缆电容无关，而与 Q 成正比，这就是电荷放大器的特点。

2.2.4 压电式传感器的应用

压电式传感器可用于动态力、压力、速度、加速度、振动等许多非电量的测量，可做成力传感器、压力传感器、振动传感器等等。

1. 压电式力传感器

压电式力传感器是以压电元件为转换元件，输出电荷与作用力成正比的力-电转换装置。常用的形式为荷重垫圈式，它由基座、盖板、石英晶片、电极以及引出插座等组成，图 2-22 所示为 YDS-78 型压电式单向动态力传感器的结构，它主要用于变化频率不太高的动态力的测量。测力范围达几十千牛顿以上，非线性误差小于 1%，固有频率可达数十千赫。

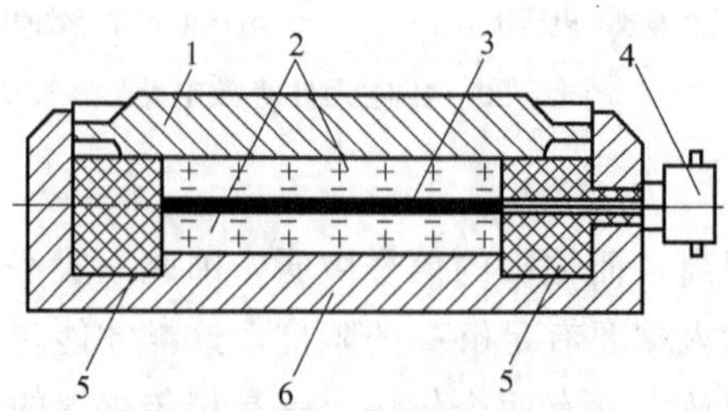

图 2-22 YDS-78 型压电式单向动态力传感器

1—传力上盖；2—压电片；3—电极；4—电极引出插头；5—绝缘材料；6—底座

被测力通过传力上盖使压电元件受压力作用而产生电荷。由于传力上盖的弹性形变部分的厚度很薄，只有0.1～0.5mm，因此灵敏度很高。这种力传感器的体积小，重量轻(10kg左右)，分辨力可达 10^{-3}g，固有频率为50～60kHz，主要用于频率变化小于20kHz的动态力的测量。其典型应用有在车床动态切削力的测试、表面粗糙度测量仪或轴承支座反力时作力传感器。使用时，压电元件装配时必须施加较大的预紧力，以消除各部件与压电元件之间、压电元件与压电元件之间因接触不良而引起的非线性误差，使传感器工作在线性范围。

2. 压电式加速度传感器

压电式加速度传感器是一种常用的加速度计。它的主要优点是：灵敏度高、体积小、重量轻、测量频率上限高、动态范围大。但它易受外界干扰，在测量前需进行各种校验。图2-23是一种压缩型的压电式加速度计。

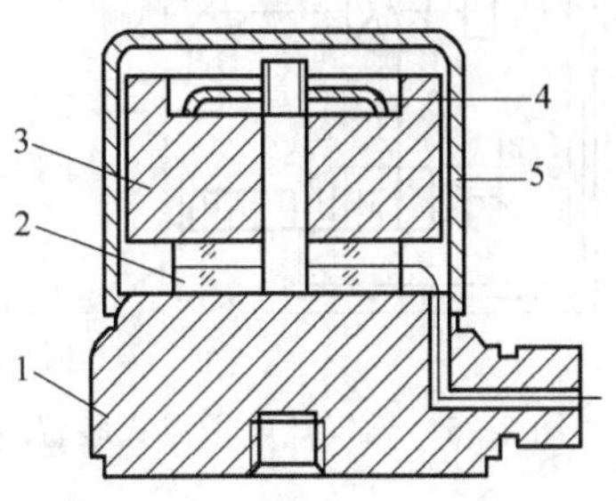

图2-23　压缩型压电式加速度计

1—基座；2—压电片；3—质量块；4—压簧；5—壳体

3. 压电式金属加工切削力测量

图2-24是利用压电陶瓷传感器测量刀具切削力的示意图。由于压电陶瓷元件的自振频率高，特别适合测量变化剧烈的载荷。图中压电传感器位于车刀前部的下方，当进行切削加工时，切削力通过刀具传给压电传感器，压电传感器将切削力转换为电信号输出，记录下电信号的变化便可测得切削力的变化。

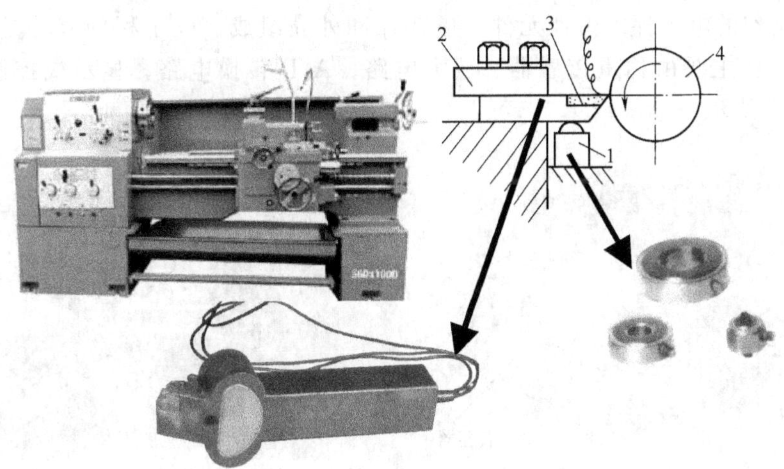

图2-24　压电式刀具切削力测量示意图

1—压电传感器；2—刀架；3—刀具；4—工件

任务实施

压电点火器是以压电效应为理论基础、以压电陶瓷为介质而生产的手动点火装置，多用于各种燃气具，如燃气灶、燃气热水器、燃气冰箱等。

如图2-25所示为煤气灶电子点火装置示意图。当使用者将开关往里按时，有一很大的力冲击压电陶瓷，由于压电效应，在压电陶瓷上产生数千伏高压脉冲，通过电极尖端放电，产生了电火花；将开关旋转，把气阀门打开，电火花就将燃烧气体点燃了。图2-26为各种压电点火器。

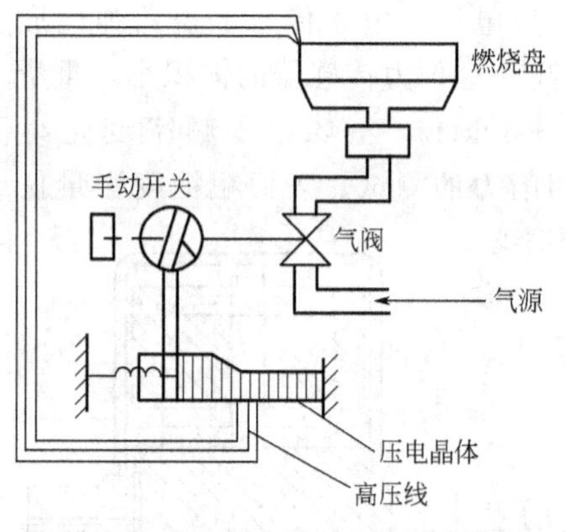

图 2-25　煤气灶电子点火装置示意图

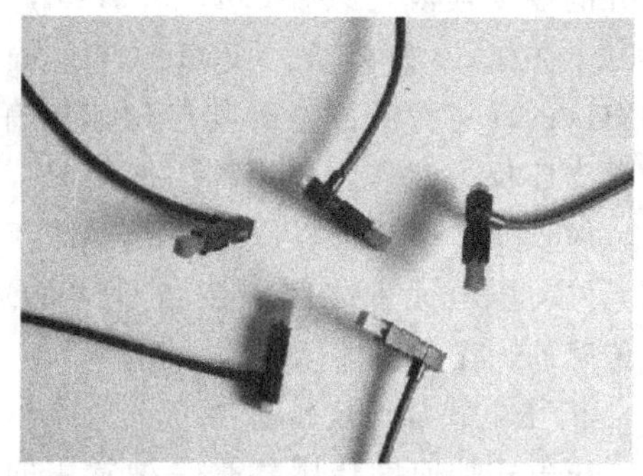

图 2-26　压电点火器

压电陶瓷点火最大优点是不需要电池。不过点火的成功率与环境湿度有关，湿度大时不易点着。此外，点火的时候需要按住开关才能打着火，没有电子脉冲点火那么快。

【课外实训】

电子秤与电子门铃的制作

1. 简易电子秤的制作

利用电阻应变式传感器制作的电子秤易于制作，成本低廉，体积小巧实用。电阻应变式传感器制作的电子秤由弹性元件、应变片和外壳组成。电子秤的核心是称重传感器（电阻应变片），主要由称重传感器、放大电路、A/D 转换电路、显示或控制电路组成。结构如图 2-27 所示。

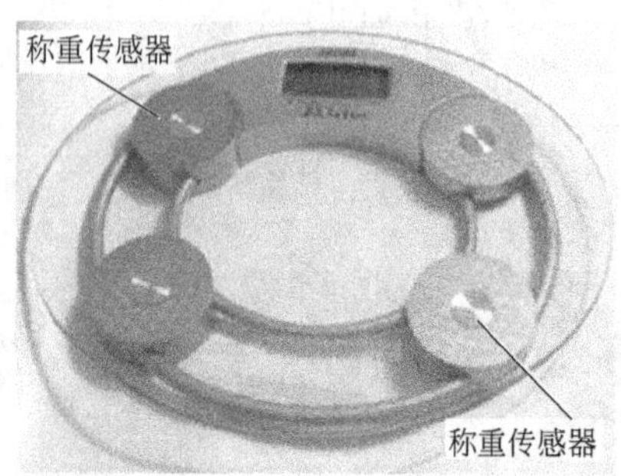

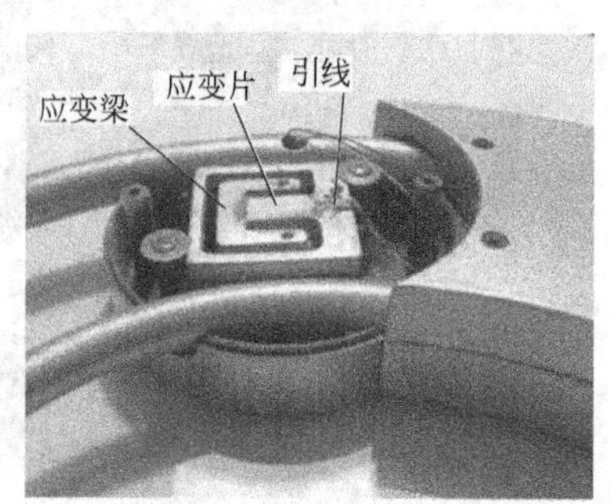

图 2-27　电子秤结构图

具体制作方法如下：

（1）电子秤电路原理图

电子秤电路原理图如图 2-28 所示，采用 E350-ZAA 箔式应变片，其常态阻值为 350Ω。

（2）元件选择

1）IC_1 选用 ICL7126 集成块；IC_2、IC_3 选用高精度低温标精密运放 OP-07；IC_4 选用 LM385-1.2V。

2）传感器 R_I 选用 E350-ZAA 箔式电阻应变片，其常态阻值为 350Ω。

3）各电阻元件宜选用精密金属膜电阻。

4）RP_1 选用精密多圈电位器，RP_2、RP_3 经调试后可分别用精密金属膜电阻代替。

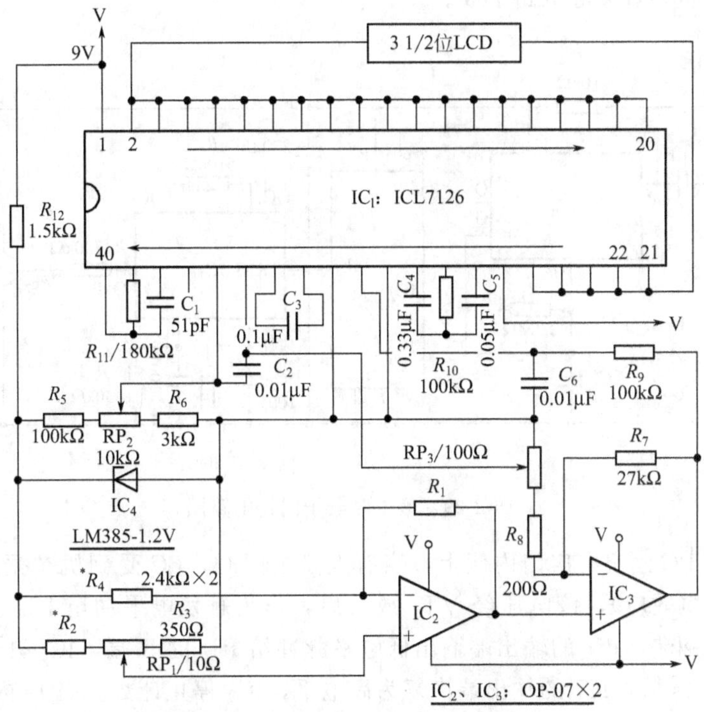

图 2-28　电子秤电路原理图

5）电容中 C_1 选用云母电容或瓷介电容。

（3）电子线路及变形钢件制作

1）电子线路的制作

元件布置应横平竖直，间距适当；控制焊点大小，注意虚焊。

2）变形钢件的制作

可用普通钢锯条制作，先将锯齿磨平，再将锯条加热弯成“U”形，并在对应位置钻孔，以装显示部件。然后再进行淬火和表面处理，秤钩粘于钢件底部。应变片用应变胶黏剂粘接于钢件变形最大的部位。

（4）电子秤的调试

1）在秤体自然下垂无负载时调 RP_1，显示为零。

2）再调整 RP_2，使秤体承担满量程 2kg 时显示满量程值。

3）然后在秤钩下悬挂 1kg 的标准砝码，观察显示器是否显示 1.000，如有偏差，可调整 RP_3 值，使之准确显示 1.000。

4）重新进行步骤 2）、3），使之均满足要求为止。

5）准确测量 RP_2、RP_3 值，用固定精密电阻代替。

2. 敲击式电子门铃的制作

利用压电传感器制作的敲击式电子门铃，当有客人来访时，只要用手轻轻敲击房门，室内的电子门铃就会发出清脆的“叮咚”声。其特点是工作可靠、实用性强。

具体制作方法如下：

（1）电路原理图

如图 2-29 所示为敲击式电子门铃的电路图，主要由拾音放大器、单稳态触发器、脉冲计数器、音乐发生和音频等电路组成。

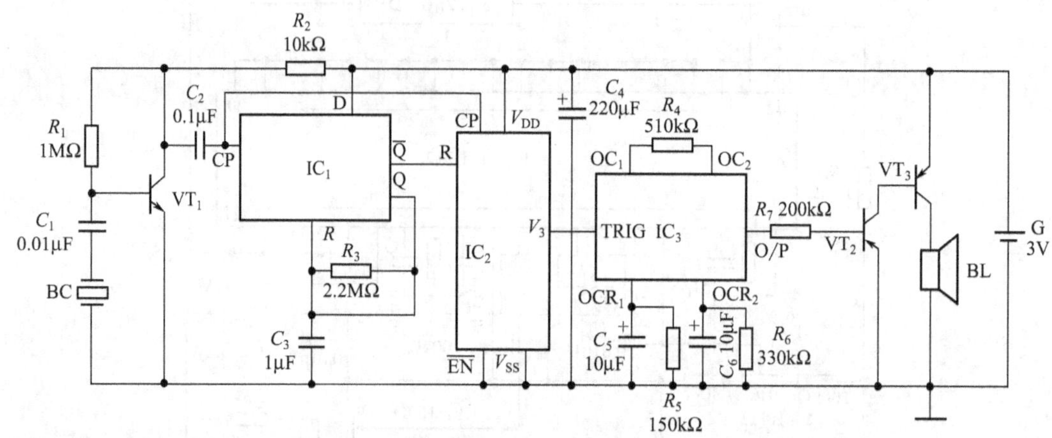

图 2-29 敲击时电子门铃电路图

压电陶瓷片 BC 固定在房门内侧上，当有人敲击门时，BC 受到机械振动后，其两端产生感应电压（压电效应），该电压经 VT_1 放大后，作为触发电平加至 IC_1 和 IC_2 的 CP 端，使单稳态触发器翻转，IC_1 的输出端输出低电平脉冲给 IC_2 的 R 端，IC_2 开始对敲击脉冲进行计数。延时约 1s 后，IC_1 的输出端恢复为高电平，IC_2 停止计数。当 1s 内敲击脉冲超过 3 次时，IC_2 的输出端会产生高电平脉冲，触发音乐集成电路 IC_3 工作，IC_3 的 O/P 端输出音乐电平信号，该信号经 VT_2 和 VT_3 放大后，推动扬声器 BL 发出“叮咚”声。

（2）元件选择

1）R_1～R_7 均选用 RTX-1/8W 碳膜电阻器。

2）C_1～C_3 均选用涤纶电容器或独石电容器；C_4～C_6 均选用 CD11-16V 的电解电容器。

3）VT_1 用 9014 或 3DG8 型硅 NPN 小功率三极管，要求电流放大系数 $\beta \geqslant 150$；VT_2 选用 9013 或 3DG12、3DK4 型硅 NPN 中功率三极管，要求电流放大系数 $\beta \geqslant 100$；VT_3 选用 9012 型硅 PNP 中功率三极管，要求电流放大系数 $\beta \geqslant 50$。

4）IC_1 选用 CD4013 双 D 触发器数字集成电路；IC_2 选用 CD4017 十进制计数分频器数字集成电路；IC_3 选用 KD2538 音乐集成电路。

5）BL 选用 0.25Ω、8Ω 微型电动式扬声器。BC 用 ϕ27mm 的压电陶瓷片，如 FT-27 等型号。G 用两节 5 号干电池串联而成，电压 3V。

（3）制作与调试

IC_3 芯片通过 4 根 7mm 长的元器件脚线插焊在电路板上；除压电陶瓷片 BC 外，焊接好的电路板连同扬声器 BL、电池 G（带塑料架）一起装入绝缘材料小盒内。盒面板为 BL 开出拾音孔；盒侧面通过适当长度的双芯屏蔽线引出到压电陶瓷 BC。

实际安装时，将压电陶瓷片 BC 通过 502 胶粘贴在大门背面正对个人常敲门的位置（一般离地面 1.4m 左右），门铃盒则固定在室内墙壁上。

【知识拓展】

电位器式传感器

电位器式传感器可以将机械位移或其他能转换为位移的非电量转换为与其有一定函数关

系的电阻值的变化，从而引起输出电压的变化。其特点结构简单、尺寸小、重量轻、精度高、输出信号大、性能稳定并容易实现任意函数；但要求输入能量大，电刷与电阻元件之间容易磨损。主要用于测量压力、高度、加速度、航面角等各种参数。

一、电位器式传感器的结构与类型

电位器式传感器由电阻元件和电刷（活动触头）两个基本部分组成。按结构形式可分为线绕式和非线绕式电位器。

1. 线绕式电位器

常用的线绕式电位器通常由电阻丝、电刷及骨架构成。电阻丝要求电阻系数高，电阻温度系数小，强度高，延展性好，对铜的热电势尽可能小，耐磨耐腐蚀，焊接性好。常用铜镍合金类、铜锰合金类、铂铱合金类、镍铬丝、卡玛丝及银钯丝等材料。电刷由具有弹性的金属薄片或金属丝制成，末端弯曲形成弧形。材料要与电阻丝材料配合选择，通常是使电刷材料的硬度与电阻丝材料的硬度相近或稍高些，而且要保证电刷触点具有良好的抗氧化能力，接触电势要小。常用的电刷触头材料有银、铂铱、铂铑等金属。常见骨架为矩形、环形、柱形、棒形等。材料要求形状稳定（与电阻丝材料具有相近的膨胀系数），电气绝缘好，有足够的强度和刚度，散热性好，耐潮湿，易加工。常用材料有陶瓷、酚醛树脂及工程塑料等绝缘材料。目前还广泛采用经绝缘处理的金属骨架，其导热性好，强度大，适用于大功率电位器。如图2-30所示为线绕电位器实物图。

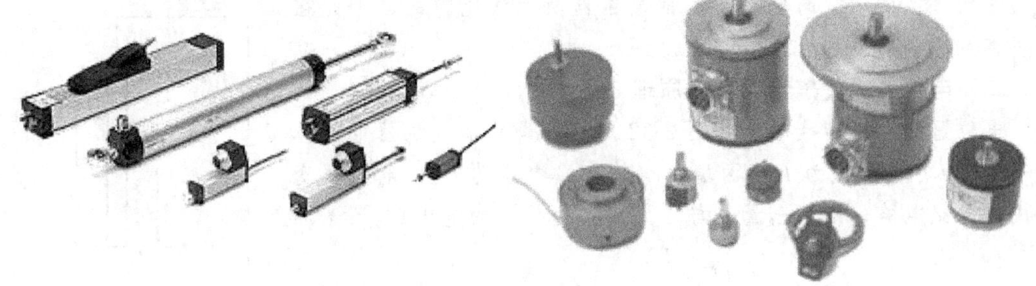

图2-30　线绕电位器实物图

2. 非线绕式电位器

(1) 薄膜电位器

碳膜电位器是在绝缘骨架表面上喷涂一层均匀的电阻液，经烘干聚合后而制成电阻。其优点为分辨率高、耐磨性较好、工艺简单、成本较低、线性度较好。缺点是接触电阻大、噪声大。

金属膜电位器是在玻璃或胶木基体上，用高温蒸镀或电镀方法，涂覆一层金属膜而制成。金属膜电位器具有无限分辨力，接触电阻很小，耐热性好，满负荷达70℃的特点。与线绕电位器相比，它的分布电容和分布电感很小，特别适合在高频条件下使用。它的噪声仅高于线绕电位器。金属电位器的缺点是耐磨性较差，阻值范围窄，一般在10～100Ω之间。由于这些缺点，限制了它的使用范围。

(2) 导电塑料电位器

这种电位器由塑料粉及导电材料粉（合金、石墨、炭黑等）压制而成，它又称为实心电位器。优点是耐磨性较好、寿命较长、电刷允许的接触压力较大，适用于振动、冲击等恶劣条件下工作，且阻值范围大，能承受较大的功率。缺点为温度影响较大、接触电阻大、精度不高。导电塑料电位器的标准阻值有1kΩ、2kΩ、5kΩ和10kΩ，线性度为0.1%和0.2%。

(3) 导电玻璃釉电位器

导电玻璃釉电位器又称金属陶瓷电位器，它的耐高温性和耐磨性好，有较宽的阻值范围，电阻湿度系数小且抗湿性强。导电玻璃釉电位器的缺点是接触电阻变化大，噪声大，不易保证测量的高精度。

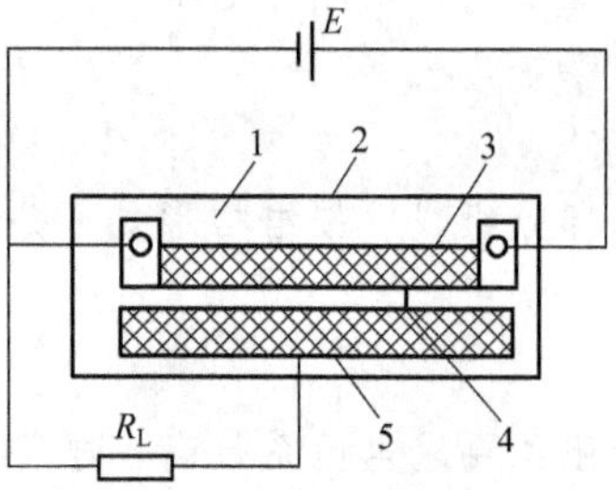

图 2-31 光电电位器原理图

1—光电导层；2—基体；3—薄膜电阻体；4—光束；5—导电电极

(4) 光电电位器

光电电位器是一种非接触式电位器，它以光束代替了常规的电刷，一般采用氧化铝作基体，在其上蒸发一条带状电阻薄膜（镍铝合金或镍铁合金）和一条导电极（鉻合金或银）。

图 2-31 是这种电位器的结构图。平时无光照时，电阻体和导电电极之间由于光电导层电阻很大而呈现绝缘状态。当光束照射在电阻体和导电电极的间隙上时，由于光电导层被照射部位的亮电阻很小，使电阻体被照射部位和导电电极导通，于是光电电位器的输出端就有电压输出，输出电压的大小与光束位移照射到的位置有关，从而实现了将光束位移转换为电压信号输出。

光电电位器最大的优点是非接触型，不存在磨损问题，它不会对传感器系统带来任何有害的摩擦力矩，从而提高了传感器的精度、寿命、可靠性及分辨率。光电电位器的缺点是接触电阻大，线性度差。由于它的输出阻抗较高，需要配接高输入阻抗的放大器。此外，光电电位器需要照明光源和光学系统，其结构较复杂，体积和重量较大。尽管光电电位器有着不少的缺点，但由于它的优点是其他电位器所无法比拟的，因此在许多重要场合仍得到应用。

二、电位器式传感器的转换原理

电位器的电压转换原理如图 2-32 所示。设直滑电位器电阻体的长度为 l，电阻值为 R，两端加（输入）电压为 U_i，电位器变组成分压比电路，则输出量是与压力成一定关系的电压 U_o 为：

$$U_o=\frac{U_i}{l}x$$

对圆盘式电位器来说，U_o 与滑动臂的旋转角度成正比：

$$U_o=\frac{\alpha}{360°}U_i$$

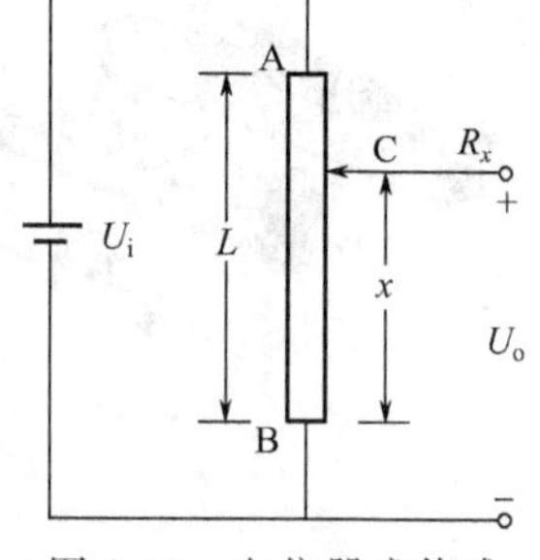

图 2-32 电位器式传感器转换原理

【项目小结】

力是需要检测的重要参数之一，它直接影响产品的质量，又是生产过程中的一个重要安全指标。

电阻应变式传感器是目前用于测力、力矩、压力、加速度、质量等参数广泛使用的传感器之一。它的原理基于电阻应变效应，可以用导体或半导体材料制成。常用的电阻应变片的测量电路为直流电桥。电阻应变片在实际使用中会产生温度误差，可以采用自补偿法或桥路补偿法来消除。

压电式传感器是一种典型的自发电式传感器，工作原理基于压电效应。常见压电材料为压电晶体、压电陶瓷和高分子压电材料。压电式传感器的测量转换电路常用电荷放大器。压电式传感器的输出电荷 Q 与外力 F 成正比关系，可以进行变化力、变化加速度和振动等的测量，但是不能用于静态力的测量。

【习题与训练】

1. 应变测量中，希望灵敏度高、线性好、有温度自补偿功能，应选择________测量转换电路。

A. 单臂半桥　　　　B. 双臂半桥　　　　C. 四臂全桥

2. 什么叫应变效应？

3. 电阻应变片与半导体应变片的工作原理有何区别？它们各有何特点？

4. 电阻应变片应用中为何要进行温度补偿？补偿的方法有哪些？

5. 某试件受力后，应变为 2×10^{-3}，已知应变片的灵敏系数为 2，初始值 120Ω，若不计温度的影响，求电阻的变化量 ΔR。

6. 什么是压电效应？逆压电效应？常见的压电材料有哪些？

7. 写出石英晶体的受力与电荷之间的关系式。

8. 压电式传感器中采用电荷放大器有何优点？

9. 压电传感器能测量静态压力吗？为什么？

10. 利用压电传感器设计一个测量轴承支座受力情况的装置。

11. 比较石英晶体和压电陶瓷各自的特点？

12. 试述压电式加速度传感器的工作原理。

项目 3　速度与位置的测量

【项目描述】

速度与位置的检测在航空、航天技术以及工业生产中都有广泛的应用。在日常生活中，如宾馆、饭店、车库的自动门、自动热风机上都有应用。自动化生产与工程自动控制中经常需要速度与位置的测量，例如数控机床上精确转速的控制，定位精度的控制，测量时应当根据不同的测量对象选择测量点、测量方向和测量系统，其中接近传感器得到大量使用。

接近传感器是一种有感知物体接近能力的器件，它利用非接触式传感器来识别被测物体的接近程度，当接近到达的设定的阈值时，便输出开关电压信号。因此，接近传感器又称为接近开关。

本项目主要学习电涡流式传感器、磁电式传感器、霍尔传感器和光电传感器的基本知识和使用。

【知识目标】

学习电涡流式传感器、磁电式传感器、霍尔传感器和光电传感器的工作原理、测量电路，熟悉这些传感器在工业中的应用。

【技能目标】

能使用速度传感器进行速度检测和信号处理，学会选择使用接近开关。

任务 3.1　电涡流式传感器定位测量

在机械加工自动生产线上，常常使用接近开关进行工件的加工定位。当传送机构将待加工的金属工件运送到靠近减速接近开关的位置时，该接近开关发出减速信号，传送机构减速，以提高定位精度。当金属工件到达定位接近开关面前时，定位接近开关发出“动作”信号，使传送机构停止运行。紧接着，加工刀具对工件进行机械加工。

在以上应用中，我们可以使用电涡流接近开关来进行工件的定位与计数，那么电涡流接近开关工作原理是什么？其结构、特点如何？这就是我们本课题的任务目标。

基本知识与技能

根据法拉第电磁感应原理，金属导体处于变化着的磁场中或者在磁场中做切割磁力线运动时，导体会产生感应电流，这种电流像水中的漩涡那样在导体内转圈，所以称之为电涡流。电涡流在用电中因为消耗磁场能量发热，应尽量避免，例如，电机、变压器的铁芯用相互绝缘的硅钢片叠成，就是为了减小电涡流。但在电加热方面有广泛的应用，例如，烹饪用的电磁炉，金属加热的中频炉等。

在检测领域，电涡流传感器可以测量位移、厚度、转速、振动、硬度等参数，而且是非接触测量，还可以进行无损探伤，是一种应用广泛且有发展前途的传感器。

3.1.1　电涡流式传感器的工作原理

电涡流式传感器是 20 世纪 70 年代以来得到迅速发展的一种传感器，它利用电涡流效应进行工作。如图 3-1 所示，有一通以交变电流$\dot{I}_1$的传感器线圈。由于电流$\dot{I}_1$的存在，线圈周围就产生一个交变磁场 H_1。若被测导体置于该磁场范围内，导体内便产生电涡流$\dot{I}_2$，$\dot{I}_2$也将产生一个新磁场 H_2，H_2 与 H_1 方向相反，相互抵消，由于磁场 H_2 的反作用，将导致通电线圈的电感、阻抗和品质因数发生变化。这些参数变化与导体的几何形状、电导率、磁导率、线圈的几何参数、电流的频率以及线圈到被测导体间的距离 x 有关。如果控制上述参数中一个参数改变，其余皆不变，就能构成测量该参数的传感器。

把被测导体上形成的电涡流等效为一个短路环，这个简化模型可用图 3-2 等效电路图来表示。假定传感器线圈原有电阻 R_1，电感 L_1，则其复阻抗 $Z_1=R_1+\mathrm{j}\omega L_1$，当有被测导体靠近传感器线圈时，则成为一个耦合电感，线圈与导体之间存在一个互感系数 M，互感系数随线圈与导体之间距离 x 的减小而增大。短路环可看作一匝短路线圈，电阻为 R_2，电感为 L_2。加在线圈两端的激励电压为 $\dot{U}_1$。

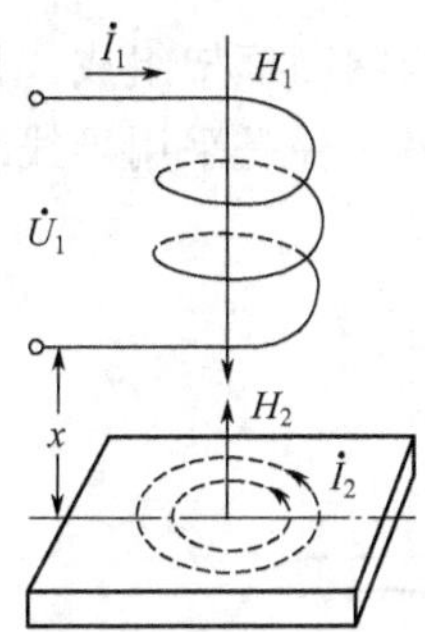

图 3-1　电涡流式传感器工作原理

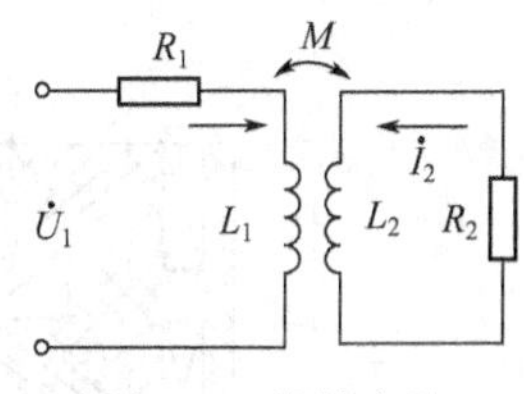

图 3-2　等效电路

根据基尔霍夫电压定律，可列出电压平衡方程组：

$$\begin{cases} R_1\dot{I}_1+\mathrm{j}\omega L_1\dot{I}_1-\mathrm{j}\omega M\dot{I}_2=\dot{U}_1 \\ -\mathrm{j}\omega M\dot{I}_1+R_2\dot{I}_2+\mathrm{j}\omega L_2\dot{I}_2=0 \end{cases}$$

解方程组可得

$$\dot{I}_1=\frac{\dot{U}_1}{R_1+\dfrac{\omega^2M^2}{R_2^2+(\omega L_2)^2}R^2+\mathrm{j}\omega\left[L_1-\dfrac{\omega^2M^2}{R_2^2+(\omega L_2)^2}L^2\right]}$$

$$\dot{I}_2=\mathrm{j}\omega\frac{M\dot{I}_1}{R_2+\omega L_2}=\frac{M\omega^2L_2\dot{I}_1+\mathrm{j}\omega MR_2\dot{I}_1}{R_2^2+(\omega L_2)^2}$$

由此可求得线圈受金属导体涡流影响后的等效阻抗为

$$Z=R_1+R_2\frac{\omega^2M^2}{R_2^2+(\omega L_2)^2}+\mathrm{j}\omega\left[L_1-L_2\frac{\omega^2M^2}{R_2^2+(\omega L_2)^2}\right] \tag{3-1}$$

线圈的等效电感为

$$L=L_1-L_2\frac{\omega^2M^2}{R_2^2+(\omega L_2)^2} \tag{3-2}$$

由式(3-1) 可见，由于涡流的影响，线圈阻抗的实数部分增大，虚数部分减小，因此线圈的品质因数 Q 下降。阻抗由 Z_1 变为 Z，常称其变化部分为“反射阻抗”。由式(3-1)可得：

$$Q=Q_0\left(1-\frac{L_2\omega^2M^2}{L_1Z_2^2}\right)\Big/\left(1+\frac{R_2\omega^2M^2}{R_1Z_2^2}\right) \tag{3-3}$$

式中 Q_0——无涡流影响时线圈的 Q 值，$Q_0=\omega L_1/R_1$；

Z_2——短路环的阻抗，$Z_2=\sqrt{R_2^2+\omega^2L_2^2}$。

由以上式子可知，当被测导体的导电性和距离 x 等参数发生变化时，可引起涡流式传感器线圈的阻抗 Z、电感 L 和品质因数 Q 发生变化，通过测量 Z、L 或 Q 就可求出被测量参数的变化。由式(3-1)～式(3-3) 可知，线圈-金属导体系统的阻抗、电感和品质因数都是该系统互感系数平方的函数。而互感系数又是距离 x 的非线性函数，因此当构成电涡流式位移传感器时，$Z=f_1(x)$、$L=f_2(x)$、$Q=f_3(x)$ 都是非线性函数。但在一定范围内，可以将这些函数近似地用一线性函数来表示，于是在该范围内通过测量 Z、L 或 Q 的变化就可以线性地获得位移的变化。

3.1.2 电涡流式传感器的结构

电涡流式传感器的结构比较简单，基本结构主要是由线圈和框架组成，目前比较普遍使用的是单独绕成一只无框架的矩形截面的扁平圆形线圈，另一种是采用导线绕在框架上的形式，如图 3-3 所示为 CZF-1 型传感器的结构图。

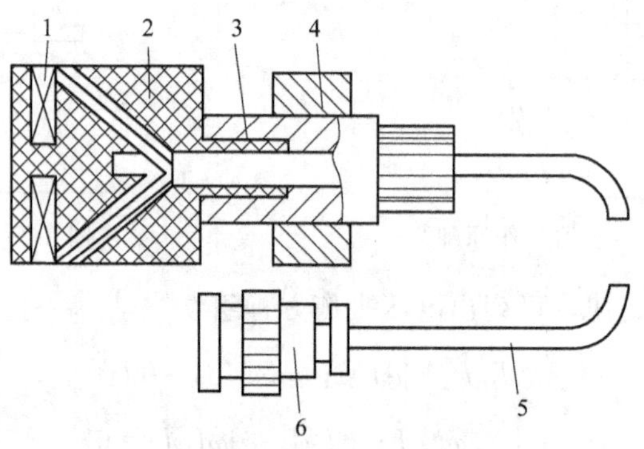

图 3-3 CZF-1 型传感器的结构图

1—线圈；2—框架；3—框架衬套；4—支座；5—电缆；6—插头

3.1.3 电涡流式传感器的测量电路

电涡流式传感器转换电路的作用就是将 Z、L 或 Q 转换为电压或电流的变化。阻抗 Z 的转换电路一般用电桥电路，电感 L 的转换电路一般用谐振电路，又可以分为调幅法和调频法两种。

1. 电桥电路

如图 3-4 所示，将传感器线圈的阻抗 Z 变化转化为电压或电流的变化。图中 L_1、L_2 是两个差动传感器线圈，它们与电容 C_1、C_2 的并联阻抗 Z_1、Z_2 作为电桥的两个桥臂，静态时，电桥平衡，桥路输出 $U_{AB}=0$。在进行测量时，由于传感器线圈的阻抗发生变化，使电桥失去平衡，即 $U_{AB}\neq0$，经放大并检波后，就可得到与被测量成正比输出的直流电压 U。

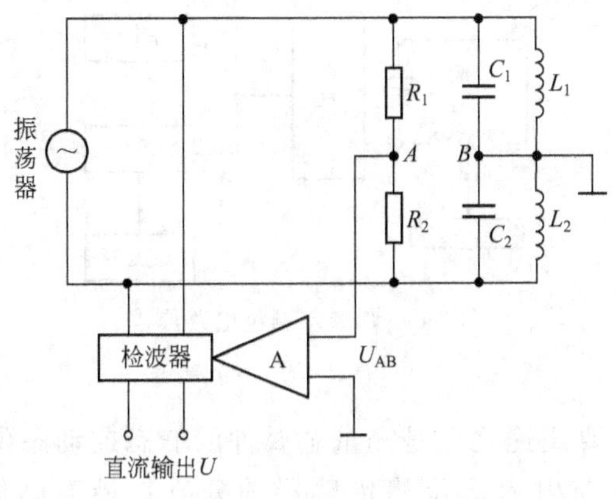

图 3-4　电桥电路

2. 调幅式（AM）电路

如图 3-5 所示为调幅式测量电路，振荡器向传感器线圈 L 和 C 组成的并联谐振回路提供一个频率及振幅稳定的高频激励信号，它相当于一个恒流源。当被测导体距传感器线圈相当远时，传感器谐振回路的谐振频率为回路的固有频率，这时谐振回路的品质因数 Q 值最高，阻抗最大，振荡器提供的恒定电流与其上产生的压降最大。当被测导体与传感器线圈距离在传感器测试范围内变化时，由于涡流效应使传感器的品质因数 Q 值下降，传感器线圈的电感也随之发生变化，从而使谐振回路工作在失谐状态，这种失谐状态随被测导体与传感器线圈距离越来越近而变得越来越大，回路输出的电压也越来越小。谐振回路输出的信号经检波、滤波放大后送给后继电路，可直接显示出被测无体的位移量。

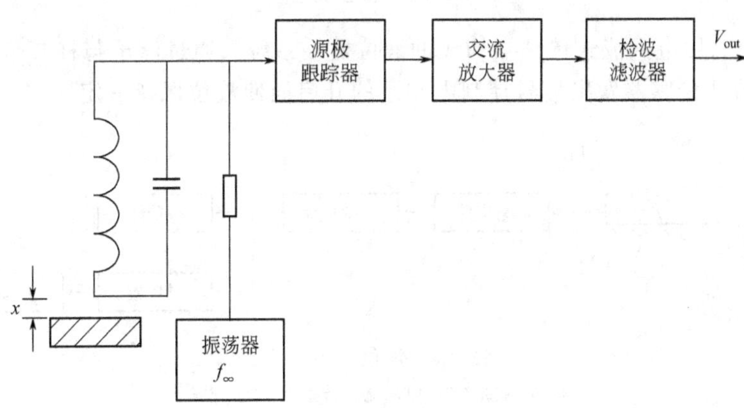

图 3-5　调幅式测量电路

3. 调频式（FM）电路

调频式测量电路原理如图 3-6 所示。传感器线圈接入 LC 振荡回路，当传感器与被测导体距离 x 改变时，由于电涡流的影响，L 改变，导致振荡器频率改变。该频率可由数字频率计直接测量或通过频率电压变换后，再由电压表测得。

3.1.4　电涡流式传感器的应用

电涡流式传感器由于具有测量范围大，灵敏度高，结构简单，抗干扰能力强，可以实现非接触式测量等优点，被广泛地应用于工业生产和科学研究的各个领域，可以用来测量位移、振幅、尺寸、厚度、热膨胀系数、轴心轨迹和金属件探伤等。

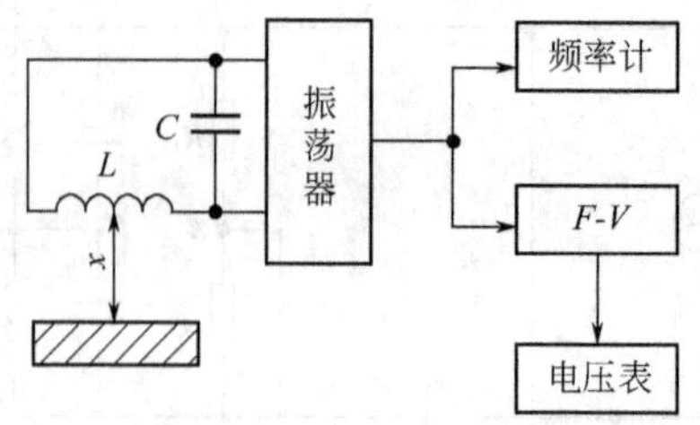

图 3-6 调频式测量电路原理

1. 测位移

电涡流式传感器的主要用途之一是测量金属件的静态或动态位移，最大量程达数百毫米，分辨率为 0.1%。目前电涡流位移传感器的分辨力最高已做到 0.05μm（量程 0～15μm）。凡是可转换为位移量的参数，都可用电涡流式传感器测量，如测量汽轮机主轴的轴向位移，磨床换向阀、先导阀的位移，金属材料的热膨胀系数等，如图 3-7 所示。

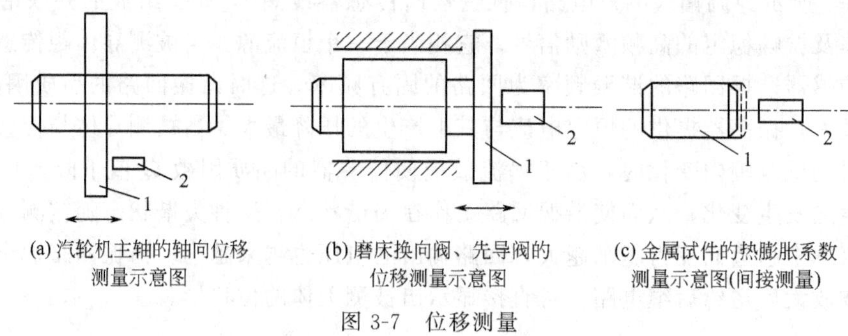

图 3-7 位移测量

图 3-8 所示为用电涡流式传感器构成的液位监控系统。通过浮子与杠杆带动涡流板上下位移，由电涡流式传感器发出信号控制电动泵的开启而使液位保持一定。

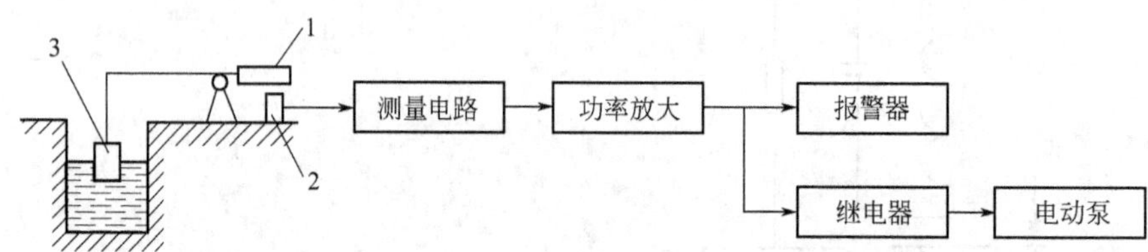

图 3-8 液位监控系统

1—涡流板；2—电涡流式传感器；3—浮子

2. 测转速

如图 3-9 所示，在一个旋转体上开一条或数条槽，或者加工成齿轮状，旁边安装一个电涡流传感器。当旋转体转动时，传感器将周期性地改变输出信号，此电压信号经过放大整形后，可用频率计指示出频率值，算出转速为

$$n=60\frac{f}{N}$$

式中 f——频率值，Hz；

N——旋转体的槽齿数；

n——被测轴的转速，r/min。

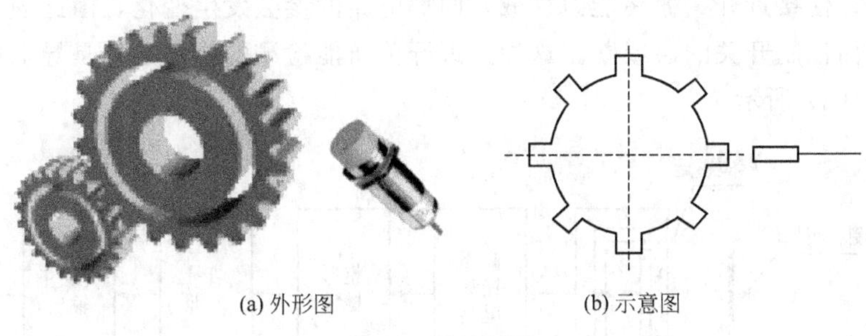

图 3-9　转速测量

3. 测厚度

电涡流式传感器也可用于厚度测量。测板厚时，金属板材厚度的变化相当于线圈与金属表面间距离的改变，根据输出电压的变化即可知线圈与金属表面间距离的变化，即板厚的变化。如图 3-10 所示。为克服金属板移动过程中上下波动及带材不够平整的影响，常在板材上下两侧对称放置两个特性相同的传感器 L_1 与 L_2 距离为 D。由图可知，板厚 $d=D-(x_1+x_2)$。工作时，两个传感器分别测得 x_1 和 x_2。板厚不变时，(x_1+x_2) 为常值；板厚改变时，代表板厚偏差的 (x_1+x_2) 所反映的输出电压发生变化。测量不同厚度的板材时，可通过调节距离 D 来改变板厚设定值，并使偏差指示为零。这时，被测板厚即板厚设定值与偏差指示值的代数和。

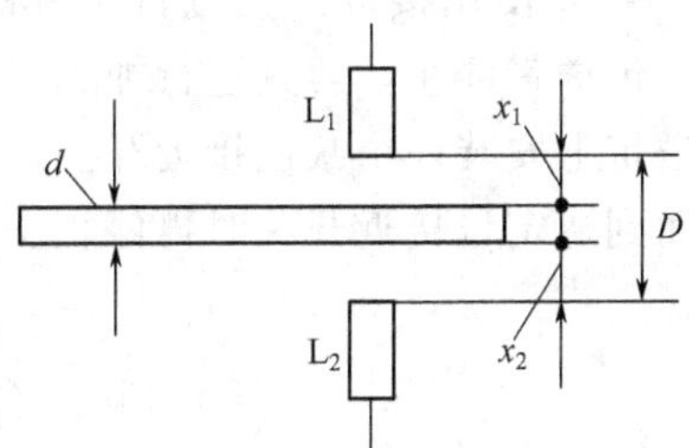

图 3-10　测金属板厚度示意图

除上述非接触式测板厚外，利用电涡流式传感器还可制成金属镀层厚度测量仪、接触式金属或非金属板厚测量仪。

4. 接近开关

接近开关又称无触点行程开关。它能在一定的距离（几毫米至几十毫米）内检测有无物体靠近。当物体进入其设定距离范围内时，就发出“动作”信号，该信号属于开关信号（高电平或低电平）。接近开关能直接驱动中间继电器。多数接近开关已将感辨头和测量转换电路做在同一壳体内，壳体上多带有螺纹或安装孔，以便于安装和调整。接近开关的应用已远超出行程开关的行程控制和限位保护范畴。它可以用于高速计数、测速，确定金属物体的存在和位置，测量物位等。常用的接近开关有电涡流式（以下简称电感接近开关）、电容式、磁性干簧开关、霍尔式、光电式、微波式、超声波式等。

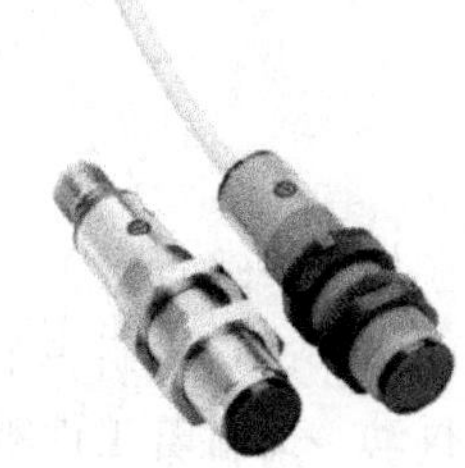

图 3-11　接近开关外形实物图

电感接近开关外形如图 3-11 所示，由 LC 高频振荡器和放大处理电路组成，金属物体在接近感辨头时，表面产生涡流。这个涡流反作用于接近开关，使接近开关振荡能力衰减，内部电路的参数发生变化，由此识别出有无金属物体接近，进而控制开关的通或断。这种接近开关所能检测的物体必须是导电性能良好的金属物体，如图 3-12 所示。

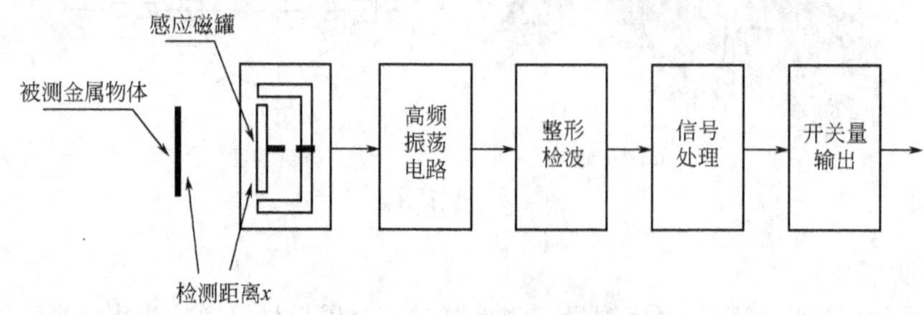

图 3-12　接近开关原理图

除上述应用外，电涡流式传感器利用使其输出只随被测导体电阻率而变，进行液体、气体介质温度或金属材料的表面温度测量；可利用磁导率与硬度有关的特性实现非接触式硬度连续测量；利用裂纹引起导体电阻率、磁导率等变化的综合影响，进行金属表面裂纹及焊缝的无损探伤等。

任务实施

在机械加工自动生产线上，可以使用接近开关进行工件的加工定位，如图 3-13(a) 所示，工件经过定位接近开关时，传送带停止，刀具进行加工。如果要提高定位精度，还可以在定位接近开关之前的一段传送带上安装一个减速接近开关，使得工件在接近减速接近开关的位置时，传送带先减速，进而到达定位接近开关时再停止。

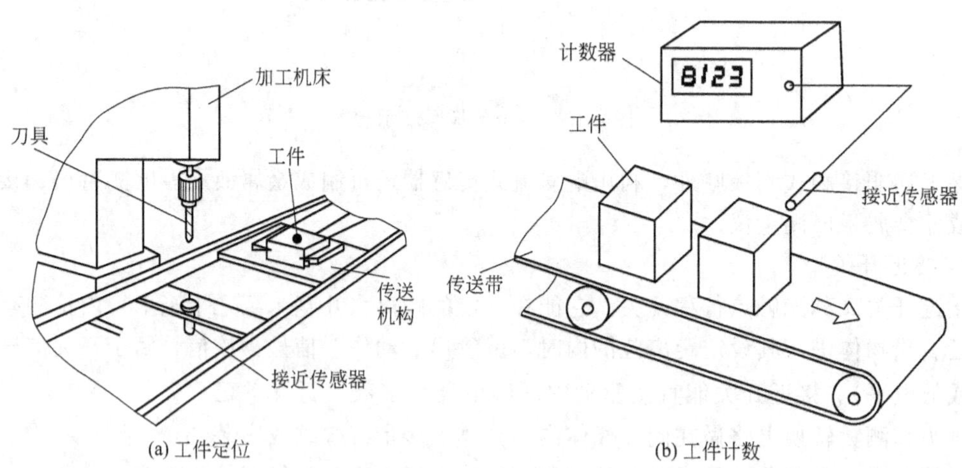

图 3-13　工件的定位与计数

如果将接近开关的信号接到计数器输入端，当金属工件从接近开关面前经过时，接近开关动作一次，输出一个计数脉冲，计数器加 1，如图 3-13(b) 所示。传送带在运行中可能产生抖动，此时若工件刚进入接近开关动作距离区域，但因抖动，又稍微远离接近开关，然后再进入动作距离范围，这种情况会产生两个以上的计数脉冲。为防止此种情况出现，通常在测量电路的比较器电路中加入正反馈电阻，形成迟滞比较器。

当被测对象是导电物体或可以固定在一块金属物上的物体时，一般都选用涡流式接近开关，因为它的响应频率高、抗环境干扰性能好、应用范围广、价格较低。

任务 3.2　磁电式传感器转速测量

任务导入

在各种车辆的运转、机械设备的运行中，都需要对转速进行检测。一个方法是选择磁电式传感器进行测量。磁电式传感器的工作原理是什么？其结构、特点如何？这就是我们本课题的任务目标。

基本知识与技能

磁是人们所熟悉的一种物理现象，因此磁传感器具有古老的历史。磁电感应式传感器又称磁电式传感器，是利用电磁感应原理将被测量（如振动、位移、转速等）转换成电信号的一种传感器。它不需要辅助电源，就能把被测对象的机械能转换成易于测量的电信号，是一种只适合进行动态测量的有源传感器。由于它有较大的输出功率，配用电路较简单；零位及性能稳定；工作频带一般为 10～1000Hz，所以在工程中得到普遍应用，如图 3-14 所示。

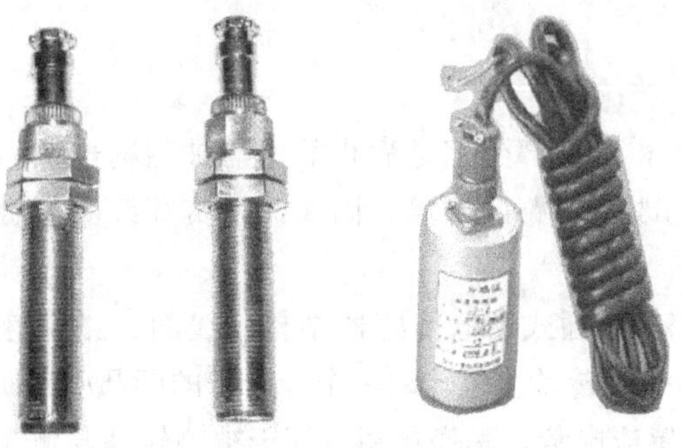

图 3-14　磁电式传感器的外形图

3.2.1　磁电式传感器的工作原理

根据法拉第电磁感应原理。当匝数为 N 的线圈在磁场中运动而切割磁力线，或通过闭合线圈的磁通量 Φ 发生变化时，线圈中将产生感应电势 e

$$e=-N\frac{\mathrm{d}\Phi}{\mathrm{d}t} \tag{3-4}$$

根据以上原理，可以设计出两种磁电式传感器结构：恒磁通式和变磁通式。

1. 恒磁通式

图 3-15 为恒磁通式磁电传感器典型结构，它由永久磁铁、线圈、弹簧、金属骨架等组成。磁路系统产生恒定的直流磁场，磁路中的工作气隙固定不变，因而气隙中磁通也是恒定不变的。其运动部件可以是线圈（动圈式），也可以是磁铁（动铁式）。动圈式［图 3-15(a)］和动铁式［图 3-15(b)］的工作原理是完全相同的。当壳体随被测振动体一起振动时，由于弹簧较软，运动部件质量相对较大。当振动频率足够高（远大于传感器固有频率）时，运动

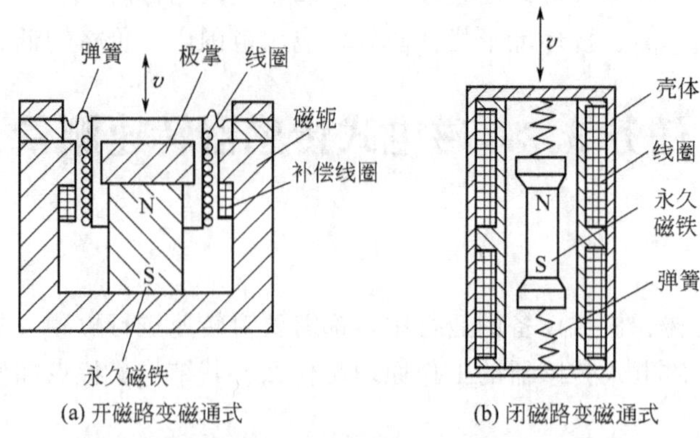

(a) 开磁路变磁通式 (b) 闭磁路变磁通式

图 3-15 恒磁通式磁电传感器结构

部件惯性很大，来不及随振动体一起振动，近乎静止不动，振动能量几乎全被弹簧吸收，永久磁铁与线圈之间的相对运动速度接近于振动体振动速度，磁铁与线圈的相对运动切割磁力线，从而产生感应电势为

$$e=-NBlv \tag{3-5}$$

式中 l——每匝线圈的平均长度；

B——线圈所在磁场的磁感应强度。

式(3-5) 表明，当 B、N 和 l 恒定不变时，便可以根据感应电动势 e 的大小计算出被测线速度 v 的大小。

2. 变磁通式

变磁通式传感器线圈和磁铁部分都是静止的，与被测物连接而运动的部分是用导磁材料制成的，在运动中，它们改变磁路的磁阻，因而改变贯穿线圈的磁通量，在线圈中产生感应电动势。

图 3-16(a) 为开磁路变磁通式磁电传感器结构，线圈、磁铁静止不动，测量齿轮安装在被测旋转体上，随被测体一起转动。每转动一个齿，齿的凹凸引起磁路磁阻变化一次，磁通也就变化一次，线圈中产生感应电势，其变化频率等于被测转速与测量齿轮上齿数的乘积。这种传感器结构简单，但输出信号较小，且因高速轴上加装齿轮较危险而不宜测量高转速的场合。

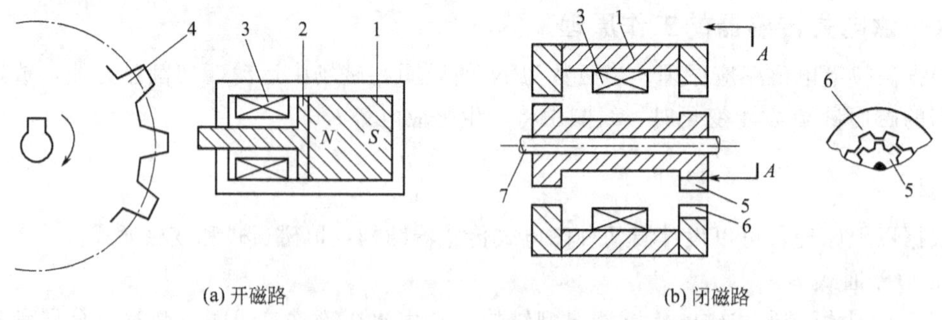

(a) 开磁路 (b) 闭磁路

图 3-16 变磁通式磁电传感器结构

1—永久磁铁；2—软磁铁；3—感应线圈；4—测量齿轮；5—内齿轮；6—外齿轮；7—转轴

图 3-16(b) 为闭磁路变磁通式传感器，它由装在转轴上的内齿轮和外齿轮、永久磁铁和感应线圈组成，内外齿轮齿数相同。当转轴连接到被测转轴上时，外齿轮不动，内齿轮随

被测轴而转动，内、外齿轮的相对转动使气隙磁阻产生周期性变化，从而引起磁路中磁通的变化，使线圈内产生周期性变化的感应电动势，而且感应电势的频率与被测转速成正比。

3.2.2 磁电式传感器的测量电路

磁电式传感器直接输出感应电动势，且传感器通常具有较高的灵敏度，不需要高增益放大器。但磁电式传感器是速度传感器，若要获取被测位移或加速度信号，则需要配用积分或微分电路。图 3-17 为一般测量电路方框图。

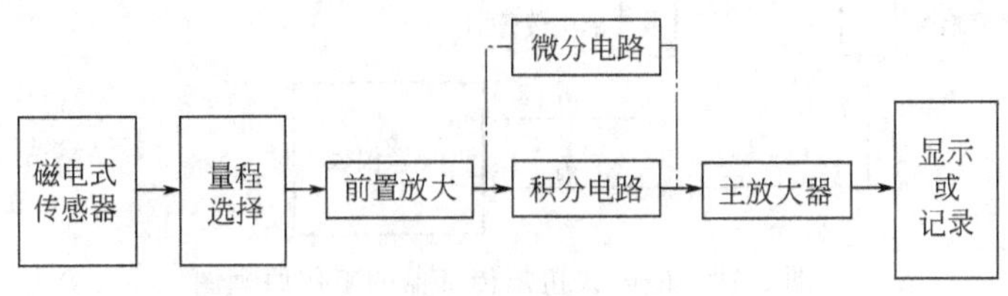

图 3-17 磁电感应式传感器测量电路方框

3.2.3 磁电式传感器的应用

1. 动圈式振动速度传感器

图 3-18 是动圈式振动速度传感器结构示意图。其结构主要由钢制圆形外壳 2 制成，里面用铝支架 4 将圆形永久磁铁 5 与外壳固定成一体，永久磁铁中间有一小孔，穿过小孔的芯轴两端架起工作线圈 6 和圆形阻尼环 7，芯轴两端通过圆形膜片 3 支撑架空且与外壳相连。

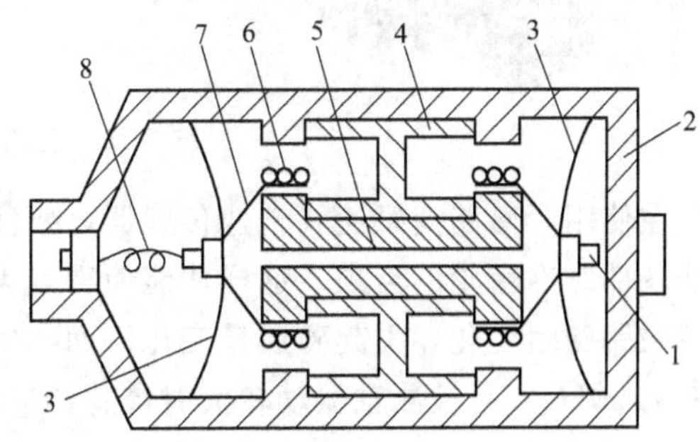

图 3-18 动圈式振动速度传感器

1—芯轴；2—壳体；3—膜片；4—铝支架；5—永久磁铁；6—工作线圈；7—圆形阻尼环；8—引线

工作时，传感器与被测物体刚性连接，当物体振动时，传感器外壳和永久磁铁随之振动，而架空的芯轴、线圈和阻尼环因惯性而不随之振动。因而，磁路空气隙中的线圈切割磁力线而产生正比于振动速度的感应电动势，线圈的输出通过引线输出到测量电路。该传感器测量的是振动速度参数，若在测量电路中接入积分电路，则输出电势与位移成正比，若在测量电路中接入微分电路，则其输出与加速度成正比。

2. 磁电式扭矩传感器

图 3-19 是磁电式扭矩传感器的工作原理图。在驱动源和负载之间的扭转轴的两侧安装有齿形圆盘，它们旁边装有相应的两个磁电传感器。磁电传感器的结构及原理同图 3-15(a) 所示。当扭矩作用在扭转轴上时，两个磁电传感器输出的感应电压 u_1 和 u_2 存在相位差。这个相位差与扭转轴的扭转角成正比。这样传感器就可以把扭矩引起的扭转角转换成相位差的电信号。

任务实施

用于测速的传感器，一般使用变磁通式磁电传感器。实物外形如图 3-20 所示。

磁电式转速传感器根据磁路的不同，可以分成开磁路式和闭磁路式两种。其工作原理及结构图见上文。

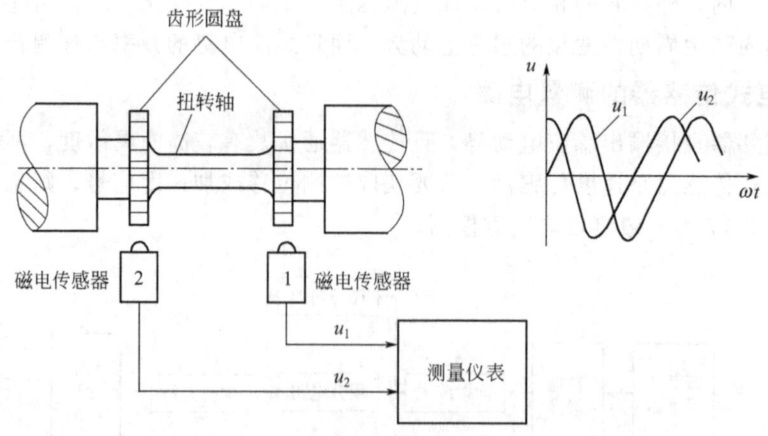

图 3-19　磁电式扭矩传感器的工作原理图

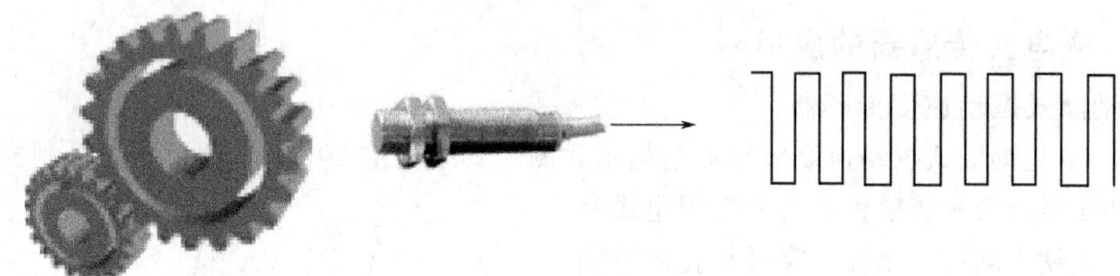

图 3-20　变磁通式磁电传感器

在使用开磁路变磁通式转速传感器，要注意安装时把永久磁铁产生的磁力线所通过的软磁铁端部对准齿轮的齿顶。这样才能使得当齿轮旋转时，齿的凹凸使空气间隙产生变化，从而使磁路磁阻变化，引起磁通量变化，而产生感应电动势。另外，开磁路式的最低下限工作频率为 50Hz，且被测轴振动较大时传感器输出波形失真较大。

任务 3.3　霍尔传感器转速测量

任务导入

汽车用速度及里程仪表中速度传感器是十分重要的部件。在汽车行驶过程中，控制器不断接收来自车速传感器的脉冲信号并进行处理，得到车辆瞬时速度并累计行驶路程。在这个系统中，常用霍尔式接近开关传感器作为车轮转速传感器，是汽车行驶过程中的实时速度采集器。霍尔式接近开关的工作原理是什么？其结构、特点如何？这就是我们本课题的任务目标。

基本知识与技能

霍尔传感器是基于霍尔效应的一种传感器。1879 年美国物理学家霍尔首先在金属材料中发现了霍尔效应，但由于金属材料的霍尔效应太弱而没有得到应用。1948 年以后，随着半导体技术的发展，开始用半导体材料制成霍尔元件，是目前应用最为广泛的一种磁电式传感器。霍尔传感器广泛用于检测磁场、压力、加速度、转速、流量，也可以制作高斯计、电流表、接近开关等。图 3-21 霍尔传感器的外形图。

图 3-21　霍尔传感器的外形图

3.3.1　霍尔元件的工作原理

1. 霍尔效应

金属或半导体薄片置于磁感应强度为 B 的磁场中，磁场方向垂直于薄片，当有电流 I 流过薄片时，在垂直于电流和磁场的方向上将产生电动势 E_H，这种现象称为霍尔效应，该电动势称为霍尔电动势，上述半导体薄片称为霍尔元件。用霍尔元件做成的传感器称为霍尔传感器。

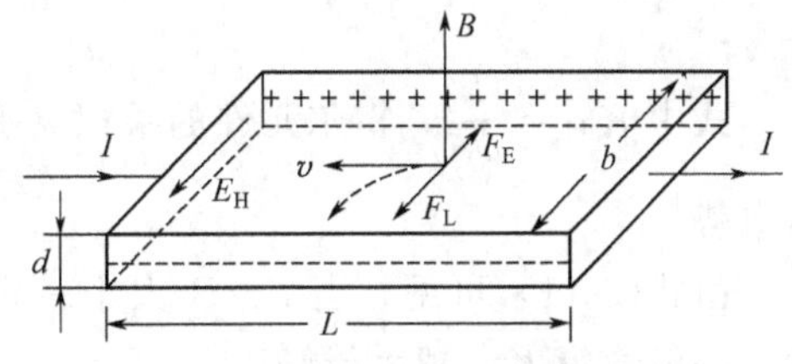

图 3-22　霍尔效应原理图

图 3-22 中是一个 N 型半导体薄片，长为 L、宽为 b、厚为 d。在垂直于该半导体薄片平面的方向上，施加磁感应强度为 B 的磁场，在薄片左右两端通以控制电流 I，N 型半导体的导电机制是自由电子沿着与电流 I 相反的方向运动，受力方向可由左手定则判定，即使磁力线穿过左手掌心，四指指向电流方向，则拇指就指向多数载流子所受洛伦兹力 F_L 的方向。由于洛伦兹力 F_L 的作用，自由电子会向一侧发生偏转（如图中虚线所示），结果在半导体的前端面上电子积累带负电，而后端面缺少电子带正电，在前后断面间形成电场。该电场产生的电场力 F_E 阻止电子继续偏转。当 F_E 和 F_L 相等时，电子积累达到动态平衡。这时在半导体前后两端面之间（即垂直于电流和磁场方向）建立电场，称为霍尔电场 E_H，相应的电势称为霍尔电势 U_H。

假设自由电子以匀速按图 3-22 所示方向运动，则在磁感应强度为 B 的作用下，每个电子所受到洛伦兹力为

$$F_L = evB \tag{3-6}$$

式中　F_L——洛伦兹力，N；

e——电子的电量，$e=1.602\times10^{-19}$C；

v——半导体中电子的运动速度，m/s；

B——磁感应强度，Wb/m^2。

同时，每个电子所受电场力为

$$F_E = eE_H = e\frac{U_H}{b} \tag{3-7}$$

式中　F_E——电场力，N；

E_H——霍尔电场强度，V/m；

U_H——霍尔电势，V；

b——霍尔元件宽度，m。

当 $F_L = F_E$，达到动态平衡时，由式(3-6) 和式(3-7) 得

$$U_H = vBb \tag{3-8}$$

对于N型半导体，通入霍尔元件的电流可表示为

$$I = jbd = nevbd \tag{3-9}$$

式中 j——电流密度，$j = nev$，A/m^2；

d——霍尔元件厚度，m；

n——N型半导体的电子浓度，$1/m^3$。

由式(3-9) 可得

$$v = \frac{I}{nebd} \tag{3-10}$$

将式(3-10) 代入式(3-8) 可得

$$U_H = \frac{IB}{ned} = K_H IB \tag{3-11}$$

式中 $K_H = \frac{I}{ned}$，霍尔元件的乘积灵敏度，即在单位控制电流和单位磁感应强度下的霍尔电势。

由式(3-11) 可见，当 I、B 大小一定时，K_H 越大，则霍尔元件的输出电势越大，显然，一般希望 K_H 越大越好。

霍尔元件的乘积灵敏度 K_H 与 n、e、d 成反比关系。金属的电子浓度 n 较高，使得 K_H 太小；绝缘体的 n 很小，但需施加极高的电压才能产生很小的电流 I，故这两种材料都不宜用来制作霍尔元件。只有半导体的 n 适中，而且可通过掺杂来获得所希望的 n，因此霍尔元件毫无例外地采用半导体材料。此外，d 越小则 K_H 越高，但同时霍尔元件的机械强度下降，且输入、输出电阻增加，因此，霍尔元件不能做得太薄。

2. 霍尔元件的结构

霍尔元件是一种四端型器件，如图 3-23(a) 所示，它由霍尔片、4 根引线和壳体组成。霍尔片是一块矩形半导体单晶薄片，尺寸一般为 4mm×2mm×0.1mm。通常为红色的两个引线 A、B 为控制电流 I_C，C、D 两个绿色引线为霍尔电压 U_H 输出线。霍尔元件常用的材料有锗（Ge）、硅（Si）、锑化铟（InSb）、砷化铟（InAs）和砷化稼（GaAs）等。

3.3.2 霍尔元件的测量电路

1. 基本电路

霍尔元件的基本测量电路如图 3-23(b) 所示，控制电流 I_C 由电源 E 提供，R 是调节电阻，用以根据要求改变 I_C 的大小。霍尔电势输出端的负载电阻 R_L，可以是放大器的输入电阻或表头电阻等。所施加的外磁场 B 一般与霍尔元件的平面垂直。

在实际测量中，可以把 I 或 B 单独作为输入信号，也可以把二者的乘积作为输入信号，通过霍尔电势输出得到测量结果。

2. 霍尔元件的误差及其补偿

(1) 霍尔元件温度误差及其补偿

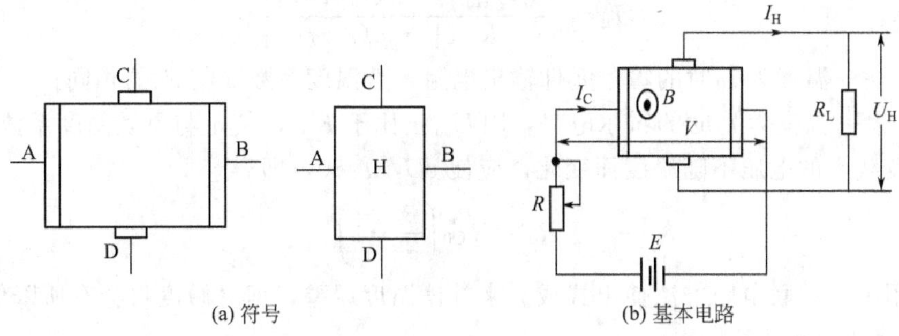

(a) 符号　(b) 基本电路

图 3-23　霍尔元件

霍尔元件是采用半导体材料制成的，因此它们的许多参数都具有较大的温度系数。当温度变化时，霍尔元件的载流子浓度、迁移率、电阻率及霍尔系数都将发生变化，从而使霍尔元件产生温度误差。为了减小霍尔元件的温度误差，除选用温度系数小的元件或采用恒温措施外，还可以采用适当的补偿电路。

1）输入回路并联电阻补偿法

为了减小霍尔元件的输入电阻随温度的变化给控制电流带来误差，最好采用恒流源提供控制电流。由于元件的灵敏度系数 K_H 是温度的函数，输入电阻 R_i 也是温度的函数，对于具有正温度系数的霍尔元件，欲进一步提高 U_H 的温度稳定性，可在其输入回路中并联电阻 R_P，如图 3-24 所示。假设

$$K_H=K_{H0}[1+\alpha(t-t_0)]$$
$$R_i=R_{i0}[1+\beta(t-t_0)]$$

式中　R_i——温度为 t_0 时的输入电阻；

K_{H0}——温度为 t_0 时的灵敏度系数；

α——霍尔元件的灵敏温度系数；

β——霍尔元件的输入电阻温度系数。

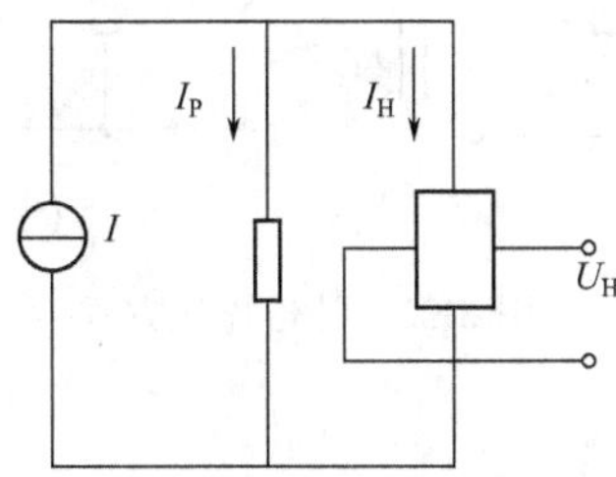

图 3-24　输入并联电阻的温度补偿电路（不等位电势的常见电路）

欲使霍尔电势不随温度变化，必须保证温度为 t 和 t_0 时的霍尔电势相等，即 $K_{H0}I_{H0}B=K_{Ht}I_{Ht}B$。将有关式子代入得

$$R_P=\frac{(\beta-\alpha)R_{i0}}{\alpha} \tag{3-12}$$

实际上 R_P 也随温度变化，但因其温度系数远比 β 小，故可忽略不计。

2）负载电阻 R_L 的选择补偿法

霍尔元件的输出电阻 R_O 和霍尔电势 U_H 都是温度的函数（设为正温度系数），当霍尔元件接有负载 R_L（如放大器的输入电阻）时，在 R_L 上的电压

$$U_L=\frac{R_L U_{H0}\left[1+\alpha(t-t_0)\right]}{R_L+R_{O0}\left[1+\beta(t-t_0)\right]} \tag{3-13}$$

式中 R_{O0}——温度为 t_0 时的霍尔元件输出电阻，其温度系数 β 与 R_i 的相同；

U_{H0}——温度为 t_0 时的霍尔电势，因 U_H 正比于 K_H，其 α 与灵敏温度系数的相同。

为使负载上的电压不随温度而变化，应使 $dU/dt=0$，即得

$$R_L=R_{O0}\left(\frac{\beta}{\alpha}-1\right) \tag{3-14}$$

可采用串、并联电阻方法使上式成立来补偿温度误差，但灵敏度将会有所降低。

3）温度补偿元件补偿法

这是最常用的温度误差补偿方法，常用的补偿元件有具有负温度系数的热敏电阻 R_t，具有正温度系数的电阻丝 R_T 等。图 3-25 所示为几种不同连接方式的例子，图（a）、（b）、（c）中霍尔元件材料为锑化铟，其霍尔输出具有负温度系数。图 3-25 中（d）为用 R_T 补偿霍尔输出具有正温度系数的温度误差。使用时要求热敏元件尽量靠近霍尔元件，使它们具有相同的温度变化。另外，安装元件时要尽量做到散热情况良好，尽可能选用面积大的元件。

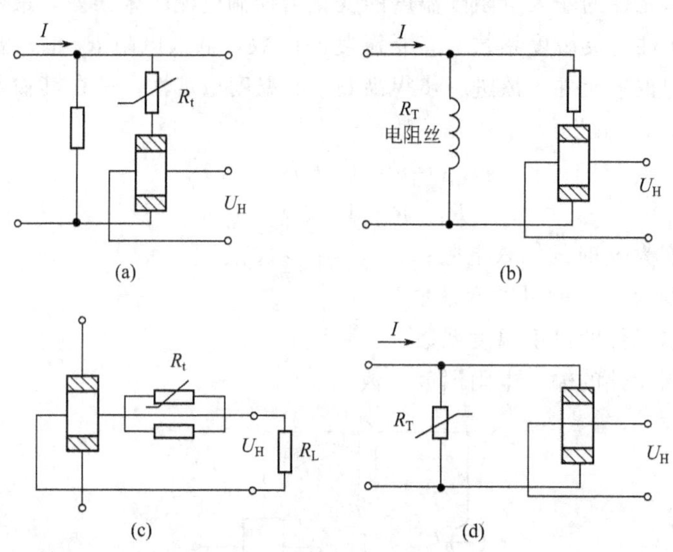

图 3-25 补偿连接方式

（2）不等位电势及其补偿

不等位电势 U_M 是霍尔零位误差中最主要的一种。不等位电势的产生是由于工艺没有将两个霍尔电极对称地焊在霍尔片的两侧，致使两电极点不能完全位于同一等位面上。此外霍尔片的电阻率不均匀和厚薄不均匀或控制电流电极接触不良都将使等位面歪斜（见图3-26），致使霍尔电极不在同一等位面上而产生不等位电势。

不等位电势与霍尔电势具有相同的数量级，有时甚至超过霍尔电势，而实用中要消除不等位电势是极其困难的，因而必须采用补偿的方法。霍尔元件可等效为一个四臂电桥，如图 3-27 所示，因此可在某一桥臂上并联上一定电阻而将 U_M 降到最小，甚至为零。图 3-28 中给出了几种常用的不等位电势的补偿电路，其中不对称补偿简单，而对称补偿温度稳定性好。

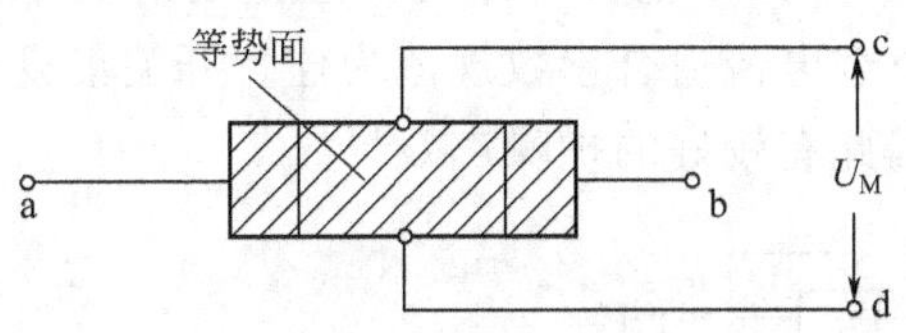

图 3-26　电阻率不均造成不等位电势示意图

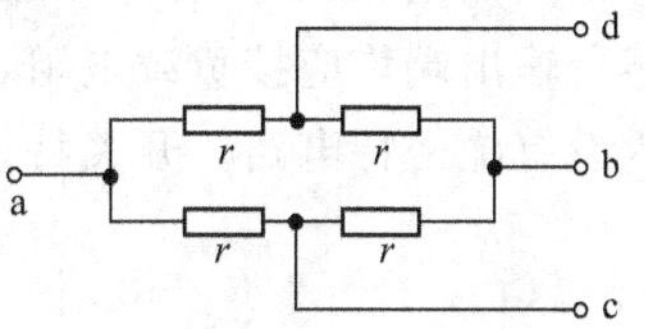

图 3-27　霍尔元件的等效电路

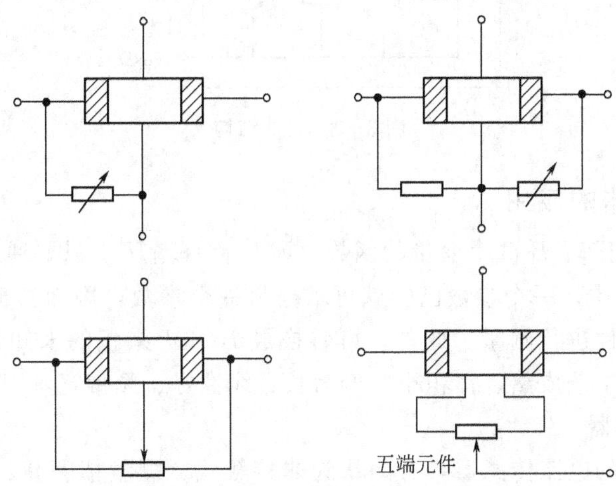

图 3-28　不等位电势的补偿电路

3.3.3　霍尔集成传感器

将霍尔敏感元件、放大器、温度补偿电路及稳压电源等集成于一个芯片上构成霍尔传感器。有些霍尔传感器的外形与 DIP 封装的集成电路相同，故也称集成霍尔传感器。分为线性型霍尔传感器和开关型霍尔传感器。

1. 线性型霍尔集成传感器

这种线性型传感器的输出电压与外加磁场强度在一定范围内呈线性关系，广泛用于位置、力、重量、厚度、速度、磁场、电流等的测量、控制。这种传感器有单端输出和双端输出（差动输出）两种电路，如图 3-29 所示。

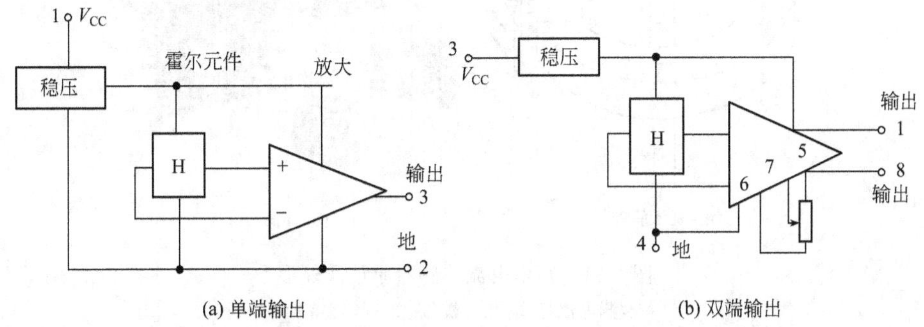

图 3-29　线性型霍尔集成传感器结构

2. 开关型霍尔集成传感器

开关型霍尔传感器由霍尔元件、放大器、施密特整形电路和开路输出等部分组成，其内部结构框图如图 3-30 所示。对霍尔开关传感器，不论集电极开路输出还是发射极输出，霍尔传感器输出端均应接负载电阻，取值一般以负载电流适合参数规范为佳。开关集成传感器由于内设有施密特电路，开关特性具有时滞，因此有较好的抗噪声效果。

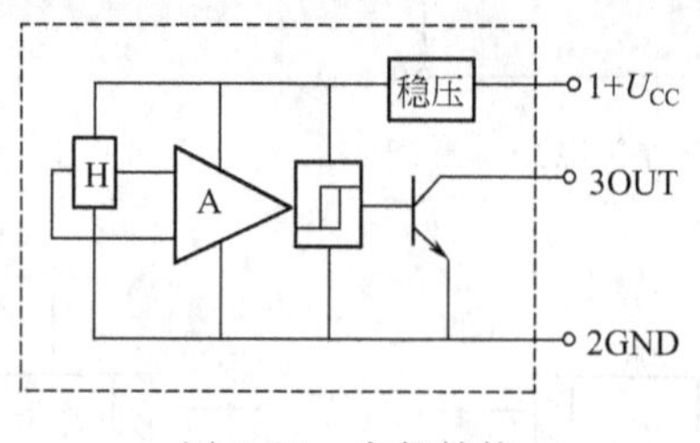

图 3-30 内部结构

3.3.4 霍尔传感器的应用

霍尔电动势是关于 I、B 两个变量的函数，即 $U_H=K_H IB$，只要通过测量电路测出 U_H，那么 B 和 I 两个参数中，一个参数已知就可求出另一个参数，因而任何可换成 B 和 I 的未知量均可利用霍尔元件进行测量。此外，可转换成 B 和 I 乘积的未知量亦可进行测量。霍尔传感器结构简单、工艺成熟、体积小、寿命长、线性好、频带宽，因而得到广泛的应用。

1. 霍尔电流传感器

由霍尔元件构成的电流传感器具有测量为非接触式、测量精度高、不必切断电路电流、测量的频率范围广（从零到几千赫兹）、本身几乎不消耗电路功率等特点。霍尔电流传感器原理及外形如图 3-31 所示，用一环形（有时也可以是方形）导磁材料作成铁芯，套在被测电流流过的导线（也称电流母线）上，将导线中电流感生的磁场聚集在铁芯中。在铁芯上开一与霍尔传感器厚度相等的气隙，将霍尔线性 IC 紧紧地夹在气隙中央。电流母线通电后，磁力线就集中通过铁芯中的霍尔 IC，霍尔 IC 就输出与被测电流成正比的输出电压或电流。

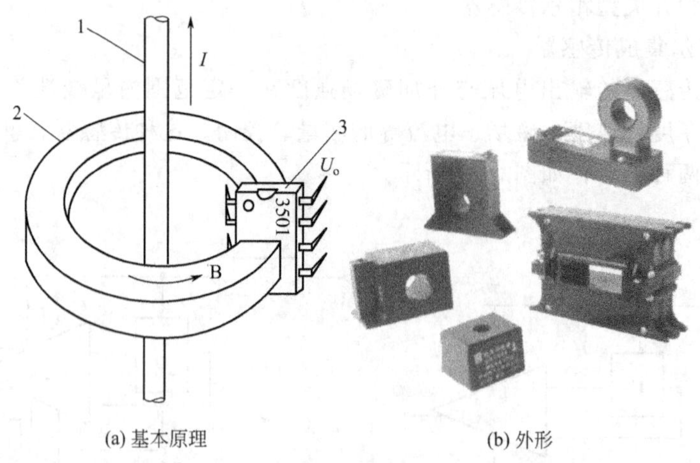

(a) 基本原理　　(b) 外形

图 3-31 霍尔电流传感器原理及外形

1—被测电流母线；2—铁芯；3—线性霍尔 IC

2. 磁场测量（微磁场测量）

磁场测量方法很多，其中应用比较普遍的是以霍尔元件做探头的特斯拉计（或高斯计、磁强计），Ge 和 GaAs 霍尔元件的霍尔电动势温度系数小，线性范围大，适用于做测量磁场的探头。把探头放在待测磁场中，探头的磁敏感面要与磁场方向垂直。控制电流，由恒流源（或恒压源）供给，用电表或电位差计来测量霍尔电动势。根据 $U_H = K_H I_C B$，若控制电流 I_C 不变，则霍尔输出电动势 U_H 正比于磁场 B，故可以利用它来测量磁场。利用霍尔元件测量弱磁场的能力，可以构成磁罗盘，在宇航和人造卫星中得到应用。

3. 测量位移

将霍尔传感器放置在呈梯度分布的磁场中，通以恒定的控制电流，当传感器有位移时，元件上感知的磁场的大小随位移发生变化，从而使得其输出 U_H 也产生变化，且与位移成比例。从原理上来分析，磁场梯度越大，霍尔输出 U_H 对位移变化的灵敏度就越高，磁场梯度越均匀，则 U_H 对位移的线性度就越好。利用这一原理，可用于测量压力。国产 YSH-1 型霍尔压力变送器便是基于这种原理设计的，其转换机构见图 3-32 所示。霍尔传感器安装在膜盒上，被测压力的变化经弹性元件转换成传感器的位移，再由霍尔元件将位移转换成 U_H 输出，U_H 与被测压力成比例。

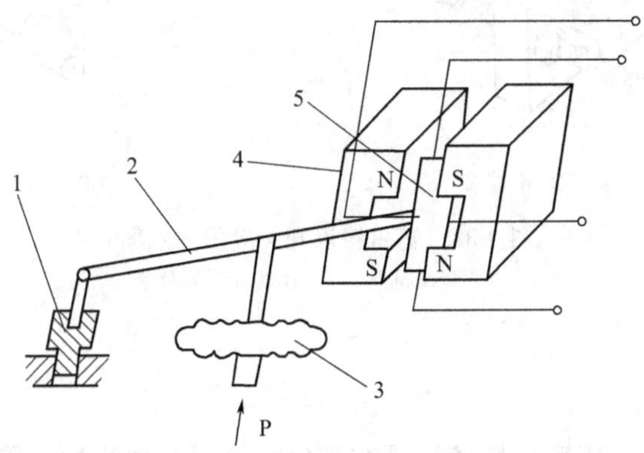

图 3-32　YSH-1 型霍尔压力变送器的转换机构

1—调节螺钉；2—杠杆；3—膜盒；4—磁钢；5—霍尔元件

4. 无触点开关

键盘是电子计算机系统中的一个重要的外部设备，早期的键盘都采用机械接触式；在使用过程中容易产生抖动噪声，系统的可靠性较差。采用无触点开关，每个键上都有两小块永久磁铁，键按下，磁铁的磁场加在键下方的开关型集成霍尔传感器上，形成开关动作。由于开关型集成霍尔传感器具有滞后效应，故工作十分稳定可靠。这类键盘开关的功耗很低，动作过程中传感器与机械部件之间没有机械接触，使用寿命特别长。

5. 霍尔接近开关

用霍尔接近开关也能实现接近开关的功能，但是它只能用于铁磁材料，并且还需要建立一个较强的闭合磁场。霍尔接近开关应用示意图如图 3-33 所示。在图 3-33(b) 中，磁极的轴线与霍尔接近开关的轴线在同一直线上。当磁铁随运动部件移动到距霍尔接近开关几毫米时，霍尔接近开关的输出由高电平变为低电平，经驱动电路使继电器吸合或释放，控制运动部件停止移动（否则将撞坏霍尔接近开关）起到限位的作用。

在图 3-33(d) 中，磁铁和霍尔接近开关保持一定的间隙，均固定不动。软铁制作的分流翼片与运动部件联动。当它移动到磁铁与霍尔接近开关之间时，磁力线被屏蔽（分流），无法到达霍尔接近开关，所以此时霍尔接近开关输出跳变为高电平。改变分流翼片的宽度可以改变霍尔接近开关的高电平与低电平的占空比。

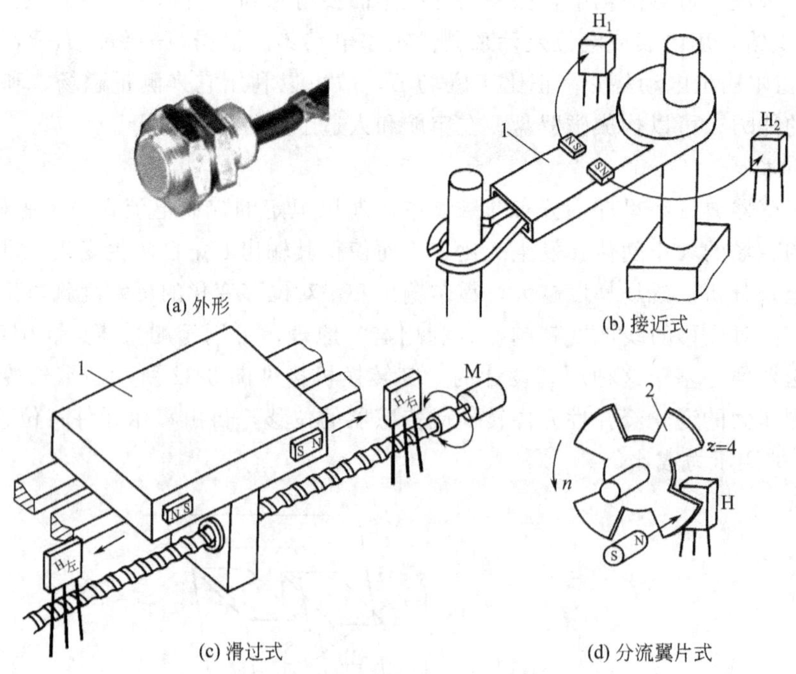

图 3-33 霍尔接近开关应用示意图

1—运动部件；2—软铁分流翼片

任务实施

如图 3-34 所示，汽车用霍尔转速计是在霍尔式接近开关线性电路背面偏置一个永磁体。可以检测铁磁物体的缺口进行计数，也可以检测齿轮的齿计数。霍尔元件的输出通过检测电路可以测出齿轮的转速。图 3-35 为霍尔线性电路检测齿口的线路。

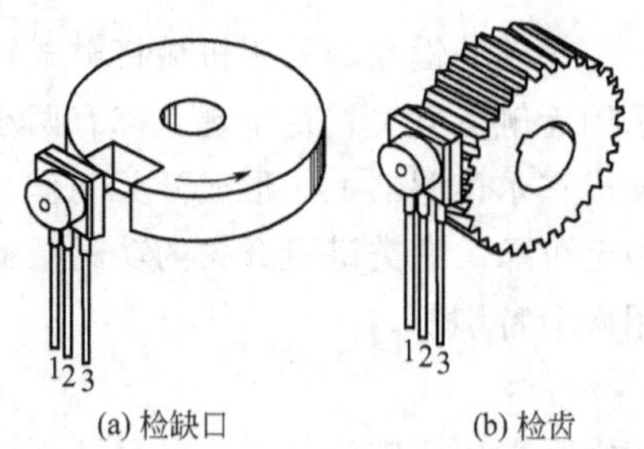

图 3-34 用霍尔线性电路检测铁磁物体

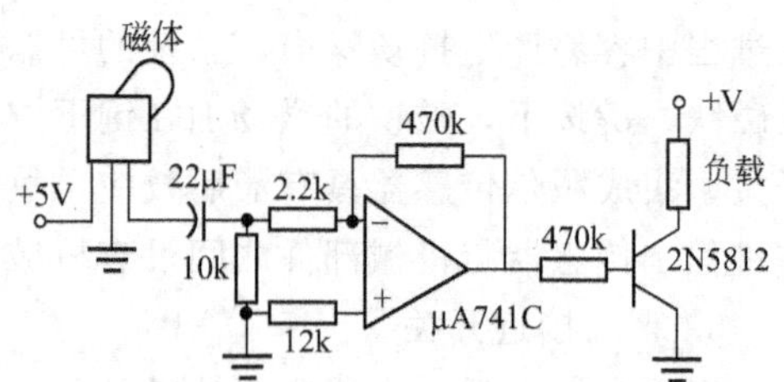

图 3-35 用霍尔线性电路检测齿口的线路

霍尔式接近开关使用在使用过程中要注意以下四点：

(1) 过高的电压会引起内部霍尔元器件温升而变的不稳定，而过低的电压容易让外界的温度变化影响磁场强度特性，从而引起电路误动作。

(2) 当使用霍尔开关驱动感性负载时，应在负载两端并入续流二极管，否则会因感性负载长期动作时的瞬态高压脉冲影响霍尔开关的使用寿命。

(3) 采用不同的磁性磁铁，检测距离有所不同，建议采用磁铁直径和产品检测直径相等。

(4) 为了避免意外性发生，应在接通电源前检查接线是否正确，核定电压是否为额定值。

任务 3.4　光电传感器测量转速

光电传感器可以用于各种车辆的运转、机械设备的运行中转速的检测。光电传感器工作原理是什么？其结构、特点如何？这就是本课题的任务目标。

基本知识与技能

3.4.1　光电效应

光电传感器是将光信号转换成电信号的一种传感器。利用这种传感器测量非电量时，只需将非电量的变化转换成电量的变化进行测量。光电传感器具有结构简单、精度高、响应速度快、非接触等优点，故广泛应用于各种检测技术中。

光电传感器的工作原理是基于不同形式的光电效应。根据光的波粒二象性，我们可以认为光是一种以光速运动的粒子流，这种粒子称为光子。每个光子具有的能量 $h\nu$ 正比于光的频率 ν。每个光子具有的能量为

$$E = h\nu \tag{3-15}$$

式中，h 为普朗克常数，$h = 6.63 \times 10^{-34}\,\mathrm{j \cdot s}$。

由此可见，对不同频率的光，其光子能量是不相同的，频率越高，光子能量越大。用光照射某一物体，可以看作物体受到一连串能量为 $h\nu$ 的光子所轰击，组成这物体的材料吸收光子能量而发生相应电效应的物理现象称为光电效应。根据产生电效应的不同，光电效应可以分为三类。

1. 外光电效应

在光线作用下能使电子逸出物体表面的现象称为外光电效应，也称光电发射效应。基于外光电效应的光电元件有光电管、光电倍增管等，如图 3-36、图 3-37 所示。

图 3-36　光电管外形图

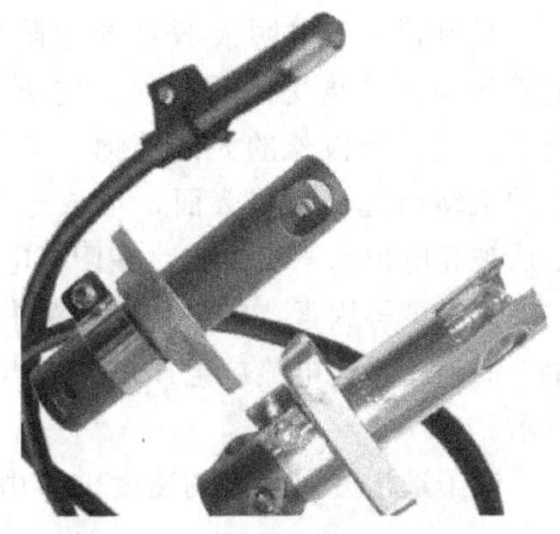

图 3-37　光电倍增管的外形图

2. 内光电效应

在光线作用下能使物体的电阻率改变的现象称为内光电效应，基于内光电效应的光电元

件有光敏电阻、光敏二极管、光敏三极管、光敏晶闸管等，如图 3-38 所示。

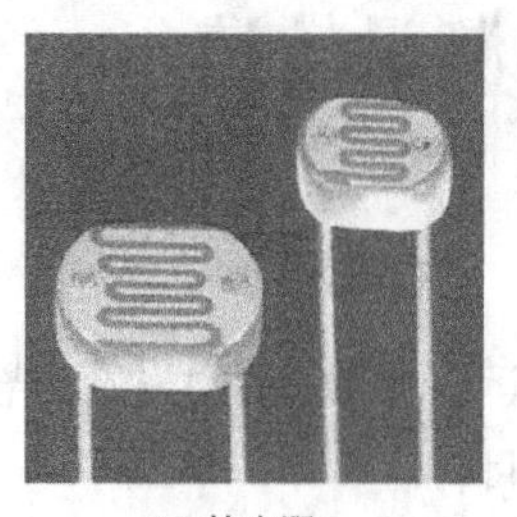

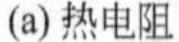

(a) 热电阻

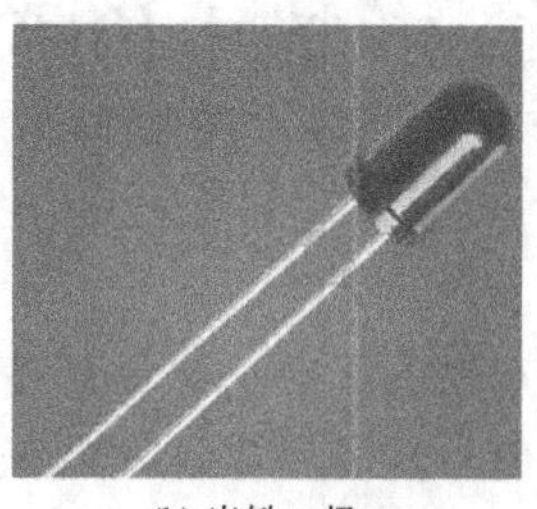

(b) 光敏二极

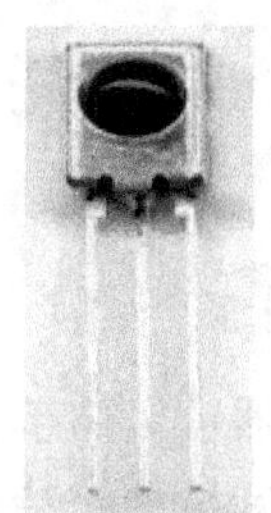

(c) 光敏三极管

图 3-38 内光电效应元件外形图

3. 光生伏特效应

在光线作用下，物体产生一定方向电动势的现象称为光生伏特效应，基于光生伏特效应的光电元件有光电池等，如图 3-39 所示。

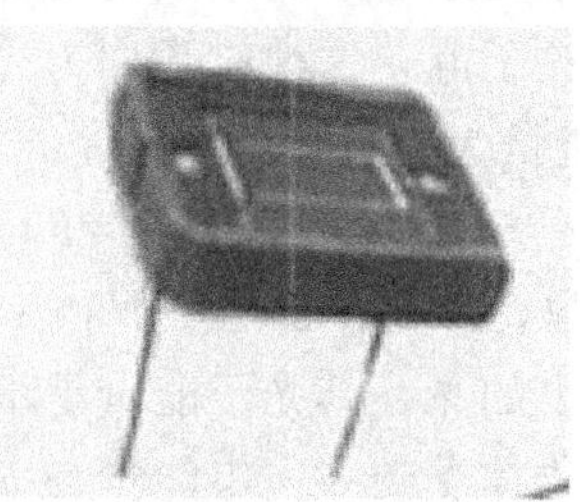

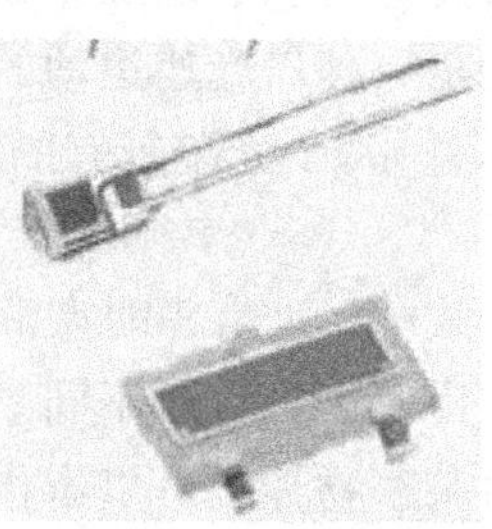

图 3-39 各种光电池的外形图

3.4.2 光电元件

1. 基于外光电效应的光电元件

(1) 光电管

光电管由光电阴极 K 和光电阳极 A 封装在真空玻璃管内，其外形如图 3-40 所示。光电管的阴极是接受光的照射，它决定了器件的光电特性。阳极由金属丝做成，用于收集电子。当适当波长的光线照射到光电阴极上时，由于外光电效应，电子克服金属表面对它的束缚而逸出金属表面，形成电子发射，在电场的作用下，光电子在极间作加速运动，最后被高电位的阳极接收，在阳极电路内就可测出光电流，其大小取决于光照强度和光电阴极的灵敏度等因素。如果在外电路中串入一只适当阻值的电阻，则电路中的电流便转换为电阻上的电压。这电流或电压的变化与光成一定函数关系，从而实现了光电转换，如图 3-41 所示。

电子逸出金属表面的速度 v 可由爱因斯坦光电方程确定。

$$\frac{1}{2}mv^2=h\nu-W \tag{3-16}$$

式中 m——电子质量；

W——金属材料（光电阴极）逸出功。

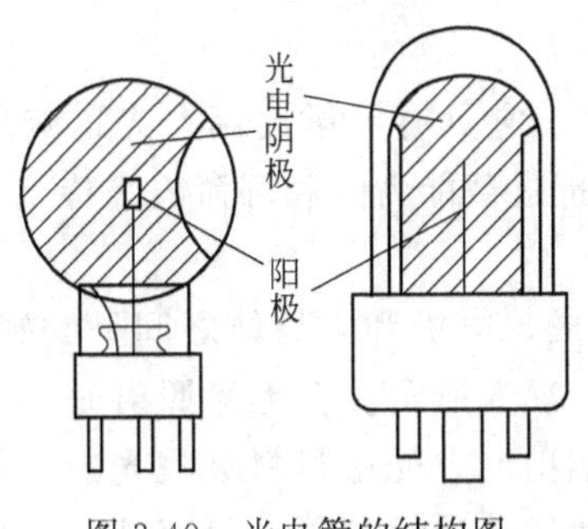

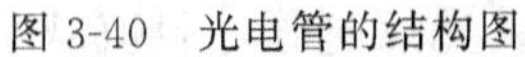
图 3-40　光电管的结构图

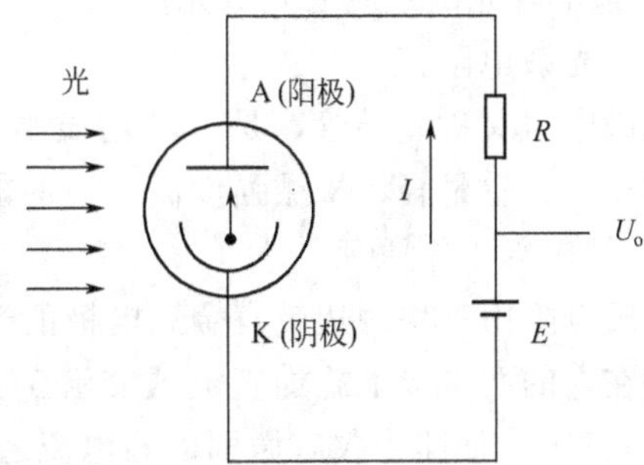

图 3-41　符号和测量电路图

由上式可知，当阴极材料选定后，要使金属表面有电子逸出，入射光的频率 f 有一最低的限度，当 hf 小于 W 时，即使光通量很大，也不可能有电子逸出，这个最低限度的频率称为红限。当 hf 大于 W 时，光通量越大，撞击到阴极的光子数目也越多，逸出的电子数目也越多，光电流 I_ϕ 就越大。

当光电管阳极加上适当电压（数十伏）时，从阴极表面逸出的电子被具有正电压的阳极所吸引，在光电管中形成电流，称为光电流。光电流 I_ϕ 正比于光电子数，而光电子数又正比于光照度。

由于材料的逸出功不同，所以不同材料的光电阴极对不同频率的入射光有不同的灵敏度，人们可以根据检测对象是可见光或紫外光而选择不同阴极材料的光电管。目前紫外光电管在工业检测中多用于紫外线测量、火焰监测等，可见光较难引起光电子的发射。

（2）光电倍增管

光电管的灵敏度较低，在微光测量中通常采用光电倍增管，光电倍增管是把微弱的光输入转换成电子，并使电子获得倍增的电真空器件。它有放大光电流的作用，灵敏度非常高，信噪比大，线性好，多用于微光测量。如图 3-42 所示。光电倍增管由真空管壳内的光电阴极、阳极以及位于其间的若干个倍增极构成。工作时在各电极之间加上规定的电压。当光或辐射照射阴极时，阴极发射光电子，光电子在电场的作用下逐级轰击次级发射倍增极，在末级倍增极形成数量为光电子的 $10^6 \sim 10^8$ 倍的次级电子。众多的次级电子最后为阳极收集，在阳极电路中产生可观的输出电流。通常光电倍增管的灵敏度比光电管要高出几万倍，在微光下就可产生可观的电流。例如，可用来探测高能射线产生的辉光等，由于光电倍增管有如此高的灵敏度，因此使用时应注意避免强光照射而损坏光电阴极。但由于光电倍增管是玻璃真空器件，体积大，易破碎，工作电压高达上千伏，所以目前已逐渐被新型半导体光敏元件所取代。

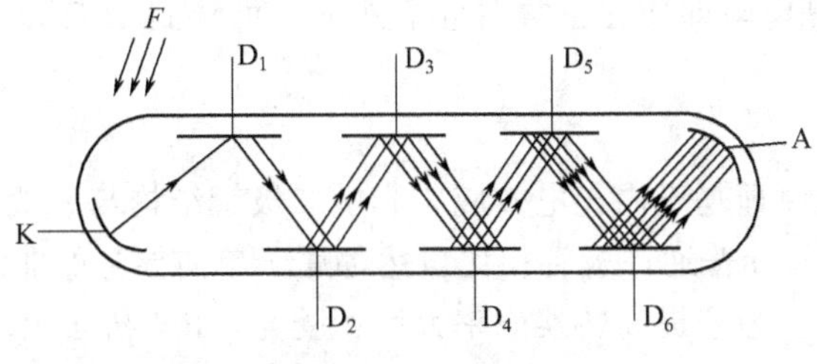

图 3-42　光电倍增管

2. 基于内光电效应的光电元件

(1) 光敏电阻

光敏电阻又称光导管，是一种均质半导体光电元件。它具有灵敏度高、光谱响应范围宽、体积小、重量轻、机械强度高、耐冲击、耐振动、抗过载能力强和寿命长等特点。

1) 结构与工作原理

光敏电阻由一块两边带有金属电极的光电半导体组成，电极和半导体之间呈欧姆接触，使用时在它的两电极上施加直流或交流工作电压，如图 3-43 所示。在无光照射时，光敏电阻 R_G 呈高阻，回路中仅有微弱的暗电流通过。在有光照射时，光敏材料吸收光能，使电阻率变小，R_G 呈低阻态，从而在回路中有较强的亮电流通过。光照越强，阻值越小，亮电流越大。如果将该亮电流取出，经放大后即可作为其他电路的控制电流。当光照射停止时，光敏电阻又逐渐恢复原值呈高阻态，电路又只有微弱的暗电流通过。

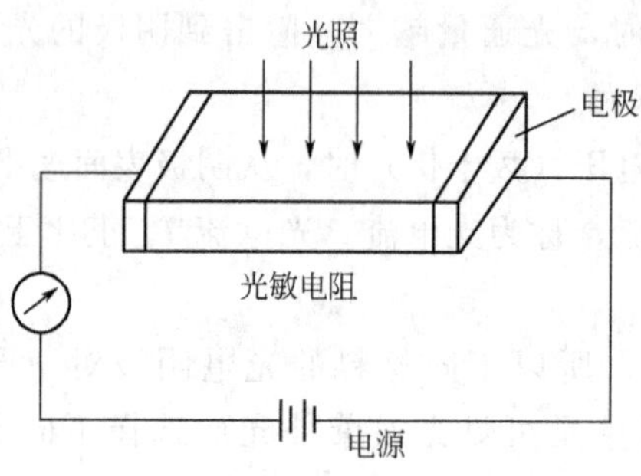

图 3-43　光敏电阻原理图

制作光敏电阻的材料种类很多，如金属的硫化物、硒化物和锑化物等半导体材料。目前生产的光敏电阻主要是硫化镉，为提高其光灵敏度，在硫化镉中再掺入铜、银等杂质。为避免外来干扰，光敏电阻外壳的入射孔用一种能透过所要求光谱范围的透明保护窗（例如玻璃）。有时用专门的滤光片作保护窗。为了避免灵敏度受潮湿的影响，将电导体严密封装在壳体中。

2) 光敏电阻的主要参数

暗电阻：指光敏电阻置于室温、全暗条件下，经一段时间稳定后测得的阻值。这时在给定的工作电压下测得的电流称暗电流。

亮电阻：指光敏电阻置于室温和一定光照条件下测得的稳定电阻值。这时在给定工作电压下的电流称亮电流。

光电流：亮电流和暗电流之间的差称为光电流 I_Φ。

光敏电阻的暗电阻越大，而亮电阻越小，则性能越好。也就是说，暗电流要小，光电流要大，这样的光敏电阻的灵敏度就高。实际上，大多数光敏电阻的暗电阻往往超过 1MΩ，甚至高达 100MΩ，而亮电阻即使在正常白昼条件下也可降到 1kΩ 以下，可见光敏电阻的灵敏度是相当高的。

(2) 光敏二极管

光敏二极管的工作原理基于内光电效应。光敏二极管结构与一般二极管相似，它们都有一个 PN 结。光敏二极管和普通二极管相比虽然都属于单向导电的非线性半导体器件，但在结构上有其特殊的地方。为了提高转换效率大面积受光，PN 结面积比一般二极管大。

光敏二极管在电路中的符号如图 3-44 所示。光敏二极管的 PN 结装在透明管壳的顶部，

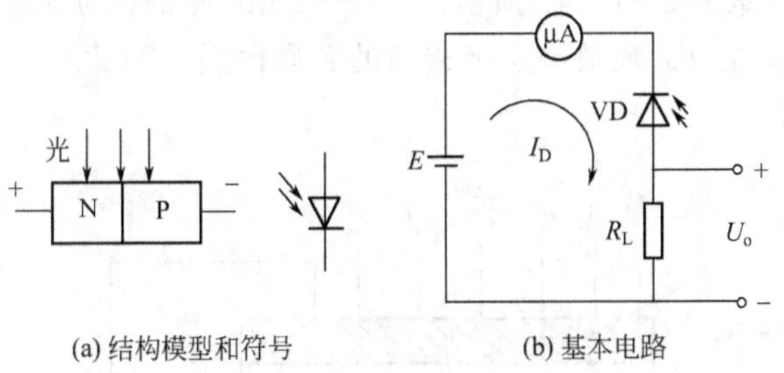

图 3-44　光敏二极管

可以直接受到光的照射。使用时要反向接入电路中，即正极接电源负极，负极接电源正极。即光敏二极管在电路中处于反向偏置状态。无光照时，与普通二极管一样，反向电阻很大，电路中仅有很小的反向饱和漏电流，称暗电流。

当有光照射时，PN 结受到光子的轰击，激发形成光生电子-空穴对，因此在反向电压作用下，反向电流大大增加，形成光电流。光照越强，光电流越大，即反向偏置的 PN 结受光照控制。光电流方向与反向电流一致。

（3）光敏三极管

光敏三极管和普通三极管的结构相类似。与普通晶体管不同的是，光敏晶体管是将基极-集电极结作为光敏二极管，集电极作为受光结，另外发射极的尺寸做得很大，以扩大光照面积。

如图 3-45 所示，大多数光敏晶体管的基极无引线，集电极加反偏。玻璃封装上有个小孔，让光照射到基区。硅（Si）光敏晶体极管一般都是 NPN 结构，当入射光子在基区及集电区被吸收而产生电子-空穴对时，便形成光生电压。由此产生的光生电流由基极进入发射极，从而在集电极回路中得到一个放大了 β 倍的信号电流。因此，光敏三极管是一种相当于将基极、集电极光敏二极管的电流加以放大的普通晶体管。光敏三极管结构同普通三极管一样，有 PNP 型和 NPN 型。在电路中，同普通三极管的放大状态一样，集电极反偏，发射极正偏。反偏的集电极受光照控制，因而在集电极上则产生 β 倍的光电流，所以光敏三极管比光敏二极管有着更高的灵敏度。

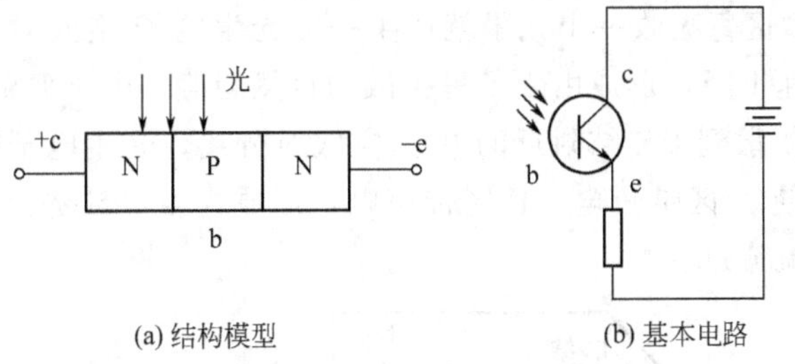

图 3-45　光敏三极管

3. 基于光生伏特效应的光电元件

光电池的工作原理是基于光生伏特效应，当光照射到光电池上时，可以直接输出光电流。光电池的种类很多，有硅、锗、硒、氧化亚铜等。下面简单介绍硒光电池、硅光电池的结构、工作原理和特性。

（1）硒光电池

硒光电池的结构示意图如图 3-46 所示。用 1～2mm 厚的镀铁或铝板作为底板，其上覆盖一层 P 型硒半导体，在上面浅镀一层半透明的金属薄膜（如黄金）。这层金属膜和底板就是硒光电池的两个电极。

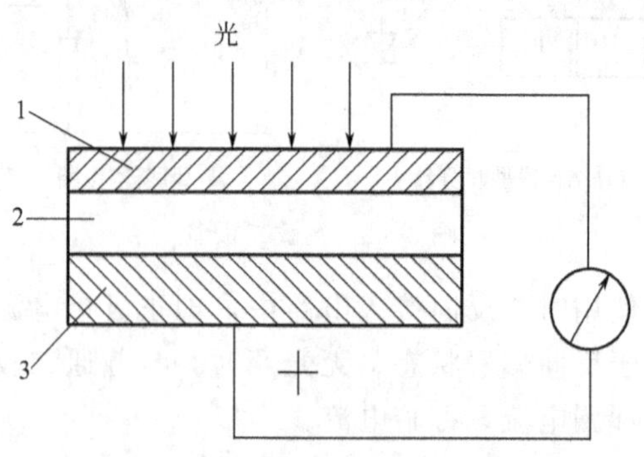

图 3-46　硒光电池结构示意图

1—黄金薄膜；2—硒；3—铝板

金属与硒半导体接触经热处理后，在金属与硒半导体分界面附近形成阻挡层。若把金属看成 N 型半导体，则该阻挡层形成的原理与半导体 PN 结中阻挡层（耗尽层、空间电荷区）形成的原理相同。该阻挡层中的内电场对 P 型半导体中的空穴（多数载流子）和金属中的电子来说，都起阻碍它们扩散的作用，但对 P 型半导体中的电子（少数载流子）来说却有促使它们向金属进行漂移的作用。当光透过金属膜照射在硒半导体上时，只要光子有足够的能量，半导体中的价电子吸收光子能后被激发产生光生电子-空穴对，由于阻挡层的存在，只有硒半导体中的光生电子通过阻挡层漂向金属，使金属膜因积累电子而成为硒光电池的负极，而硒半导体因积累空穴成为正极，两极间的电位差即为光生电势。若用导线将两电极连接起来，电流将从硒半导体经过导线流向金属膜，在光的不断照射下，可连续产生电流。

（2）硅光电池

图 3-47 所示为硅光电池结构示意图与图形符号。通常是在 N 型衬底上渗入 P 型杂质形成一个大面积的 PN 结，作为光照敏感面。当入射光子的能量足够大时，即光子能量 $h\nu$ 大于硅的禁带宽度，P 型区每吸收一个光子就产生一对光生电子-空穴对，光生电子-空穴对的浓度从表面向内部迅速下降，形成由表及里扩散的自然趋势。由于 PN 结内电场的方向是由 N 区指向 P 区，它使扩散到 PN 结附近的电子-空穴对分离，光生电子被推向 N 区，光生空穴被留在 P 区，从而使 N 区带负电，P 区带正电，形成光生电动势。若用导线连接 P 区和 N 区，电路中就有电流流过。

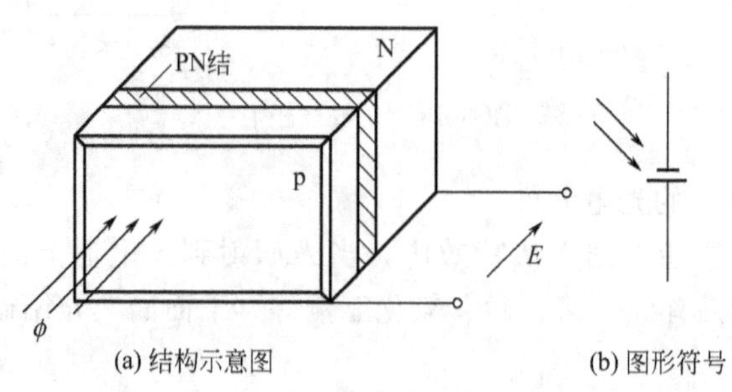

图 3-47　硅光电池结构示意图与图形符号

3.4.3　光电传感器应用

1. 光电传感器的类型

光电式传感器由光源、光学元器件和光电元器件组成光路系统，结合相应的测量转换电路而构成，如图 3-48 所示。常用的光源有各种白炽灯、发光二极管和激光等，常用光学元件有各种反射镜、透镜和半反半透镜等。

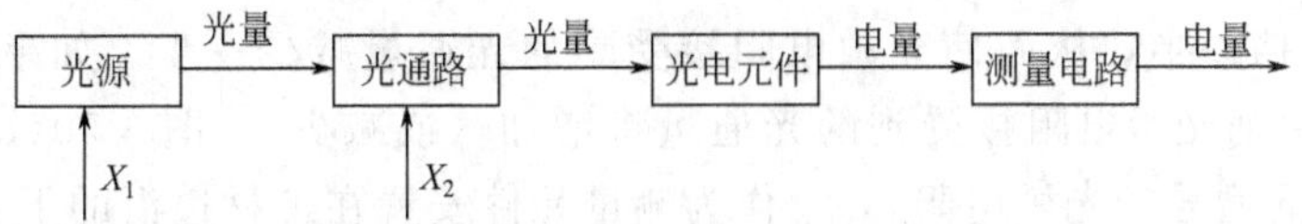

图 3-48　光电式传感器组成框图

按照被测物、光源、光电元件三者之间的关系，光电传感器通常有以下四种类型：

(1) 光源本身是被测物，被测物发出的光投射到光电元件上，光电元件的输出反映了某些物理参数，如图 3-49(a) 所示。光电高温比色温度计、照相机照度测量装置、光照度表等运用了这种原理。

(2) 恒定光源发出的光通量穿过被测物，其中一部分被吸收，另一部分投射到光电元件上，吸收量取决于被测物的某些参数，如图 3-49(b) 所示。透明度、混浊度的测量即运用了这种原理。

(3) 恒定光源发出的光通量投射到被测物上，然后从被测物反射到光电元件上，反射光的强弱取决于被测物表面的性质和形状。如图 3-49(c) 所示。这种原理应用在测量纸张的粗糙度、纸张的白度等方面。

(4) 被测物处在恒定光源与光电元件的中间，被测物阻挡住一部分光通量，从而使光电元件的输出反映了被测物的尺寸或位置，如图 3-49(d) 所示。这种原理可用于检测工件尺寸大小、工件的位置、振动等场合。

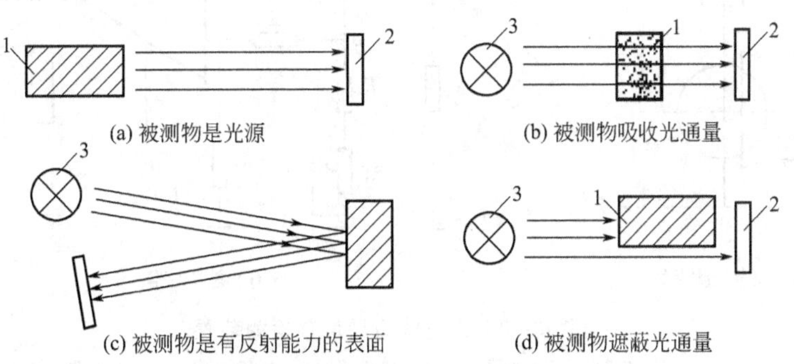

图 3-49　光电式传感器的几种形式

1—被测物；2—光电元件；3—恒光源

2. 光电传感器的应用

(1) 光电式带材跑偏检测仪

带材跑偏检测装置是用来检测带型材料在加工过程中偏离正确位置的大小与方向，从而为纠偏控制电路提供纠偏信号。例如，在冷轧带钢厂中，某些工艺采用连续生产方式，如连续酸洗、退火、镀锡等，带钢在上述运动过程中，很容易产生带材走偏。在其他很多工业部门的生产工艺，如造纸、电影胶片、印染、录像带、录音带、喷绘等生产过程中也存在类似情况。带材走偏时，其边沿与传送机械发生接触摩擦，造成带材卷边、撕边或断裂，出现废品，同时也可能损坏传送机械。因此，在生产过程中必须有带材跑偏纠正装置。光电带材跑偏检测装置由光电式边沿位置传感器、测量电桥和放大电路组成。

如图 3-50(a) 所示，光电式边沿位置传感器的白炽灯 2 发出的光线经透镜 3 会聚为平行光线投射到透镜 4，由透镜 4 会聚到光敏电阻 5（R_1）上。在平行光线投射的路径中，有部分光线被带材遮挡一半，从而使光敏电阻接受到的光通量减少一半。如果带材发生了往左（或往右）跑偏，则光敏电阻接受到的光通量将增加（或减少）。图 3-50(b) 是测量电路简图。R_1、R_2 为同型号的光敏电阻，R_1 作为测量元件安置在带材边沿的下方，R_2 用遮光罩罩住，起温度补偿作用。当带材处于中间位置时，由 R_1、R_2、R_3、R_4 组成的电桥平衡，放大器输出电压 U_o 为零。当带材左偏时，遮光面积减少，光敏电阻 R_1 的阻值随之减少，电桥失去平衡，放大器将这一不平衡电压加以放大，输出负值电压 U_o，反映出带材跑偏的大小与方向。反之，带材右偏，放大器输出正值电压 U_o。输出电压可以用显示器显示偏移方向与大小，同时可以供给执行机构，纠正带材跑偏的偏移量。RP 为微调电桥的平衡电阻。

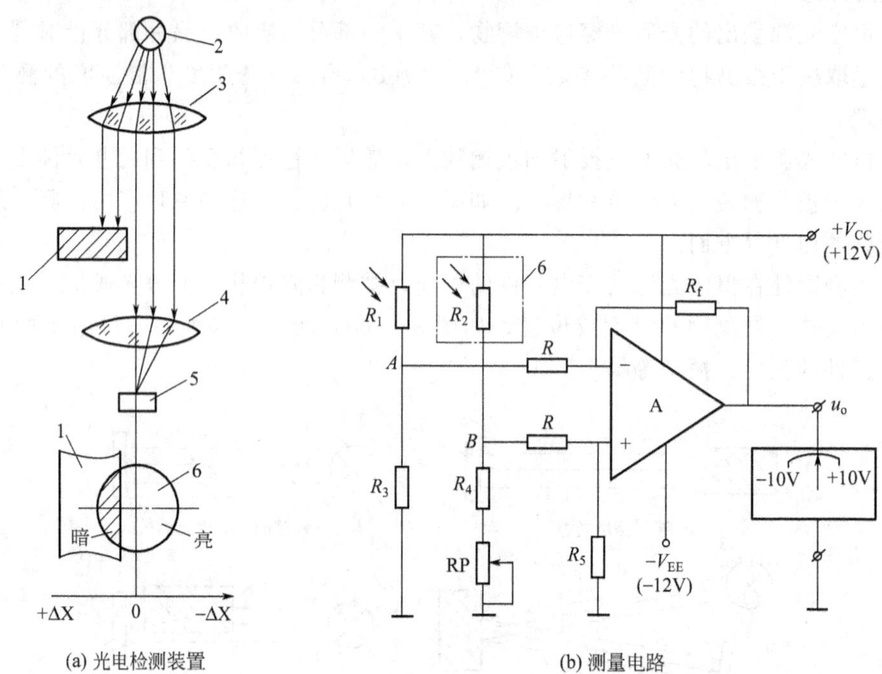

图 3-50 光电式边沿位置检测装置

1—被测带材；2—光源；3,4—光透镜；5—光敏电阻；6—遮光罩

（2）光电比色仪

这是一种化学分析的仪器，如图 3-51 所示，光源 1 发出的光分为左右两束相等强度的光线。其中一束穿过光透镜 2，经滤色镜 3 把光线提纯，再通过标准样品 4 投射到光电池 7 上，另一束光线经过同样方式穿过被检测样品 5 到达光电池 6 上。两光电池产生的电信号同时输送给差动放大器 8，放大器输出端的放大信号经指示仪表 9 指示出两样品的差值出来。由于被检测样品在颜色、成分或浑浊度等某一方面与标准样品的不同，导致两光电池接受到的透射光强度不等，从而使光电池转换出来的电信号大小不同，经放大器放大后，用指示仪

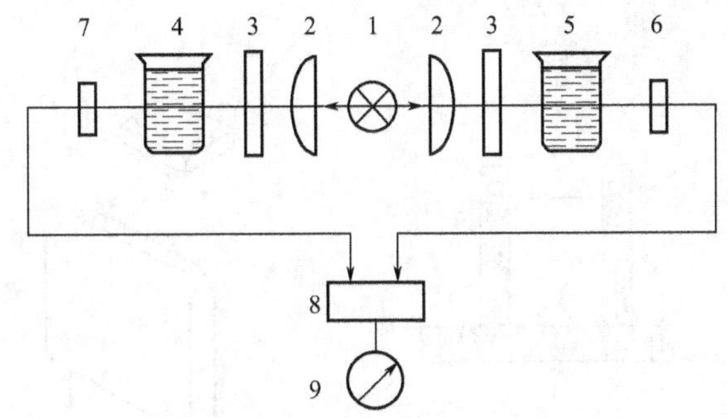

图 3-51 光电比色仪原理图

1—光源；2—光透镜；3—滤色镜；4—标准样品；5—被检测样品；6,7—光电池；8—差动放大器；9—指示仪表

表显示出来，由此被测样品的某项指标即可被检测出来。

由于使用公共光源，不管光线强弱如何，光源光通量不稳定带来的变化可以被抵消，故其测量精度高。但两光电池的性能不可能完全一样，由此会带来一定误差。

(3) 光电式烟尘浓度计

工厂烟囱烟尘的排放是环境污染的重要来源，为了控制和减少烟尘的排放量，对烟尘的监测是必要的。如图 3-52 所示为光电式烟尘浓度计工作原理图。

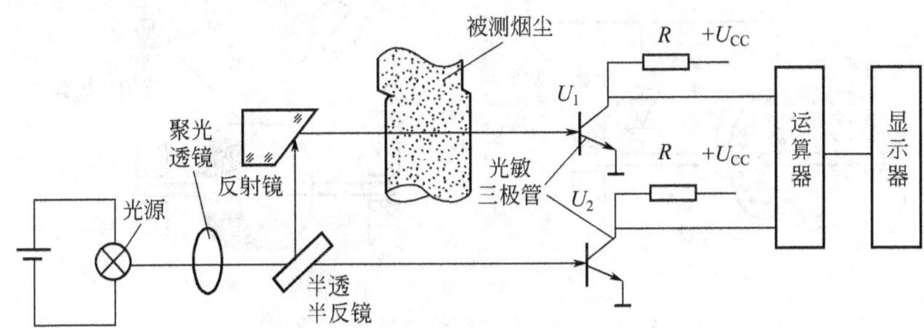

图 3-52 光电式烟尘浓度计工作原理

光源出发的光线经半透半反镜分成两束强度相等的光线。一路光线直接到达光敏三极管上，产生作为被测烟尘浓度的参比信号。另一路光线穿过被测烟尘到达光敏三极管上，其中一部分光线被烟尘吸收或折射，烟尘浓度越高，光线的衰减量越大，到达光敏三极管的光通量就越小。两路光线均转换成电压信号 U_1、U_2，由运算器计算出 U_1、U_2 的比值，并进一步算出被测烟尘的浓度。

采用半透半反镜及光敏三极管作为参比通道的好处是：当光源的光通量由于种种原因有所变化或因环境温度变化引起光敏三极管灵敏度发生改变时，由于两个通道结构完全一样，所以在最后运算 U_1/U_2 值时，上述误差可自动抵消，减小了测量误差。根据这种测量方法也可以制作烟雾报警器，从而及时发现火灾。

任务实施

光电断续器是将光电发射器、光电接收器放置于一个体积很小的塑料壳体中，两者能可靠地对准，其外形如图 3-53 所示。齿盘每转过一个齿，光电断续器就输出一个脉冲。通过脉冲频率的测量或脉冲计数，即可获得齿盘转速和角位移。

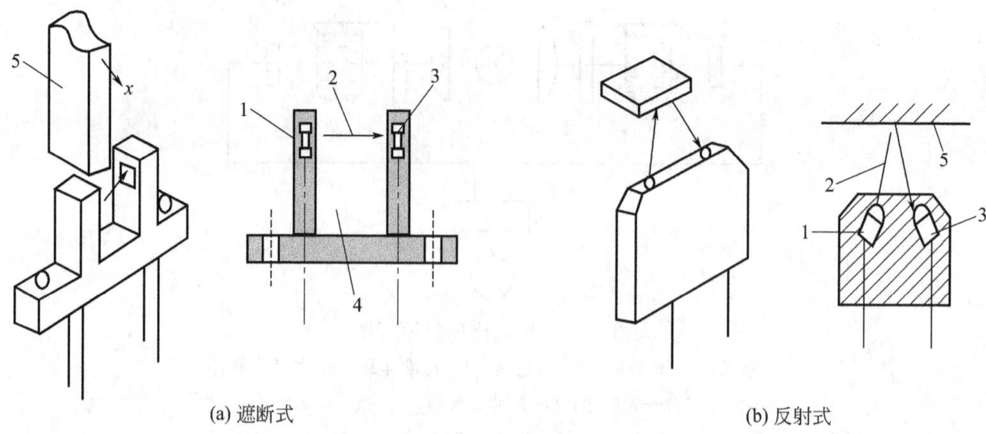

图 3-53 光电断续器

1—发光二极管；2—红外光；3—光电元件；4—槽；5—被测物

图 3-54 所示为光电式转速传感器工作原理图。

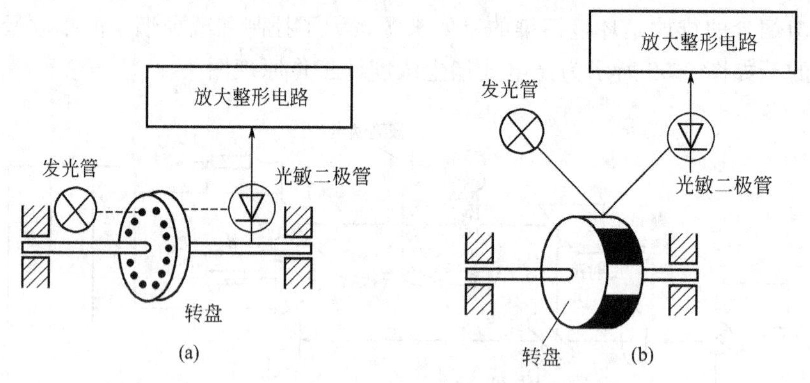

图 3-54 光电式转速传感器工作原理图

图 3-54(a) 为遮断型，在机床转轴上固定一个带孔的转盘，转盘的一边由发光管产生恒定光，透过转盘小孔照射在光敏二极管或光敏三极管上，转换成电信号输出，经放大整形电路输出电脉冲信号，脉冲频率的大小即反映了转速的大小。

图 3-54(b) 为反射型，在待测转速轴上固定一个涂有黑白相间条纹的圆盘，它们具有不同的反射率，当转轴转动时，反光与不反光交替出现，光敏晶体管通过转盘反射接收光信号，并转换为电脉冲信号。

使用光电式转速传感器可以进行非接触测量，但要求被测轴径大于 3mm，当测不是很高的转速时，可以用一个普通的反射式光电开关，对准要测的轴，轴上贴块白标记或黑标记就可以。

【课外实训】

——车速表与光控延时照明灯的制作

1. 自行车车速表的制作

现今很多人把骑自行车当做一种体育锻炼，如果在自行车上安装一个里程速度表，便可以知道自己的里程和速度了，现在制作一款自行车里程速度表，要求里程和速度可以进行切换，采用 3 位数码管进行显示，最大里程可显示 99.9km/h。

具体制作方法如下：

(1) 电路设计原理

电路设计如图 3-55 所示，其主要由检测传感器、单片机电路和数码显示电路等组成。检测传感器由永久磁铁和开关型霍尔集成电路 UGN3020 组成。UGN3020 由霍尔元件、放大器、整形电路及集电极开路输出电路等组成，其功能是把磁信号转换成电信号，图 3-55(a) 所示是其内部框图。霍尔元件 H 为磁敏元件，当垂直于霍尔元件的磁场强度随之变化时，其两端的电压就会发生变化，经放大和整形后，即可在③脚输出脉冲电信号。其工作特性如图 3-55(b) 所示。由于有一定的磁滞效应，可保证开关无抖动。BOP 为工作点"开"的磁场强度，BRP 为释放点"关"的磁场强度。永久磁铁固定在车轮的辐条上，UGN3020 固定在车轮的叉架上。

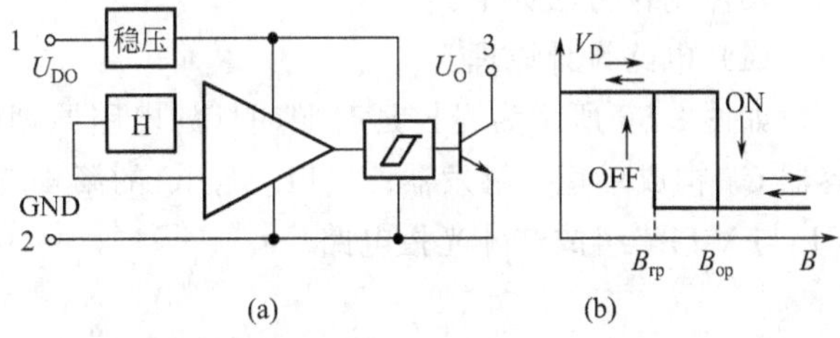

轮径/in	16	18	20	22	24	26	28	28.5
轮周长/cm	128	144	160	176	192	207	223	227
常量1	9216	10368	11520	12672	13824	14904	16056	16344
常量2	128	144	160	176	192	207	223	227

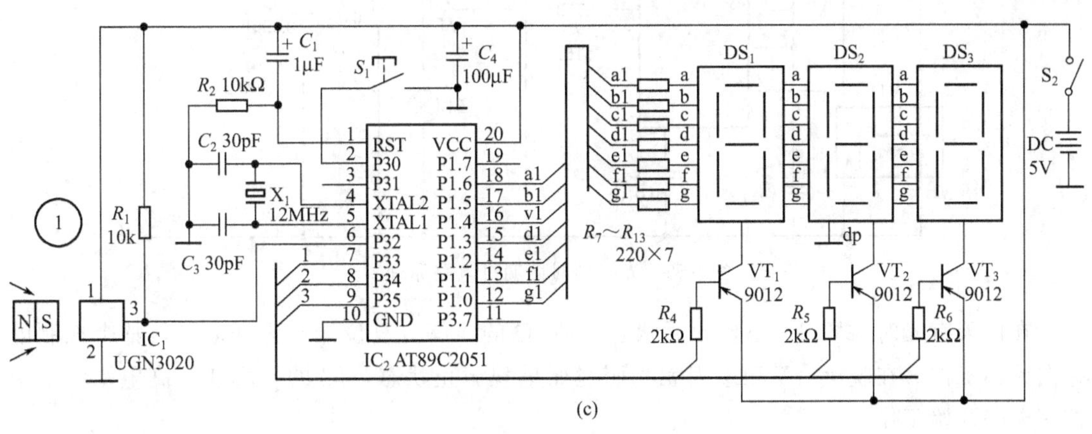

图 3-55　自行车车速表的设计硬件原理

注：1in=25.4mm。

检测传感器的工作原理如下：车轮每转一周，磁铁经过 UGN3020 一次，其③脚就输出一个脉冲信号。UGN3020 输出的脉冲信号作为单片机 AT89C2051 的外中断信号，从 P3.2 口输入单片机测量脉冲信号的个数和脉冲周期。根据脉冲信号的个数计算出里程，根据脉冲信号的周期计算出速度并送数码管显示。S_1 用来进行里程和速度显示的切换，在初始状态下显示的是速度。

（2）安装与调试

传感器的安装与调试是一个关键。将它安装在前轮的位置，把一块小永久磁铁固定在车轮的辐条上，UGN3020 作防潮密封后固定在前叉上，使得车轮转动时磁铁从它的前面经过，并使两者相遇时间隔尽量小。安装时，要使磁铁的 S 极面向 UGN3020 的正面。判定磁铁极性方法是：把磁铁的两个极分别靠近 UGN3020 的正面，当其③脚电平由高变低时即为正确的安装位置。传感器安装完成后，转动车轮，UGN3020 的③脚应有脉冲信号输出，否则说明两者的间隔偏大，应缩小距离，直至转动时③脚有脉冲信号输出为止。一般间隔为 5mm 左右，如果间隔小于 5mm 仍无脉冲信号输出，说明磁铁的磁场强度偏小，应予以更换。

2. 光控延时照明灯的制作

使用红外发光二极管及光敏三极管作为双重光控元件制作光控延时照明灯，用于走廊楼道照明。

具体制作方法如下：

（1）电路设计原理

如图 3-56 所示为光控延时照明灯的电路原理图。电路中集成电路 IC 与电位器 RP、电容器 C_1 构成单稳态触发器；VTL_2 与 IC 的第 4 脚内的电路组成光控电路；红外发光二极管 VL 与 VTL_1 组成红外光控电路。

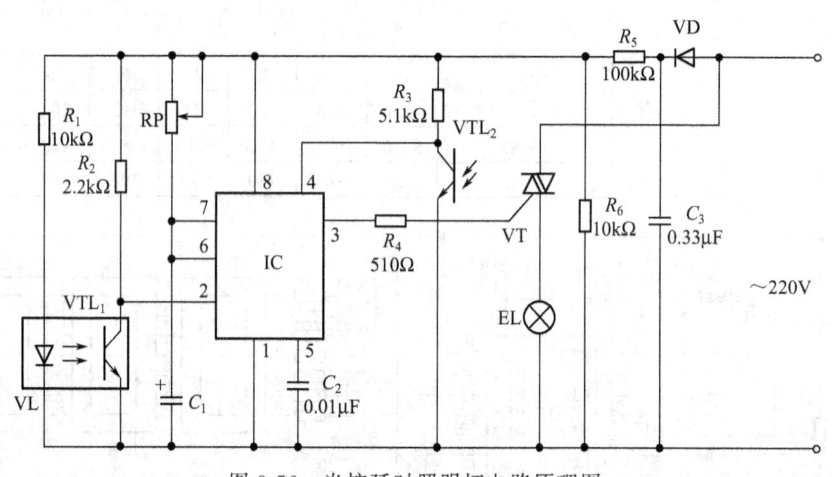

图 3-56 光控延时照明灯电路原理图

在白天有光时，VTL_2 呈现导通状态，使 IC 的 4 脚（复位端）为低电平，整个控制电路白天不工作。在晚上，VTL_2 因无光照射而呈现截止状态，IC 的 4 脚变为高电平，整个控制电路开始工作。

若光控区无人时，则 VL 发出的红外线使 VTL_1 导通，IC 的第 2 脚为恒定的低电平，3 脚输出低电平，VT 截止，照明灯 EL 不亮（因为只有 IC 第 2 脚有负脉冲输入时，其内部的触发器才动作，IC 的 3 脚才输出高电平）。

当有人进入光控区后，遮挡光照使 VTL_1 截止，IC 的 2 脚变为高电平，人走出光控区后，IC 的 2 脚加入负脉冲，使其内部的触发器翻转，IC 的 3 脚输出高电平，使 VT 受触发而导通，照明灯 EL 被点亮。待 IC 暂态结束后，其 3 脚恢复低电平，使 VT 截止，照明灯 EL 熄灭。

（2）元器件选择

1）IC 选用 NE555、μA555、SL555 等时基集成电路。

2）VL 选用 HG501 中功率红外发射二极管；VTL_1、VTL_2 选用 3DU 系列的光敏三极管。

3）VT 选用 MAC97A6 小型塑封双向晶闸管，可驱动 100W 以下的白炽灯泡，使用时应加散热片；VD 选用 1N4004 型等硅整流二极管。

4）RP 选用 WS 型小型精密电位器；R_1～R_4、R_6 均选用 RTX-1/4W 碳膜电阻器；R_5 选用 RTX-2W 碳膜电阻器。

5）C_1 选用 CD11 型电解电容器；C_2 选用 CT4D 型独石电容器或 CL11 型涤纶电容器；C_3 选用 CBB-400V 型聚丙烯电容器。

（3）制作与调试

定时电路中除 VL、VTL_1、VTL_2、EL 外，其余元件焊在电路板上，装入塑料盒内，固定在走廊墙壁上。VTL_2 光敏三极管装在楼梯窗外，使其感受到白天光照。VL、VTL_1 分别安装在走廊两侧墙壁上，离地面约 90cm。在光敏三极管 VTL_1 前面可加装红色有机玻璃，以防止其他光源干扰。

调节电位器 RP 的阻值，使其定时为 20s 左右。将 VL 对准 VTL_1，再分别安装好（可通电试验，用手遮挡住 VL，再松开，观察灯 EL 是否点亮，以此来检查 VL 与 VTL_1 是否对准）即可。

【知识拓展】

光纤传感器

光纤传感器是 20 世纪 70 年代中期发展起来的一种基于光导纤维的新型传感器。它是光纤和光通信技术迅速发展的产物，它与以电为基础的传感器有本质区别。光纤传感器用光作为敏感信息的载体，用光纤作为传递敏感信息的媒质。它具有极高的灵敏度和准确度，固有很高的安全性，良好的抗电磁干扰能力，高绝缘强度，耐高温，耐腐蚀，轻质，柔韧，宽频带，容易实现对被测信号的远距离监控，同时具有光纤及光学测量的特点。

光纤传感器可测量位移、速度、加速度、液位、应变、压力、流量、振动、温度、电流、电压、磁场等物理量。

一、光纤的结构

光纤是用光透射率高的电介质（如石英、玻璃、塑料等）构成的光通路。光纤的结构如图 3-57 所示，它由圆柱形内芯和包层组成。内芯的折射率略大于包层的折射率。纤芯是由玻璃或塑料制成的圆柱体，直径约为 5～100μm。光主要在纤芯中传输。围绕着纤芯的那一

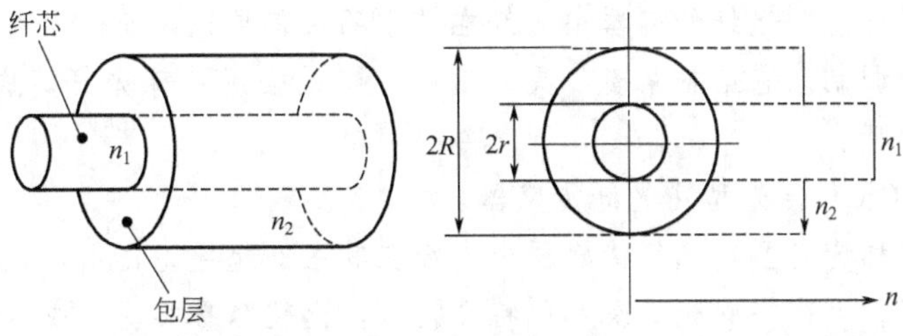

图 3-57　光纤的结构

部分称为包层，材料也是玻璃或塑料。包层外面涂敷硅树脂之类的缓冲层，最外层包有起保护及屏蔽作用的尼龙套管。光纤按纤芯和包层材料性质分类，有玻璃光纤和塑料光纤两类。

二、光纤的导光原理

光的全反射现象是研究光纤传光原理的基础。根据几何光学原理，当光线以较小的入射角 θ_1 由光密介质 1 射向光疏介质 2（即 $n_1>n_2$）时，见图 3-58，一部分入射光将以折射角 θ_2 折射入介质 2，其余部分仍以 θ_1 反射回介质 1。

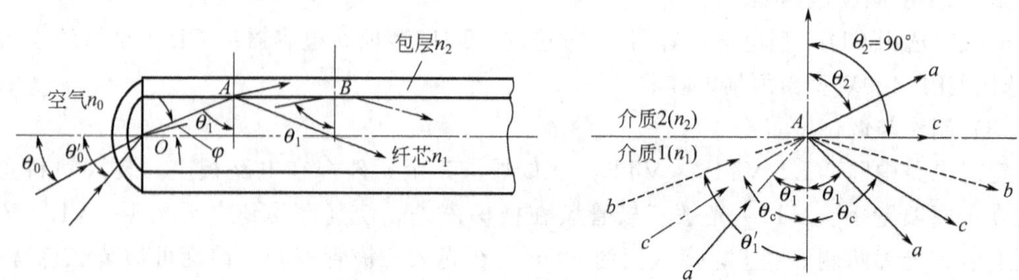

图 3-58 光纤传导原理

依据光折射和反射的斯涅尔（Snell）定律，有

$$n_1\sin\theta_1=n_2\sin\theta_2 \tag{3-17}$$

当 θ_1 角逐渐增大，直至 $\theta_1=\theta_c$ 时，透射入介质 2 的折射光也逐渐折向界面，直至沿界面传播（$\theta_2=90°$）。对应于 $\theta_2=90°$时的入射角 θ_1 称为临界角 θ_c。则有

$$\sin\theta_c=\frac{n_2}{n_1} \tag{3-18}$$

由图 3-58 可见，当 $\theta_1>\theta_c$ 时，光线将不再折射入介质 2，而在介质（纤芯）内产生连续向前的全反射，直至由终端面射出。这就是光纤传光的工作基础。

三、光纤传感器的类型

光纤传感器是一种把被测量转变为可测光信号的装置，由光发送器、敏感元件（光纤或非光纤）、光接收器、信号处理系统及光纤构成。光发送器发出的光经入射光纤引导到敏感元件，在这里，光的某一性质受到被测量的调制。已调光经出射光纤耦合到光接收器，使光信号变成电信号，再经信号处理，得到被测量的值。

光纤传感器的分类方法很多，可按光纤在传感器中的作用、光参量调制种类、所应用的光学效应和检测的物理量分类。按光纤在传感器中的作用，可分为功能型、非功能型和拾光型三大类，如图 3-59 所示。

1. 功能型（全光纤型）光纤传感器

功能型（全光纤型）光纤传感器中光纤在其中不仅是导光媒质，而且也是敏感元件，光在光纤内受被测量调制。它结构紧凑，灵敏度高，但是需用特殊光纤，成本高。光纤陀螺、光纤水听器为功能型。

2. 非功能型（或称传光型）光纤传感器

非功能型（或称传光型）光纤传感器中光纤在其中仅起导光作用，光照在光纤型敏感元件上受被测量调制。无需特殊光纤及其他特殊技术，比较容易实现，成本低。灵敏度较低是它的缺点。实用化的大都是非功能型的光纤传感器。

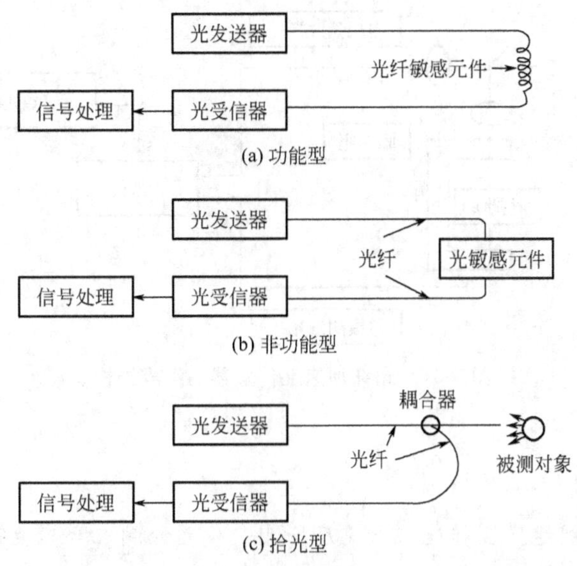

图 3-59　光纤在传感器中的作用类型

3. 拾光型光纤传感器

拾光型光纤传感器用光纤作为探头，接收由被测对象辐射的光或被其反射、散射的光。例如光纤激光多普勒速度计，辐射式光纤温度传感器。

四、光纤传感器的应用举例

1. 光纤传感器涡轮流量计

光纤传感器涡轮流量计，就是把涡轮叶片进行改进使其叶片端面适宜反射光线，利用反射型光纤传感器及光电转换电路检测涡轮叶片的旋转，从而测量出流量。

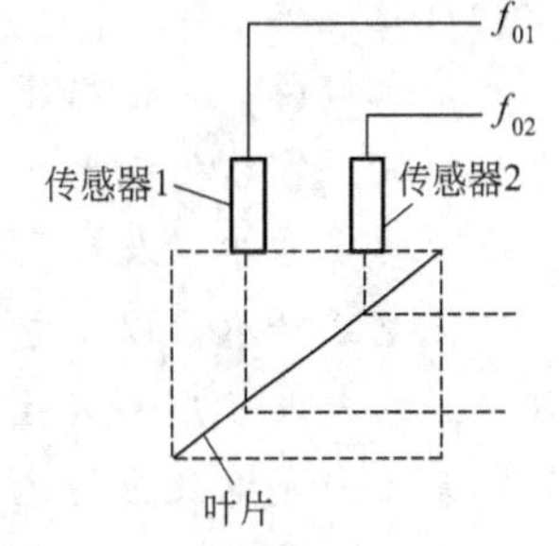

图 3-60　光纤传感器涡轮流量计双向测量原理

传统的内磁式传感器受其结构限制只能检测叶片的转速，由于反射型光纤传感器体积细小，因而将两个反射型光纤传感器并列装配在涡轮流量计上，这样两个传感器可检测同一涡轮叶片不同位置的反射信号，而两个传感器信号互不干扰，如图 3-60 所示。传感器输出的 f_{01} 信号和 f_{02} 信号经相位鉴别电路后可输出流量计正向流动计量信号和反向流动计量信号。

由于光纤传感器不存在内磁式传感器在低流速时与涡轮叶片产生磁阻而引起的误差，也克服了内磁式传感器在高流量区信号产生饱和的问题，其调制光参数还可以随总体设计的要求而变化，为涡轮的设计创造了方便条件。另外，光纤传感器具有防爆、无电气信号直接与流量计接触的特点，因而适宜煤气、轻质油料等透明介质的流量测量。

2. 光纤加速度传感器

光纤加速度传感器的组成结构如图 3-61 所示。它是一种简谐振子的结构形式。激光束通过分光板后分为两束光，透射光作为参考光束，反射光作为测量光束。当传感器感受加速度时，由于质量块 M 对光纤的作用，从而使光纤被拉伸，引起光程差的改变。相位改变的激光束由单模光纤射出后与参考光束会合产生干涉效应。激光干涉仪的干涉条纹的移动可由光电接收装置转换为电信号，经过处理电路处理后便可正确地测出加速度值。

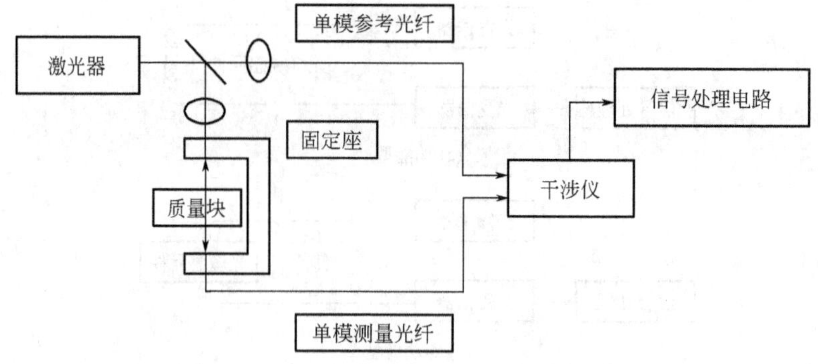

图 3-61 光纤加速度传感器的组成结构

【项目小结】

速度检测可分为线速度、转速、加速度检测。位置检测在生产生活中广泛应用，目前实现位置检测主要使用各种接近开关。

电涡流式传感器是利用电涡流效应进行工作。电涡流式传感器转换电路：阻抗 Z 的转换电路一般用电桥电路，电感 L 的转换电路一般用谐振电路，又可以分为调幅法和调频法两种。电涡流式传感器由于具有测量范围大，灵敏度高，结构简单，抗干扰能力强，可以实现非接触式测量等优点，可以用来测量位移、振幅、尺寸、厚度、热膨胀系数、轴心轨迹和金属件探伤等。

磁电式传感器，是利用电磁感应原理将被测量转换成电信号的一种传感器。它不需要辅助电源，就能把被测对象的机械能转换成易于测量的电信号，是一种只适合进行动态测量的有源传感器。

霍尔传感器是根据霍尔效应制作的一种磁场传感器，在使用中注意温度补偿和不等位电位补偿。霍尔传感器具有体积小、灵敏度高、相应速度快、精确度高等特点，在工业生产、日常生活中以及现代军事领域获得了广泛的应用。

光电式传感器以光电效应为基础，根据产生电效应的不同，光电效应可以分为外光电效应、内光电效应和光生伏特效应。基于外光电效应的光电元件有光电管、光电倍增管等；基于内光电效应的光电元件有光敏电阻、光敏二极管、光敏三极管、光敏晶闸管等；基于光生伏特效应的光电元件有光电池。光电式传感器由光源、光学元器件和光电元器件组成光路系统，结合相应的测量转换电路而构成。

接近开关又称无触点行程开关。它能在一定的距离（几毫米至几十毫米）内检测有无物体靠近。当物体进入其设定距离范围内时，就发出“动作”信号，该信号属于开关信号（高电平或低电平）。接近开关能直接驱动中间继电器。常用的接近开关有电涡流式（以下简称电感接近开关）、电容式、磁性干簧开关、霍尔式、光电式、微波式、超声波式等。

【习题与训练】

1. 什么是涡流效应？简述电涡流式传感器的工作原理。
2. 电涡流传感器可以进行哪些非电量参数测量？
3. 简述当前生活中常用的电磁炉的工作原理。

4. 为什么说磁电式传感器是一种有源传感器？

5. 磁电式传感器工作原理是什么？

6. 简述磁电式传感器的分类。

7. 简述霍尔传感器的工作原理。

8. 为什么导体材料和绝缘材料均不宜做成霍尔元件？

9. 哪些物理量可以用霍尔传感器进行测量？

10. 图 3-62 是汽车霍尔点火装置示意图，试说明工作原理。

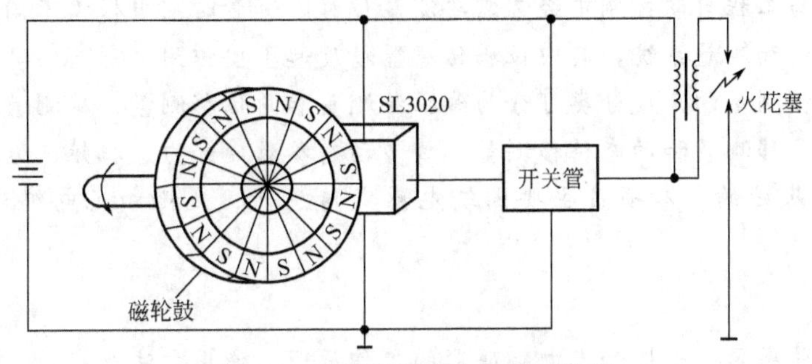

图 3-62　汽车霍尔点火装置示意图

11. 光电效应有哪几种？分别对应什么光电元件？

12. 光电传感器有哪几种？

13. 光电传感器可以对哪些物理量进行测量？

14. 思考与讨论光敏电阻检测光的原理。

项目 4 位移的测量

【项目描述】

自动化生产与工程自动控制中经常需要测量位移。测量时应当根据不同的测量对象选择测量点、测量方向和测量系统，其中位移传感器精度起重要作用。

位移测量从被测量的角度分类可分为线位移测量和角位移测量；从测量参数特性的角度分类可分为静态位移测量和动态位移测量。许多动态参数，如力、扭矩、速度、加速度等都是以位移测量为基础的。本项目主要围绕电感式传感器、光栅和光电编码器进行学习和训练。

【知识目标】

掌握电感式传感器、光栅和光电编码器的工作原理、使用方法及应用。

【技能目标】

最常用的位移检测元件的使用方法，了解位移检测系统，解决简单的位移检测问题。

任务 4.1 电感式传感器测位移

任务导入

有的机械零件尺寸需要精确测量，并根据测量误差进行分拣。在装配轴承滚柱时，为保证轴承的质量，一般要先对滚柱的直径进行分选，各滚柱直径的误差在几个微米，因此要进行微位移检测。在自动检测系统中，往往要用到电感式测微传感器进行测量，测量精度较高，电感式位移传感器的工作原理是什么？其结构、特点如何？这就是我们本课题的任务目标。

基本知识与技能

电感式传感器是利用电磁感应原理，将被测非电量的变化转换成线圈的电感（或互感）变化的一种机电转换装置。利用电感式传感器可以把连续变化的线位移或角位移转换成线圈的自感或互感的连续变化，经过一定的转换电路再变成电压或电流信号以供显示。它除了可以对直线位移或角位移进行直接测量外，还可以通过一定的感受机构对一些能够转换成位移量的其他非电量，如振动、压力、应变、流量等进行检测。电感式传感器具有结构简单，工作可靠，灵敏度高，分辨率大（可分辨 0.1μm 的位移量）等一系列优点。但电感式传感器自身频率响应低，不适用于快速动态测量。

电感式传感器的种类很多，按转换原理的不同，可分为自感式和互感式（差动变压器式）两大类。如图 4-1 所示。

4.1.1 自感式传感器

自感式传感器是利用自感量随气隙变化而改变的原理制成的，用来测量位移。自感式传

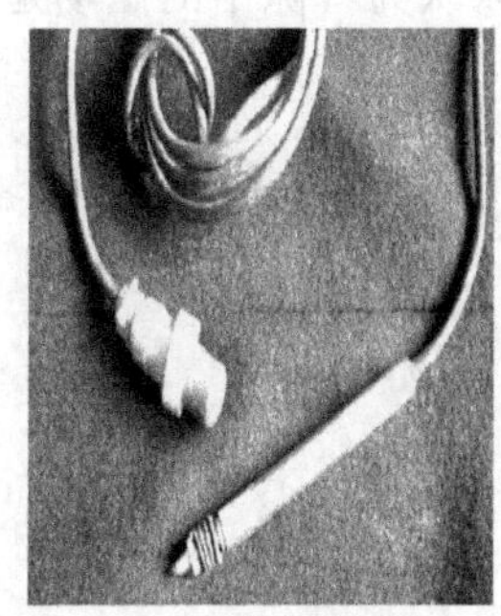
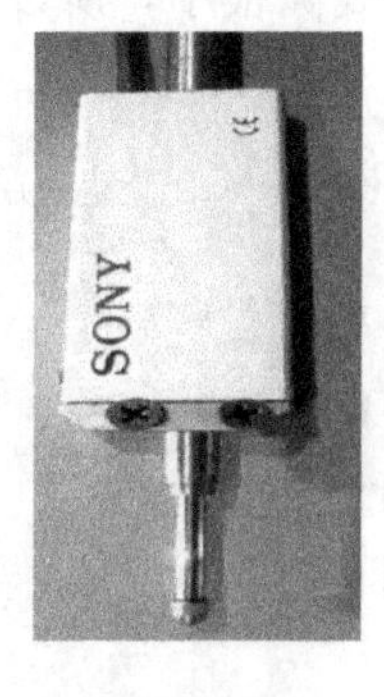

图 4-1　各种电感测微传感器

感器主要有闭磁路变隙式和开磁路螺线管式，它们又都可以分为单线圈式与差动式两种结构形式。

1. 自感式传感器工作原理

自感式传感器的结构如图 4-2 所示。它由线圈、铁芯和衔铁三部分组成。铁芯和衔铁由导磁材料如硅钢片或坡莫合金制成，在铁芯和衔铁之间有气隙，气隙厚度为 δ，传感器的运动部分与衔铁相连。当衔铁移动时，气隙厚度 δ 发生改变，引起磁路中磁阻变化，从而导致电感线圈的电感值变化，因此只要能测出这种电感量的变化，就能确定衔铁位移量的大小和方向。

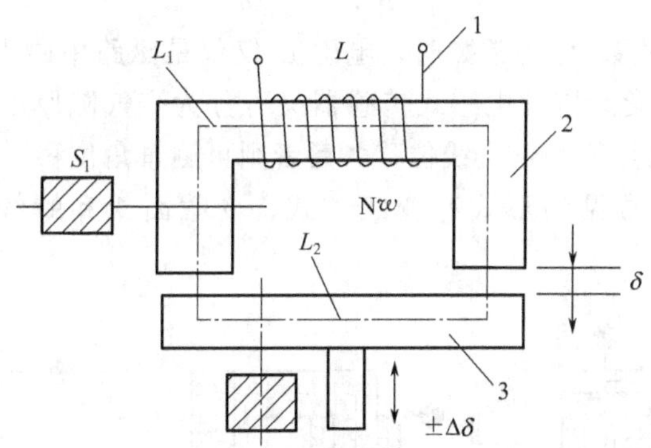

图 4-2　自感式传感器的结构

1—线圈；2—铁芯（定铁芯）；3—衔铁（动铁芯）

根据电感定义，线圈中电感量可由下式确定：

$$L=\frac{\Psi}{I}=\frac{N\Phi}{I} \tag{4-1}$$

式中　Ψ——线圈总磁链；

I——通过线圈的电流；

N——线圈的匝数；

Φ——穿过线圈的磁通。

由磁路欧姆定律，得

$$\Phi=\frac{IN}{R_{\mathrm{m}}} \tag{4-2}$$

式中　R_{m}——磁路总磁阻。

对于变隙式传感器，因为气隙很小，所以可以认为气隙中的磁场是均匀的。若忽略磁路磁损，则磁路总磁阻为

$$R_m=\frac{L_1}{\mu_1 S_1}+\frac{L_2}{\mu_2 S_2}+\frac{2\delta}{\mu_0 S_0} \tag{4-3}$$

式中 μ_1——铁芯材料的磁导率；

μ_2——衔铁材料的磁导率；

L_1——磁通通过铁芯的长度；

L_2——磁通通过衔铁的长度；

S_1——铁芯的截面积；

S_2——衔铁的截面积；

μ_0——空气的磁导率；

S_0——气隙的截面积；

δ——气隙的厚度。

通常气隙磁阻远大于铁芯和衔铁的磁阻，则式(4-3) 可近似为

$$R_m=\frac{2\delta}{u_0 s_0} \tag{4-4}$$

联立式(4-1)、式(4-2) 及式(4-4) 可得

$$L=\frac{N^2}{R_m}=\frac{N^2\mu_0 s_0}{2\delta} \tag{4-5}$$

上式表明，当线圈匝数 N 为常数时，电感 L 仅仅是磁路中磁阻 R_m 的函数，只要改变 δ 或 S_0 均可导致电感变化，因此电感式传感器又可分为变气隙厚度 δ 的传感器和变气隙面积 S_0 的传感器。前者可用于测量直线位移，后者则可测量角位移。

自感式电感传感器常见的形式有变气隙式、变截面式和螺线管式等三种，如图 4-3 所示。

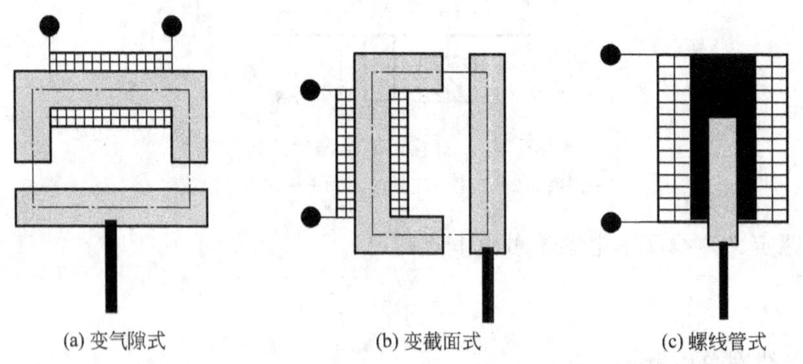

图 4-3 自感式电感传感器常见形式

(1) 变气隙式自感传感器

变气隙式自感传感器的结构原理如图 4-4 所示，图 4-4(a) 为单边式，图 4-4(b) 为差动式。它们由铁芯线圈、衔铁、测杆及弹簧等组成。由式(4-5) 可知，变气隙长度式传感器的线性度差、示值范围窄、自由行程小，但在小位移下灵敏度很高，常用于小位移的测量。

为了扩大示值范围和减小非线性误差，可采用差动结构。将两个线圈接在电桥的相邻臂，构成差动电桥，不仅可使灵敏度提高一倍，而且使非线性误差大为减小。

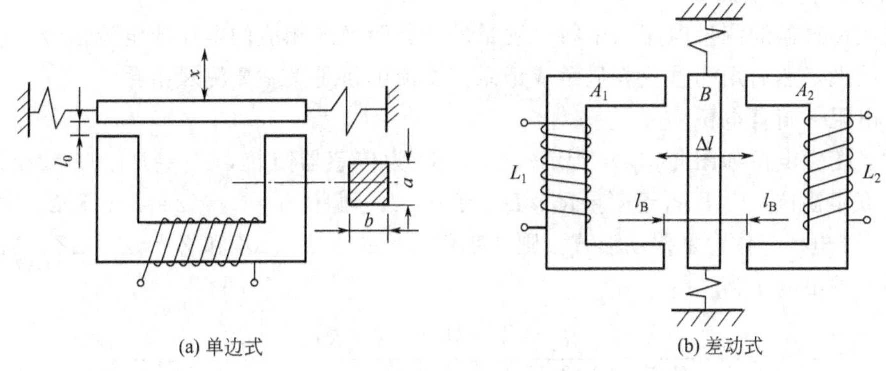

(a) 单边式　(b) 差动式

图 4-4　变气隙式自感传感器常见结构

（2）变截面积式自感传感器

如果变隙式电感传感器的气隙长度不变，铁芯与衔铁之间相对覆盖面积随被测量的变化而改变，从而导致线圈的电感量发生变化，这种形式称之为变截面积式自感传感器，通过式(4-5)可知，变截面式自感传感器具有良好的线性度、自由行程大、示值范围宽，但灵敏度较低，通常用来测量比较大的位移。

（3）螺线管式自感传感器

图 4-3(c) 为螺管式自感传感器的结构示意图。当活动衔铁随被测物移动时，线圈磁力线路径上的磁阻发生变化，线圈电感量也因此而变化。线圈电感量的大小与衔铁插入线圈的深度有关。需要注意的是在有限长螺线管内部磁场沿轴线非均匀分布，中间强，两端弱。在使用时插入铁芯的长度不宜过短也不宜过长，一般以铁芯与线圈长度比为 0.5、半径比趋于 1 为宜。

螺线管式自感传感器结构简单，装配容易，自由行程大，示值范围宽；缺点是灵敏度较低，易受外部磁场干扰。目前，该类传感器随放大器性能提高而得以广泛应用。

以上三种电感传感器在实际使用中，常采用两个完全相同、单个线圈共用一个活动衔铁，构成差动式电感传感器，这样可以提高传感器的灵敏度，减小测量误差。图 4-5 所示是变间隙式、变面积式及螺管式 3 种类型的差动式电感传感器。

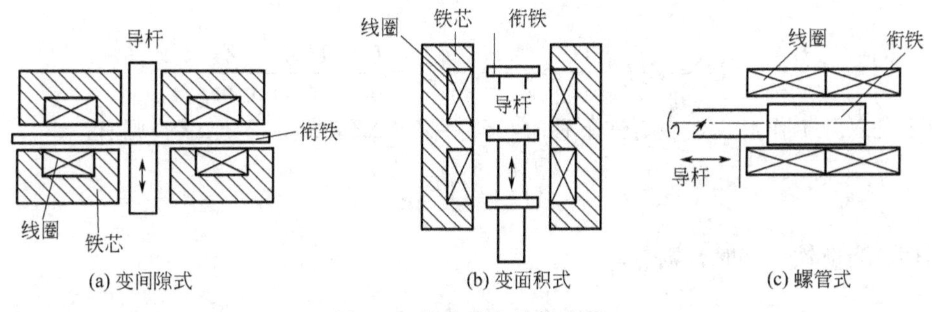

(a) 变间隙式　(b) 变面积式　(c) 螺管式

图 4-5　差动式电感传感器

差动式电感传感器的结构要求两个导磁体的几何尺寸及材料完全相同，两个线圈的电气参数和几何尺寸完全相同。

差动式结构除了可以改善线性度、提高灵敏度外，对温度变化、电源频率变化等影响也可以进行补偿，从而减少了外界影响造成的误差。

2. 自感式传感器测量电路

自感式传感器的测量电路用来将电感量的变化转换成相应的电压或电流信号，以便供放大器进行放大，然后用测量仪表显示或记录。交流电桥是其主要测量电路。

(1) 电阻平衡臂电桥

电阻平衡臂电桥如图 4-6(a) 所示。Z_1、Z_2 为传感器阻抗，$Z_1=R'_1+L_1$，$Z_2=R'_2+L_2$，Z_c为负载阻抗。由于$R'_1=R'_2=R'$；$L_1=L_2=L$；则有 $Z_1=Z_2=Z=R'+j\omega L$，另有 $R_1=R_2=R$。由于电桥工作臂是差动形式，则在工作时，$Z_1=Z+\Delta Z$ 和 $Z_2=Z-\Delta Z$，当 $ZL\rightarrow\infty$ 时，电桥的输出电压为

$$\dot{U}_o=\frac{Z_1}{Z_1+Z_2}\dot{U}-\frac{R_1}{R_1+R_2}\dot{U}=\frac{Z_1\times 2R-R(Z_1+Z_2)}{(Z_1+Z_2)}\dot{U}=\frac{\dot{U}}{2}\frac{\Delta Z}{Z}$$

当 $\omega L\gg R'$时，上式可近似为

$$\dot{U}_o\approx\frac{\dot{U}}{2}\frac{\Delta L}{L}$$

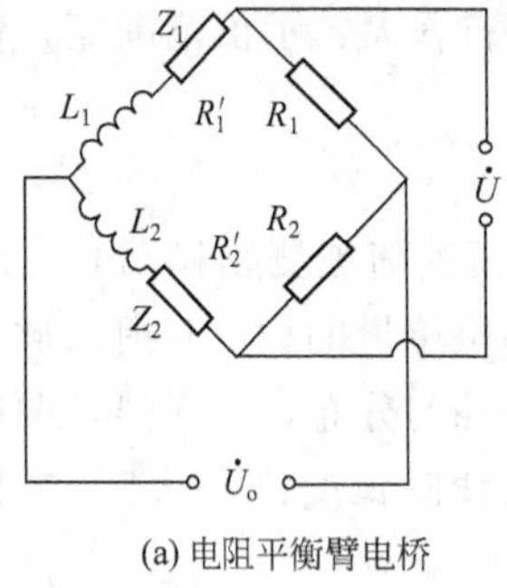

(a) 电阻平衡臂电桥

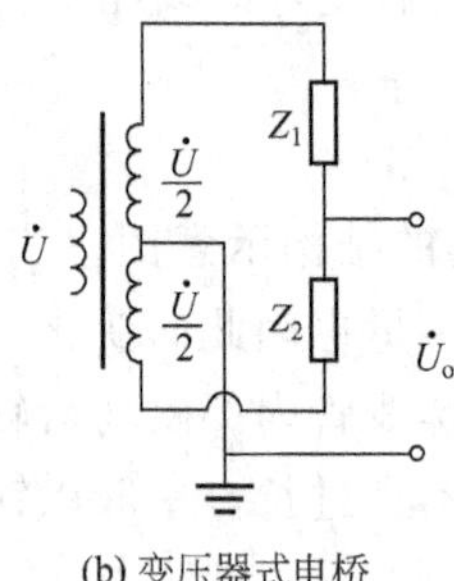

(b) 变压器式电桥

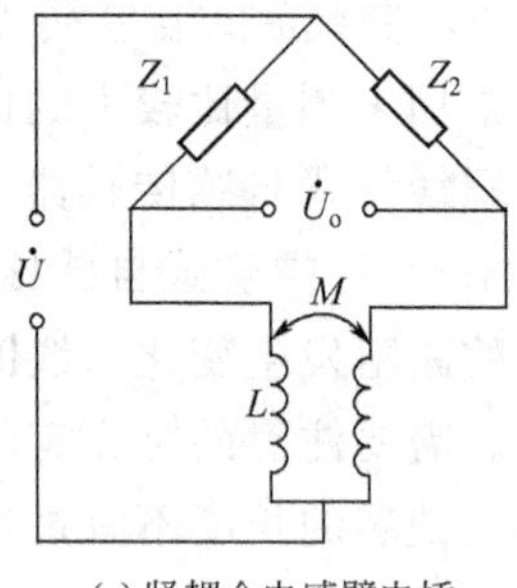

(c) 紧耦合电感臂电桥

图 4-6　交流电桥的几种形式

由上式可以看出：交流电桥的输出电压与传感器电感的相对变化量是成正比的。

(2) 变压器式电桥

变压器式电桥如图 4-6(b) 所示，Z_1、Z_2 为传感器阻抗，它的平衡臂为变压器的两个二次侧绕组，输出电压为$\frac{1}{2}\dot{U}_o$，当负载阻抗无穷大时输出电压$\dot{U}_o$为

$$\dot{U}_o=Z_2\dot{I}-\frac{\dot{U}}{2}=\frac{\dot{U}}{Z_1+Z_2}Z_2-\frac{\dot{U}}{2}=\frac{\dot{U}}{2}\frac{Z_2-Z_1}{Z_1+Z_2}$$

由于是双臂工作形式，当衔铁下移时，$Z_1=Z-\Delta Z$，$Z_2=Z+\Delta Z$，则有

$$\dot{U}_o=\frac{\dot{U}}{2}\frac{\Delta Z}{Z}$$

同理，当衔铁上移时，则有

$$\dot{U}_o=-\frac{\dot{U}}{2}\frac{\Delta Z}{Z} \tag{4-6}$$

由上式可见，输出电压反映了传感器线圈阻抗的变化，但是由于采用交流电源，则不论活动铁芯向线圈的哪个方向移动，电桥输出电压总是交流的，即无法判别位移的方向。为此，常采用带相敏整流的交流电桥，如图 4-7 所示，其输出电压既能反映位移量的大小，又能反映位移的方向，所以应用较为广泛。

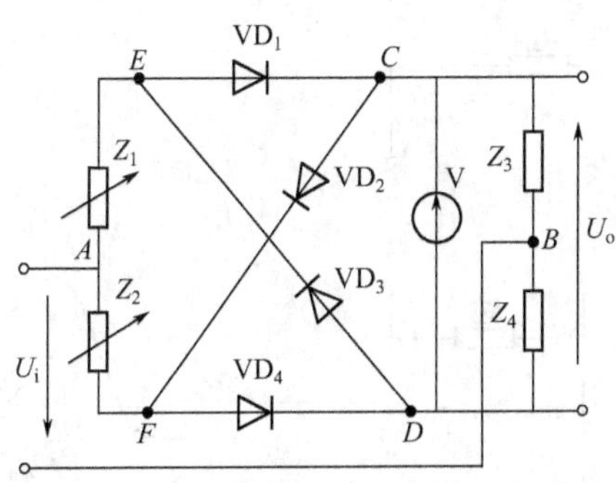

图 4-7　带相敏整流的交流电桥电路图

4.1.2　互感式传感器

把被测的非电量变化转换为线圈互感量 M 变化的传感器称为互感式传感器。这种传感器是根据变压器的基本原理制成的，当初级绕组接入激励电源之后，次级绕组就将产生感应电动势，并且次级绕组用差动形式连接，故称差动变压器式传感器。差动变压器结构形式有变隙式、变面积式和螺线管式等。目前应用最多的是螺线管式差动变压器，它可以测量 1～100mm 机械位移，并具有测量精度高、灵敏度高、结构简单、性能可靠等优点。

1. 差动变压器工作原理

螺线管式差动变压器结构如图 4-8 所示，它由初级线圈，两个次级线圈和插入线圈中央的圆柱形铁芯等组成。

差动变压器工作在理想情况下（忽略涡流损耗、磁滞损耗和分布电容等影响），它的等效电路如图 4-9 所示。图中$\dot{U}_i$ 为一次绕组激励电压；M_1、M_2 分别为一次绕组与两个二次绕组间的互感，L_1、R_1 分别为一次绕组的电感和有效电阻；L_{21}、L_{22}分别为两个二次绕组的电感；R_{21}、R_{22}分别为两个二次绕组的有效电阻。

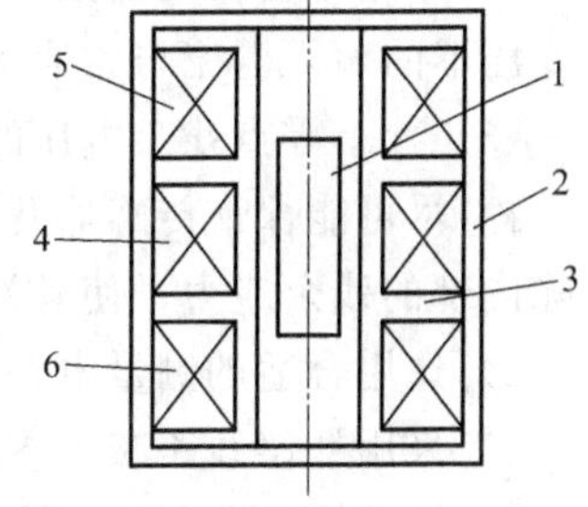

图 4-8　螺线管式差动变压器结构
1—活动衔铁；2—导磁外壳；3—骨架；4—匝数为 ω_1 的初级绕组；5—匝数为 ω_{2a}的初级绕组；6—匝数为 ω_{2b}的次级绕组

当衔铁处于中间位置时，两个二次绕组互感相同，因而由一次侧激励引起的感应电动势相同。$\dot{E}_{21}=\dot{E}_{22}$由于两个二次绕组反向串接，所以差动输出电动势为零。当衔铁移向二次绕组 L_{21}一边，这时互感 M_1 增大，M_2 减小，因而二次绕组 L_{21} 内感应电动势$\dot{E}_{21}$大于二次绕组 L_{22}内感应电动势$\dot{E}_{22}$，这时差动输出电动势不为零。在传感器的量程内，衔铁移动越大，差动输出电动势就越大。

同样道理，当衔铁向二次绕组 L_{22}一边移动差动输出电动势仍不为零，但由于移动方向改变，所以输出电动势反相。因此通过差动变压器输出电动势的大小和相位可以知道衔铁位移量的大小和方向。

差动变压器的输出特性曲线如图 4-10 所示。图中 E_{21}、E_{22}分别为两个二次绕组的输出感应电动势，E_2 为差动输出电动势，x 表示衔铁偏离中心位置的距离。其中 E_2 的实线表示理想的输出特性，而虚线部分表示实际的输出特性。E_0 为零点残余电动势，它的存在使传感器的输出特性不经过零点，造成实际特性与理论特性不完全一致。

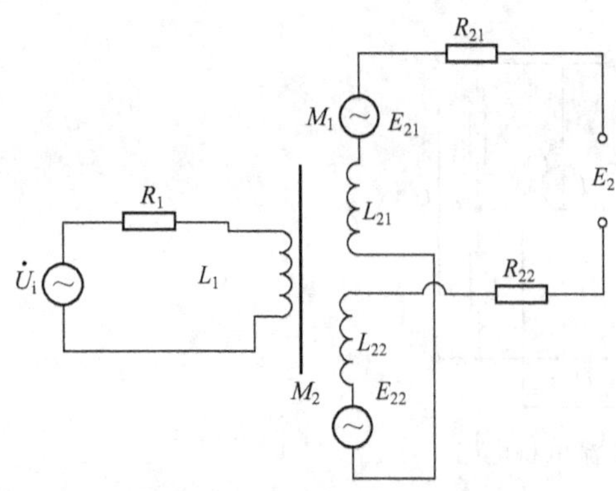

图 4-9 差动变压器等效电路

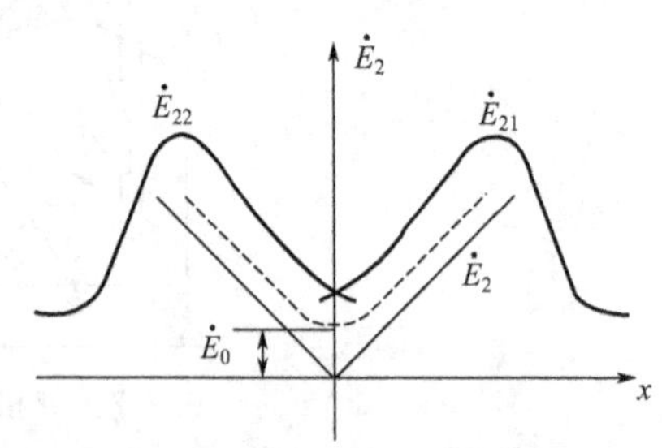

图 4-10 差动变压器输出特性曲线

2. 零点残余电压

(1) 零点残余电压

当差动变压器的衔铁处于中间位置时，理想条件下其输出电压为零。但实际上，当使用桥式电路时，在零点仍有一个微小的电压值存在，称为零点残余电压。

(2) 零点残余电压产生的原因

1) 传感器的两次级绕组的电气参数、几何尺寸不对称，导致它们产生的感应电势幅值不等、相位不同，因此不论怎样调整衔铁位置，两线圈中感应电势都不能完全抵消。

2) 磁性材料磁化曲线的非线性，导致电源电压中含有高次谐波。

3) 导磁材料存在铁损、不均匀，一次绕组有铜耗电阻，线圈间存在寄生电容，导致差动变压器的输入电流与磁通不相同。

(3) 减小零点残余电压的方法

1) 尽可能保证传感器几何尺寸、线圈电气参数和磁路 Φ 对称。磁性材料要经过处理，消除内部的残余应力，使其性能均匀稳定。

2) 选用合适的测量电路。

3) 采用补偿线路减小零点残余电压。

3. 差动变压器式传感器测量电路

差动变压器输出的是交流电压，若用交流电压表测量，只能反映衔铁位移的大小，而不能反映移动方向。另外，其测量值中将包含零点残余电压。为了达到能辨别移动方向及消除零点残余电压的目的，实际测量时，常常采用差动整流电路和相敏检波电路。

(1) 差动整流电路

这种电路是把差动变压器的两个次级输出电压分别整流，然后将整流的电压或电流的差值作为输出，图 4-11 给出了几种典型电路形式。图中 (a)、(c) 适用于交流负载阻抗，(b)、(d) 适用于低负载阻抗，电阻 R_0 用于调整零点残余电压。

(2) 相敏检波电路

图 4-12 所示是差动相敏检波电路的一种形式。相敏检波电路要求比较电压的幅值尽可能大，比较电压与差动变压器二次侧输出电压的频率相同，相位相同或相反。

4.1.3 电感式传感器的应用

电感式传感器一般用于接触测量，它主要用于位移测量，也可以用于振动、加速度、压力、流量、液位等与位移有关的任何机械量。

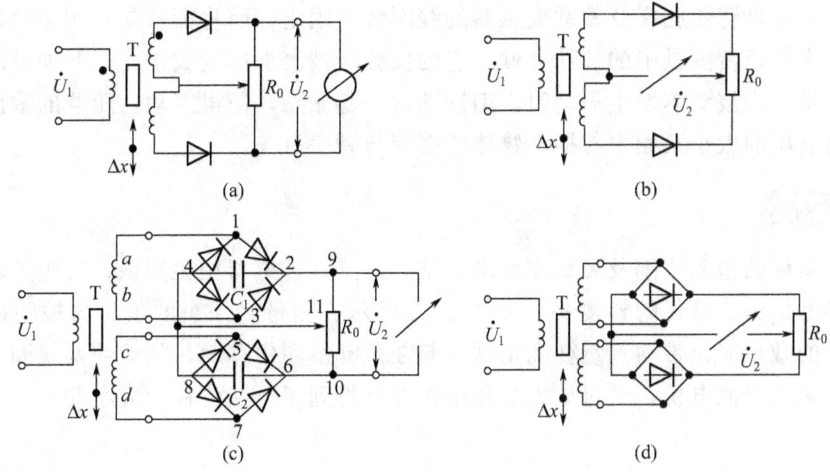

图 4-11　差动整流电路

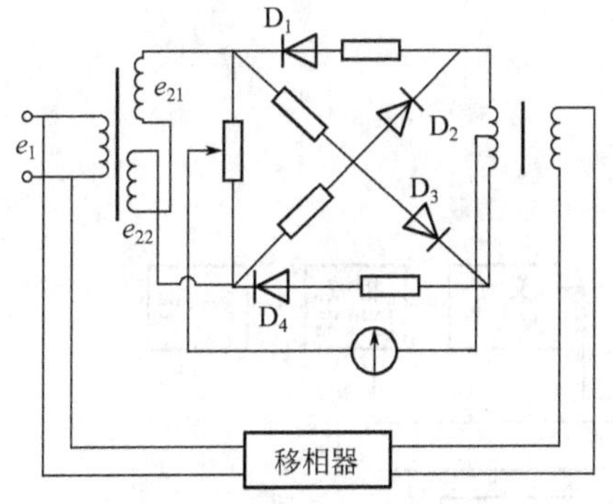

图 4-12　差动相敏检波电路

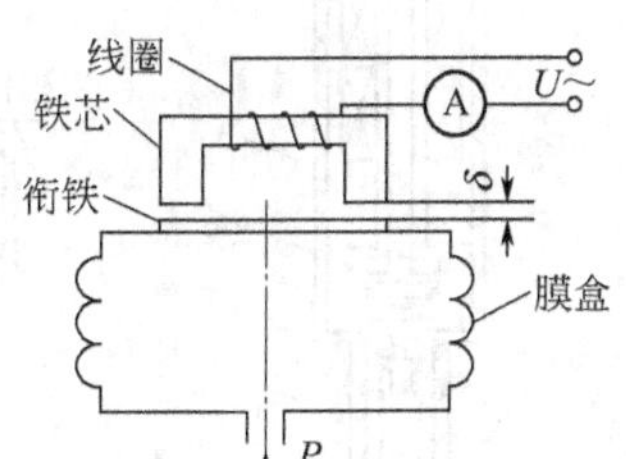

图 4-13　变隙电感式压力传感器结构图

1. 压力的测量

图 4-13 所示是变隙电感式压力传感器的结构图。它由膜盒、铁芯、衔铁及线圈等组成，衔铁与膜盒的上端连在一起。当压力进入膜盒时，膜盒的顶端在压力 P 的作用下产生与压力 P 大小成正比的位移。于是衔铁也发生移动，从而使气隙发生变化，流过线圈的电流也发生相应的变化，电流表指示值就反映了被测压力的大小。

2. 振动与加速度的测量

图 4-14 为差动变压器式加速度传感器的原理结构示意图。它由悬臂梁和差动变压器构

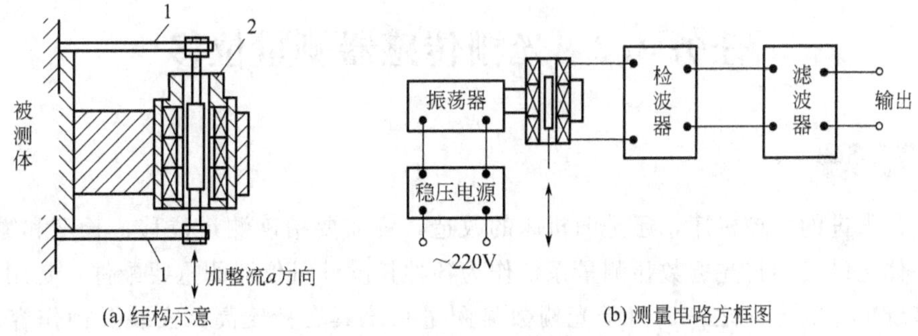

图 4-14　差动变压器式加速度传感器的原理结构

1—弹性支承；2—差动变压器

成。测量时，将悬臂梁底座及差动变压器的线圈骨架固定，而将衔铁与被测振动体相连，此时传感器作为加速度测量中的惯性元件，它的位移与被测加速度成正比，使加速度测量转变为位移的测量。当被测体发生振动时，衔铁随着一起振动，使得差动变压器的输出电压发生变化，输出电压的大小及频率与振动物体的振幅与频率有关。

任务实施

根据测微仪的检测范围及灵敏度要求，结合电感式传感器相关知识，选用差动螺管插铁型电感传感器作为测微仪的检测头，如图 4-15 所示。测量时探头的顶尖与被测件接触，被测轴承直径的微小变化带动测量杆和衔铁一起在差动线圈中移动，从而使两线圈的电感产生差动变化，接入交流电桥，经过放大、相敏检波就得到了反映位移量大小和方向的直流输出信号。

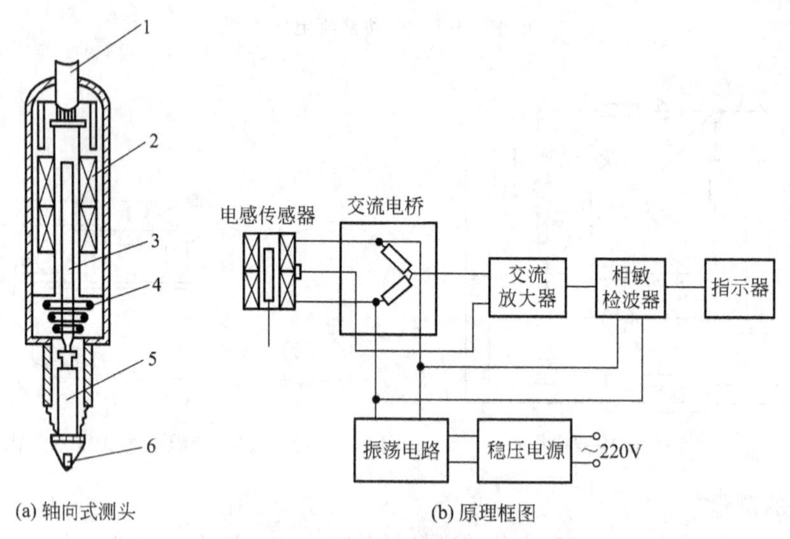

图 4-15 电感测微仪原理框图

1—引线；2—线圈；3—衔铁；4—测力弹簧；5—导杆；6—测端

在使用该传感器时要注意传感器探头和测杆不能有任何变形和弯曲；探头与被测钢柱要垂直接触；接线牢固，避免压线，夹线；安装传感器应调节（挪动）传感器的夹持位置，使其位移变化不超出测量范围。

任务 4.2 光栅传感器测量位移

任务导入

无论是先进的数控机床，还是旧机床的改造，都需要精确测量位移、长度和零件尺寸。在机电一体化设备中将光栅数显测量系统作为各种长度计量仪器的重要配件，是用微电子技术改造传统工业的方向之一。由于光栅数显测量系统具有精度高，安装及操作容易，价格低，回收投资快等优点，因而得到大量使用。那么光栅式位移传感器的工作原理是什么？其结构、特点如何？这就是我们本课题的任务目标。

基本知识与技能

光栅式位移传感器是一种数字式传感器，它直接把非电量转换成数字量输出。图 4-16 是光栅的外形，它主要用于长度和角度的精密测量和数控系统的位置检测等，还可以检测能够转换为长度的速度、加速度、位移等其他物理量。

它具有检测精度和分辨率高，抗干扰能力强，稳定性好，易与微机接口，便于信号处理和实现自动化测量等特点。

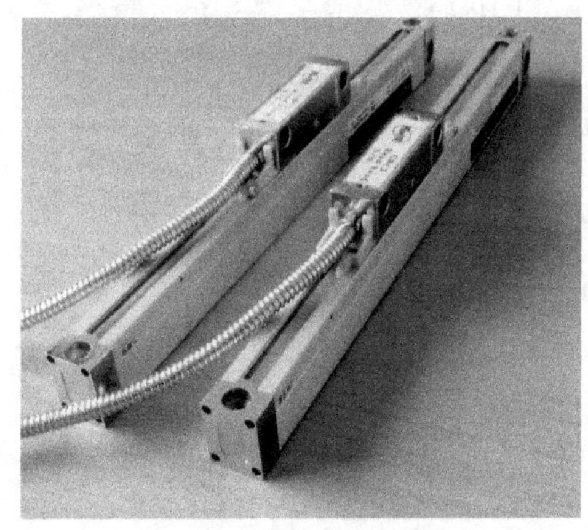

图 4-16　光栅的外形

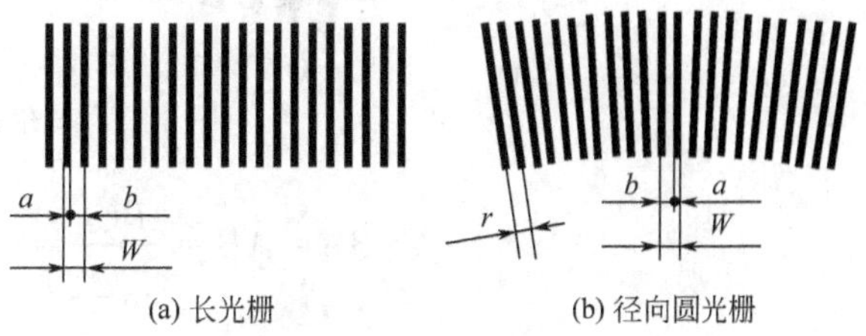

图 4-17　光栅刻线

4.2.1　光栅传感器的结构和类型

在计量工作中应用的光栅称为计量光栅。从光栅的光线走向来看，可分为透射式光栅和反射式光栅两大类。透射式光栅一般用光学玻璃做基体，在其上均匀地刻划上等间距、等宽度的条纹，形成连续的透光区和不透光区。反射式光栅用不锈钢做基体，在其上用化学方法制作出黑白相间的条纹，形成强反光区和不反光区。如图 4-17 所示，光栅上栅线的宽度为 a，线间宽度 b，一般取 $a=b$，而 $W=a+b$，W 称为光栅栅距。长光栅的栅线密度一般为 10 线/mm、25 线/mm、50 线/mm、100 线/mm 和 200 线/mm 等几种。

计量光栅按其形状和用途可分为长光栅和圆光栅两类。其中长光栅又称为光栅尺，用于长度或直线位移的测量，圆光栅又称为光栅盘，用来测量角度或角位移。

4.2.2　光栅传感器的工作原理

1. 莫尔条纹

由于光栅的刻线很密，如果不进行光学放大，则不能直接用光敏元件来测量光栅移动所引起的光强变化，必须采用莫尔条纹来放大栅距。

如图 4-18 所示，当两个有相同栅距的光栅合在一起，其栅线之间倾斜一个很小的夹角 θ，于是在近乎垂直于栅线的方向上出现了明暗相间的条纹。例如在 $a—a'$线上，两个光栅的栅线彼此重合，从缝隙中通过光的一半，透光面积最大，形成条纹的亮带；在 $b—b'$线上，两光栅的栅线彼此错开，形成条纹的暗带。

2. 莫尔条纹的宽度

横向莫尔条纹的宽度 B_H 与栅距 W 和倾斜角 θ 之间的关系，可由图 4-18(b) 求出（当 θ 角很小时）：

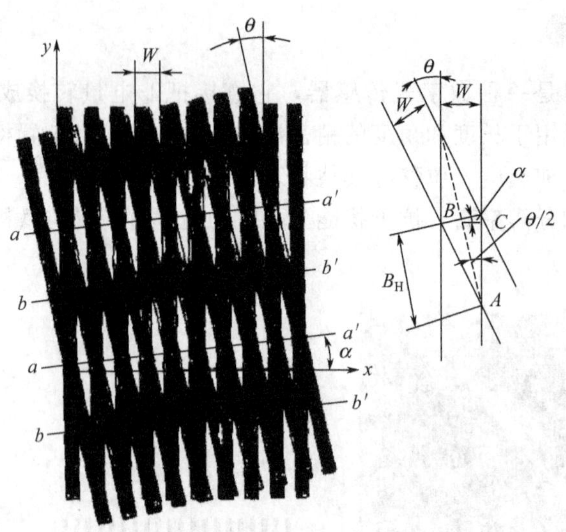

(a) 莫尔条纹的形成　　(b) 莫尔条纹的宽度

图 4-18　莫尔条纹原理

$$B_H=AB=\frac{BC}{\sin\frac{\theta}{2}}=\frac{W}{2\sin\frac{\theta}{2}}\approx\frac{W(\mathrm{mm})}{\theta(\text{弧度})}\tag{4-7}$$

3. 莫尔条纹的特点

式(4-7) 说明莫尔条纹具有以下特点：

(1) 对位移的光学放大作用

调整夹角即可把极细微的栅线放大为很宽的条纹，便于测试，又提高了测量精度。例如 $\theta=10'$，则

$$\frac{1}{\theta}=334$$

若 $W=0.01\mathrm{mm}$，则 $B_H=3.34\mathrm{mm}$。

(2) 连续变倍的作用

放大倍数可通过使 θ 角连续变化，从而获得任意粗细的莫尔条纹。莫尔条纹的光强度变化近似正弦变化，便于将电信号作进一步细分，即采用“倍频技术”。这样可以提高测量精度或可以采用较粗的光栅。

(3) 光电元件对于光栅刻线的误差均衡作用

光栅的刻线误差是不可避免的。由于莫尔条纹是由大量栅线共同组成的，光电元件感受的光通量是其视场覆盖的所有光栅光通量的总和，具有对光栅的刻线误差的平均效应，从而能消除短周期的误差。刻线的局部误差和周期误差对于精度没有直接的影响。因此可得到比光栅本身的刻线精度高的测量精度，这是用光栅测量和普通标尺测量的主要差别。

4.2.3 光栅传感器的结构和工作原理

1. 光栅传感器的结构

光栅传感器由光源、透镜、光栅副（主光栅和指示光栅）和光电接收元件组成，如图 4-19 所示。

主光栅（又称标尺光栅）和指示光栅组成计量光栅，又称光栅副。主光栅和指示光栅的

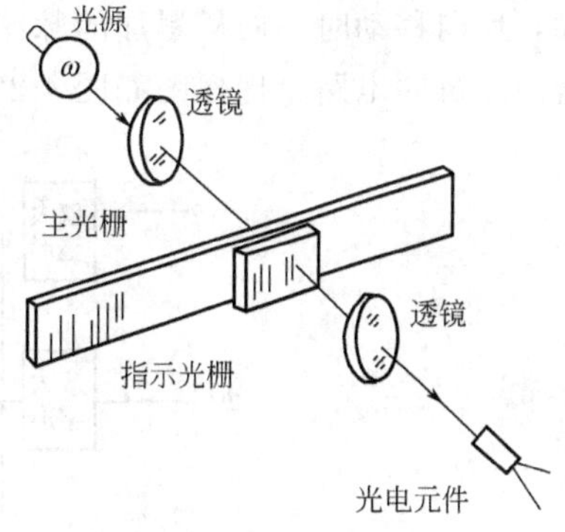

图 4-19　光栅传感器的结构

刻线宽度和间距完全一样。将指示光栅与主光栅叠合在一起，两者之间保持很小的间隙（0.05mm 或 0.1mm）。在长光栅中，主光栅和被测物体相连，它随被测物体的直线位移而产生移动。当主光栅产生位移时，莫尔条纹便随之产生位移。

光栅传感器光源一般采用白炽灯。白炽灯发出的光线经过透镜后变成平行光束，照射在光栅副上。由于光敏元件输出的电压信号比较微弱，因此必须首先将该电压信号进行放大，以避免在传输过程中被多种干扰信号所淹没、覆盖而造成失真。驱动电路的功能就是实现对光敏元件输出信号进行功率放大和电压放大。另外还有半导体发光器件，转换效率高，响应特征快速。

光栅传感器的光电元件包括有光电池和光敏三极管等部分。在采用固态光源时，需要选用敏感波长与光源相接近的光敏元件，以获得高的转换效率。在光敏元件的输出端，常接有放大器，通过放大器得到足够的信号输出以防干扰的影响。

2. 光栅传感器的工作原理

两块光栅相对移动时，从固定点观察到莫尔条纹光强的变化近似为余弦波形变化。光栅移动一个栅距 W，光强变化一个周期 2π，这种正弦波形的光强变化照射到光电元件上，即可转换成电信号关于位置的正弦变化。当光电元件接收到光的明暗变化，则光信号就转换为图 4-20 所示的电压信号输出，它可以用光栅位移量 x 的余弦函数表示，即

$$U=U_0+U_m\cos\frac{2\pi}{W}x \tag{4-8}$$

式中　U——光电元件输出的电压信号；

U_0——输出信号中的平均直流分量；

U_m——输出信号中的最大电压信号。

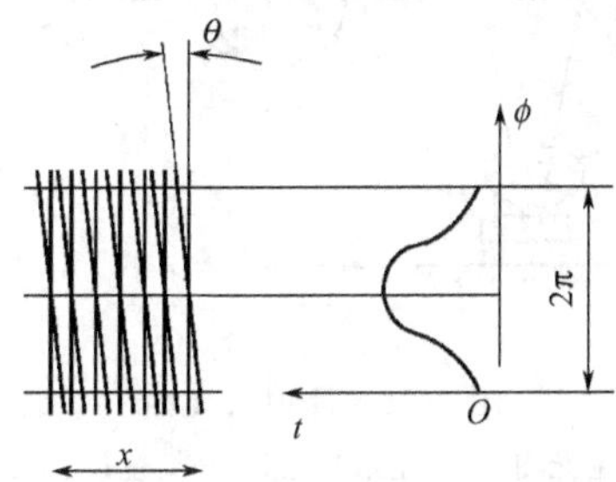

图 4-20　光栅位移与电压输出信号的关系

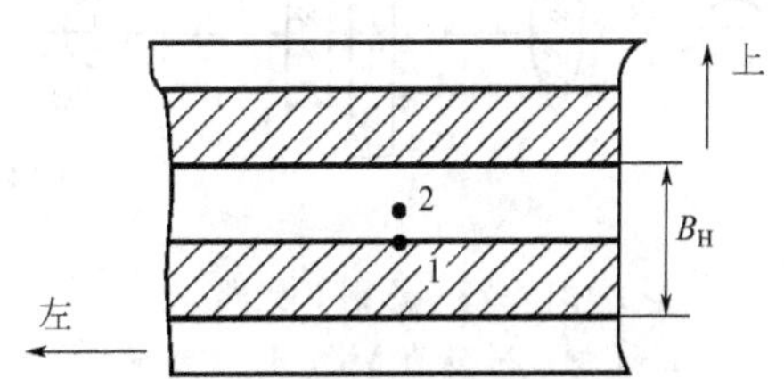

图 4-21　辨向光路的设置

单个光电元件接收一固定点的莫尔条纹信号，无论光栅做正向移动还是反向移动，光电元件都产生相同的余弦信号，只能判别明暗的变化而不能辨别莫尔条纹的移动方向，因而就不能判别运动零件的运动方向，以致不能正确测量位移，因此必须设置辨向电路。

如果能够在物体正向移动，将得到的脉冲数累加，而物体反向移动时可从已累加的脉冲数中减去反向移动的脉冲数，这样就能得到正确的测量结果。如图 4-21 所示，在相距的位置上设置两个光电元件 1 和 2，以得到两个相位互差 90°的正弦信号。正向移动时脉冲数累

加，反向移动时，便从累加的脉冲数中减去反向移动所得到的脉冲数，这样光栅传感器就可辨向。辨向电路原理框图如图 4-22 所示。

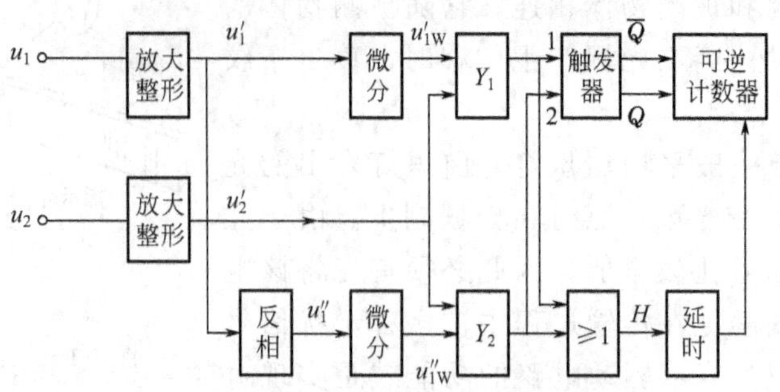

图 4-22 辨向电路原理框图

若以移过的莫尔条纹的数来确定位移量，其分辨力为光栅栅距。为了提高分辨力和测得比栅距更小的位移量，可采用细分技术。细分是在莫尔条纹变化一周期时，不只输出一个脉冲，而是输出若干个脉冲，以减小脉冲当量提高分辨力，提高测量精度。细分的方法有很多种，常用的细分方法是直接细分，细分数为 4，所以又称四倍频细分。即可用 4 个依次相距的光电元件，在莫尔条纹的一个周期内将产生 4 个计数脉冲，实现了四细分。

3. 光栅的光路

光栅的光路通常有透射式光路、反射式光路。其中透射式光路结构简单，位置紧凑，适合于粗栅距的黑白透射光栅，调整使用方便，应用广泛，如图 4-23 所示。反射式光路适用于黑白反射光栅。如图 4-24 所示。

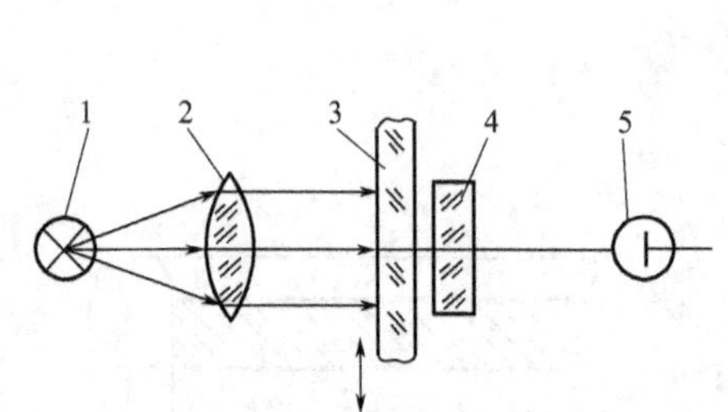

图 4-23 透射式光路

1—光源；2—准直透镜；3—主光栅；4—指示光栅；5—光电元件

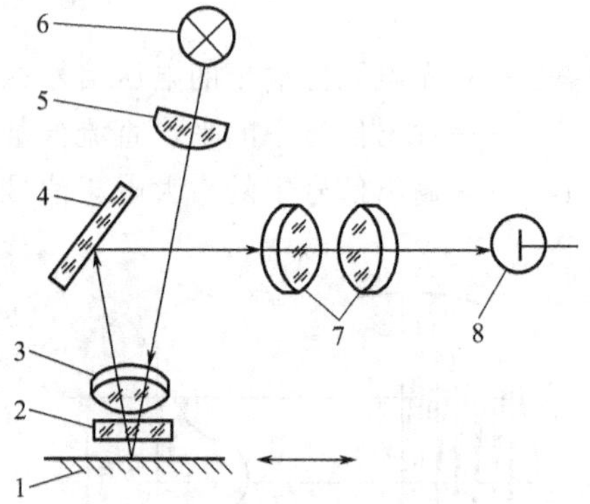

图 4-24 反射式光路

1—反射主光栅；2—指示光栅；3—场镜；4—反射镜；5—聚光镜；6—光源；7—物镜；8—光电电池

4. 光栅传感器的测量电路

光电元件接收光信号后，由光电转换电路转换为电信号，再经过后续的测量电路输出反映位移大小、方向的脉冲信号，图 4-25 是测量电路原理框图。

4.2.4 光栅传感器的应用

光栅传感器测量精度高，动态测量范围广，可进行无接触测量，易实现系统的自动化和数字化，在机械工业中得到了广泛的应用。特别是在量具、数控机床的闭环反馈控制、工作

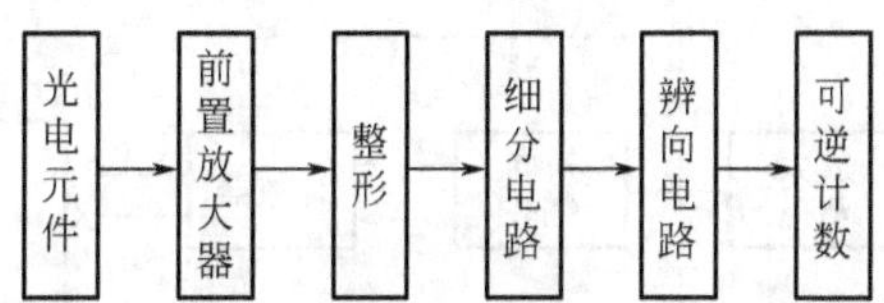

图 4-25　光栅传感器测量电路原理框图

母机的坐标测量等方面，光栅传感器都起着重要作用。光栅传感器通常作为测量元件应用于机床定位、长度和角度的计量仪器中，并用于测量速度、加速度和振动等。

1. 光栅传感器测量位移

将长度与测量范围一致的主光栅固定在运动零件上，随零件一起运动，短的指示光栅与光电元件固定不动。如图 4-26 所示，当两块光栅相对移动时，可以观测到莫尔条纹的光强的变化。设初始位置为接收亮带信号，随着光栅的移动，光强的变化由亮进入半亮半暗，全暗，半暗半亮，全亮，光栅移动了一个栅距，莫尔条纹也经历了一个周期，移动了一个条纹间距。光强的变化需要通过光电转换电路转换为输出电压的变化，输出电压的变化曲线近似为正弦曲线，如图 4-27 所示。再通过后续的放大整形电路的处理，就变成一个脉冲输出。运动零件的位移值就等于脉冲数与栅距的乘积。

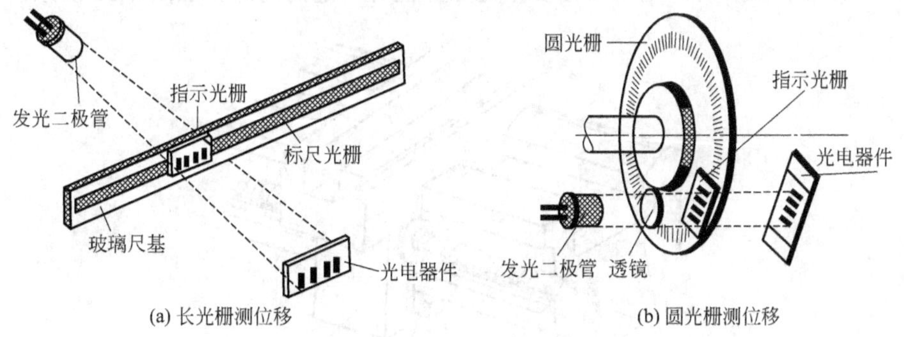

(a) 长光栅测位移　(b) 圆光栅测位移

图 4-26　光栅传感器测量位移的结构示意图

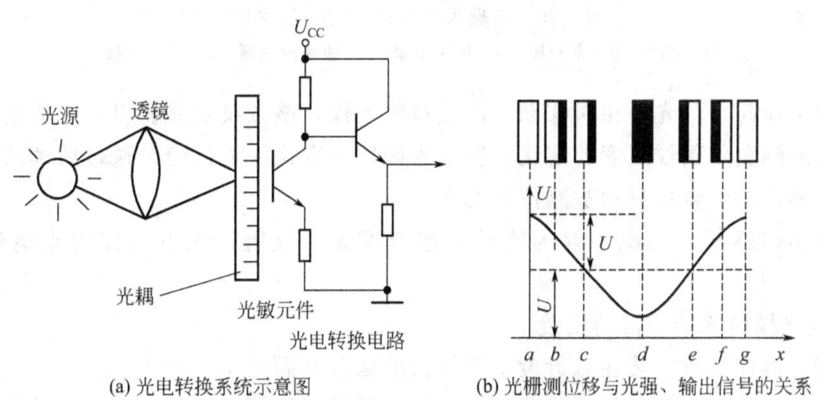

(a) 光电转换系统示意图　(b) 光栅测位移与光强、输出信号的关系

图 4-27　光电转换系统输出电压与位移的关系

2. 微机光栅数显表

图 4-28 所示为微机光栅数显表的组成框图。在微机数显表中，放大、整形多采用传统的集成电路，辨向、细分可由微机来完成。

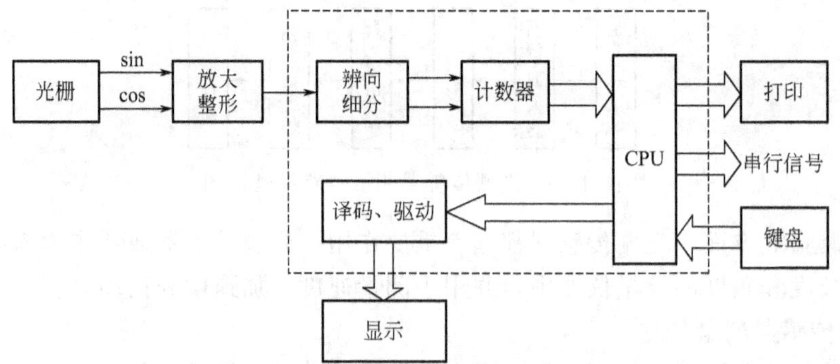

图 4-28 微机光栅数显表的组成框图

任务实施

数控机床的线位移检测，根据光栅传感器的相关知识，可选用直线光栅位移传感器。

1. 实施

光源、透镜、指示光栅和光电器件固定在机床床身上，主光栅固定在机床的运动部件上，可往复移动。安装时，指示光栅和主光栅保证有一定的间隙，如图 4-29 所示。

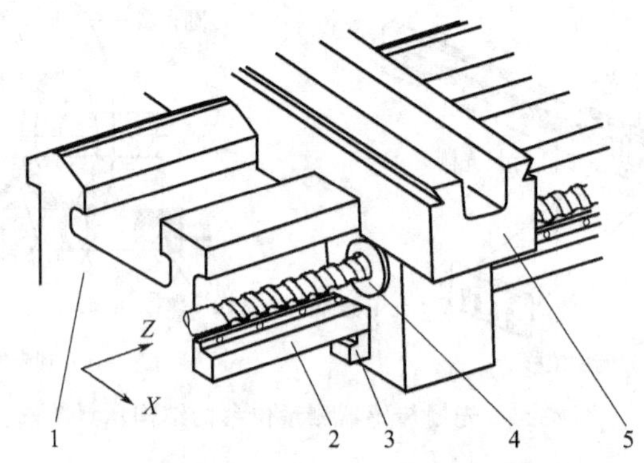

图 4-29 光栅尺在机床上的安装示意图

1—床身；2—主光栅；3—指示光栅；4—滚珠丝杠螺母副；5—床鞍

当机床工作时，两光栅相对移动便产生莫尔条纹，该条纹随光栅以一定的速度移动，光电器件就检测到莫尔条纹亮度的变化，转换为周期性变化的电信号，通过后续放大、转换处理电路送入显示器，直接显示被测位移的大小。

光栅位移传感器的光源一般为钨丝灯泡或发光二极管，光电器件为光电池或光敏三极管。

2. 直线光栅位移传感器的安装

(1) 传感器应尽量安装在靠近设备工作台的床身基面上。

(2) 根据设备的行程选择传感器的长度，光栅传感器的有效长度应大于设备行程。

(3) 标尺光栅（主光栅）固定在机床的工作台上，随机床的走刀而动，它的有效长度即为测量范围。如长度超过 1.5m，需在标尺中部设置支撑。

(4) 读数头（指示光栅）固定在机床上，安装在标尺光栅的下方，与标尺光栅的间隙控制在 1～1.5mm 以内，并尽可能避开切屑和油液的溅落。

(5) 在机床导轨上要安装限位装置，以防机床工作时标尺撞到读数头。

3. 光栅位移传感器的检查

(1) 光栅传感器安装完毕后，接通数显表，移动工作台，观察读数是否变化。

(2) 在机床上任选一点，来回移动工作台，回到起始点，数显表读数应相同。

(3) 使用千分表和数显表同时检测工作台的移动值，比对后进行校正，确保数显表测量正确。

4. 光栅传感器使用注意事项

(1) 光栅传感器与数显表插头座插拔时应关闭电源后进行。

(2) 尽可能外加保护罩，并及时清理溅落在尺上的切屑和油液，严格防止任何异物进入光栅传感器壳体内部。

(3) 定期检查各安装连接螺钉是否松动。

(4) 为延长防尘密封条的寿命，可在密封条上均匀涂上一薄层硅油，注意勿溅落在玻璃光栅刻划面上。

(5) 为保证光栅传感器使用的可靠性，可每隔一定时间用乙醇混合液（各50%）清洗擦拭光栅尺面及指示光栅面，保持玻璃光栅尺面清洁。

(6) 光栅传感器严禁剧烈震动及摔打，以免破坏光栅尺，如光栅尺断裂，光栅传感器即失效了。

(7) 不要自行拆开光栅传感器，更不能任意改动主栅尺与副栅尺的相对间距，否则一方面可能破坏光栅传感器的精度；另一方面还可能造成主栅尺与副栅尺的相对摩擦，损坏铬层也就损坏了栅线，因而造成光栅尺报废。

(8) 应注意防止油污及水污染光栅尺面，以免破坏光栅尺线条纹分布，引起测量误差。

(9) 光栅传感器应尽量避免在有严重腐蚀作用的环境中工作，以免腐蚀光栅铬层及光栅尺表面，破坏光栅尺质量。

任务4.3 光电编码器测位移

任务导入

位置检测装置是数控机床的重要组成部分，它的主要作用是检测位移量，并发出反馈信号和数控装置发出的指令信号相比较，若有偏差，经放大后控制执行部件，使其向消除偏差的方向运动直至偏差等于零为止。光电编码器是数控机床中常用的一种检测位移量的原件，那么，光电编码器的工作原理是什么？它怎样进行测量？

基本知识与技能

编码器是将机械传动的模拟量转换成旋转角度的数字信号，进行角位移检测的传感器。编码器的种类很多，根据检测原理，它可分为电磁式、电刷式、电磁感应式及光电式等。光电编码器也是一种光电传感器，它的最大特点是非接触式，使用寿命长，可靠性高，广泛使用于测量转轴的转速、角位移、丝杆的线位移等方面，如图4-30所示为光电编码器实物外形。

图 4-30 各种光电编码器

4.3.1 光电编码器工作原理

光电编码器，是一种通过光电转换将输出轴上的机械几何位移量转换成脉冲或数字量的传感器。这是目前应用最多的传感器之一。光电编码器的工作原理如图 4-31 所示，在圆盘上有规则地刻有透光和不透光的线条，在圆盘两侧，安放发光元件和光敏元件。当圆盘旋转时，光敏元件接收的光通量随透光线条同步变化，光敏元件输出波形经过整形后变为脉冲，码盘上有 Z 相标志，每转一圈输出一个脉冲。此外，为判断旋转方向，码盘还可提供相位相差 90°的两路脉冲信号，如图 4-31 示。

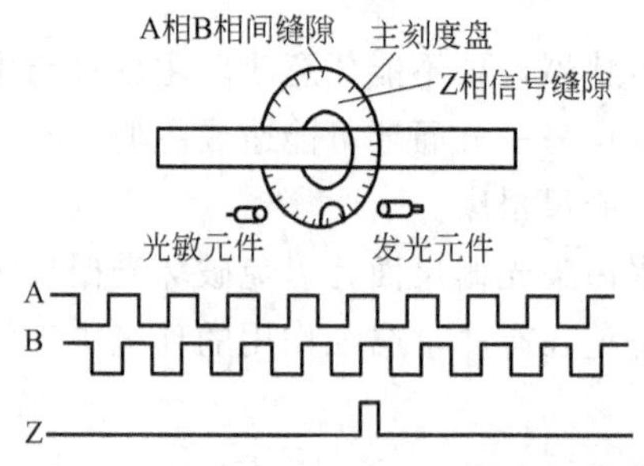

图 4-31 光电编码器工作原理及输出波形

4.3.2 光电编码器分类

光电编码器根据其刻度方法及信号输出形式分为增量式编码器和绝对式编码器。

1. 增量式光电编码器

如图 4-32 所示，增量式光电编码器是在玻璃、金属或塑料圆盘的整周刻上放射状的透射栅线，并按一定模式刻上确定零位标志的光栅线或制成绝对位置定位码。它是以脉冲数字形式输出当前状态与前一状态的差值，即增量值，然后用计数器记取脉冲计数。因此，它需要规定一个脉冲当量，即一个脉冲所代表的被测物理量的值。光电编码器的光栏板外圈上 A、B 两个狭缝由于彼此错开 1/4 节距，两组狭缝相对应的光敏元件所产生的信号 A、B 彼此相差 90°相位。当码盘随轴正转时，A 信号超前 B 信号 90°；当码盘反转时，B 信号超前 A 信号 90°，这样可以判断码盘旋转的方向。

2. 绝对式光电编码器

绝对式光电编码器是把被测转角通过读取码盘上的图案信息直接转换成相应代码的检测元件。绝对式光电编码器的编码盘由透明及不透明区组成，这些透明及不透明区按一定编码构成，编码盘上码道的条数就是数码的位数。绝对式编码器能够直接给出对应于每个转角位置的二进制数码，便于计算机处理。黑色不透光区和白色透光区分别代表二进制的“0”和“1”。在一个四位光电码盘上，有四圈数字码道，每一个码道表示二进制的一位，里侧是高位，外侧是低位，在 360°范围内可编数码数为 $2^4=16$ 个，如图 4-33 所示。

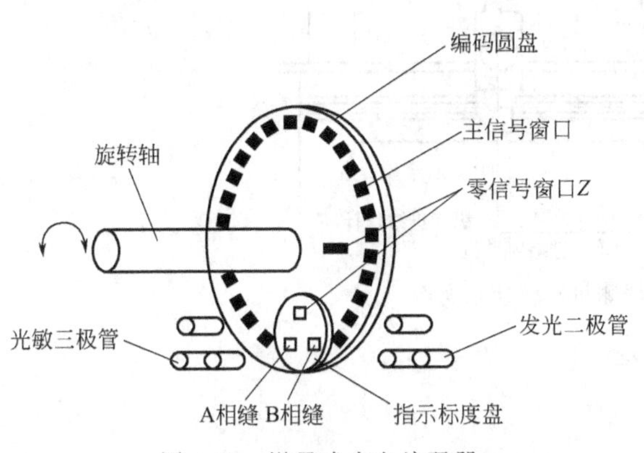

图 4-32　增量式光电编码器

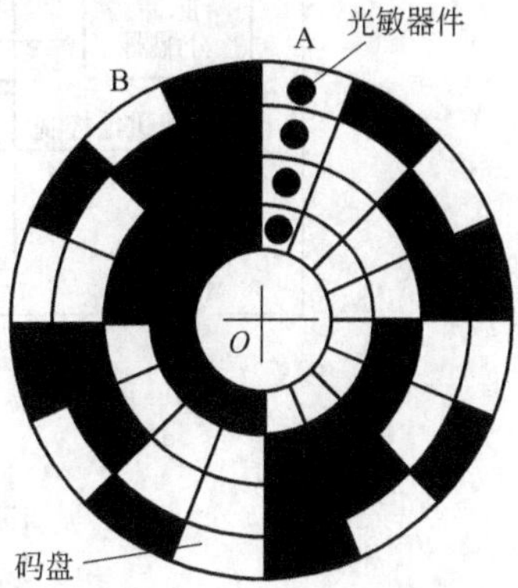

图 4-33　四位二进制绝对式光电编码器的编码盘

测量时，如图 4-34 所示，光源通过透镜照射到码盘上，当码盘随轴转动时，通过亮区（透光窄缝）的光线由光敏元件接收，输出为“1”；而在暗区，输出为“0”。码盘旋至不同的位置时，一组光敏元件输出信号的组合反映了一定规律编码的数字量，代表了码盘轴的角位移的大小。

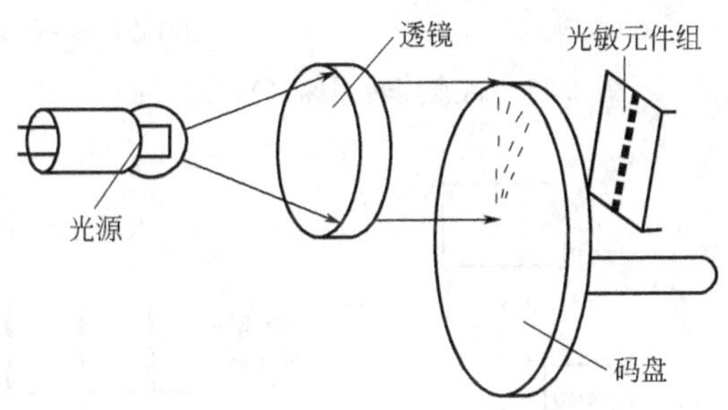

图 4-34　绝对式光电编码器的结构示意图

任务实施

光电编码器有增量式编码器和绝对式编码器两种，要检测数控机床转轴的转速，选用了增量式光电编码器。

将光电编码器安装在机床的主轴上，用来检测主轴的转速，如图 4-35 所示。当主轴旋转时，光电编码器随主轴一起旋转，输出脉冲经脉冲分配器和数控逻辑运算，输出进给速度指令控制丝杆进给电动机，达到控制机床的纵向进给速度的目的。

高速旋转测速一般采用在给定的时间间隔 T 内对编码器的输出脉冲进行计数，这种方法测量的是平均速度，又称为 M 法测速。它的原理框图如图 4-36(a) 所示，输出脉冲示意图如图 4-36(b) 所示。

低转速测速采用脉冲周期作为计数器的门控信号，时钟脉冲作为计数脉冲，时钟脉冲周期远小于输出脉冲周期。这种方法测量的是瞬时转速，又称为 T 法测速。它的原理框图如图 4-37(a) 所示，输出脉冲示意图如图 4-37(b) 所示。

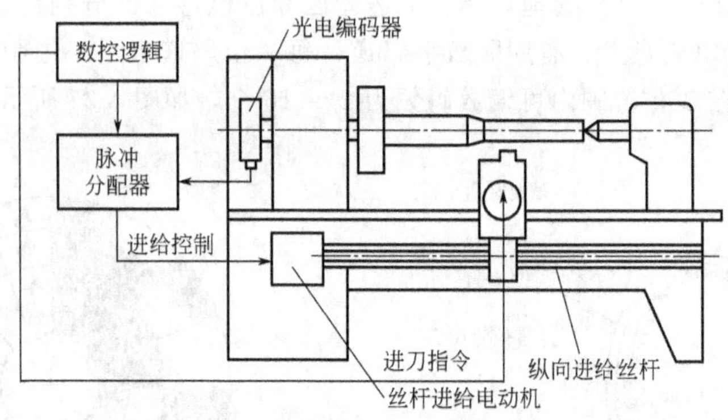

图 4-35 光电编码器测机床转速示意图

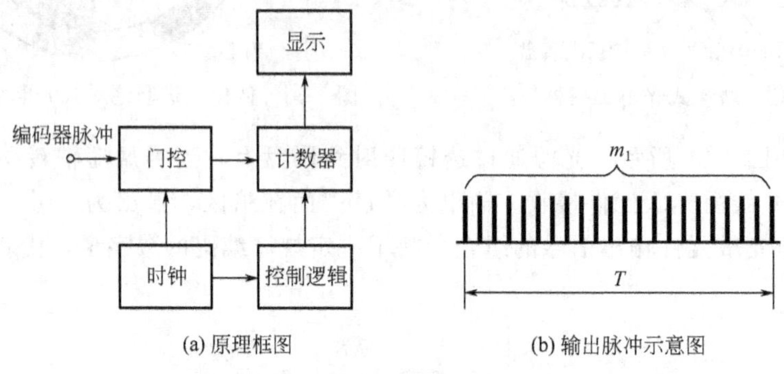

(a) 原理框图 (b) 输出脉冲示意图

图 4-36 高速旋转测速（M 法测速）

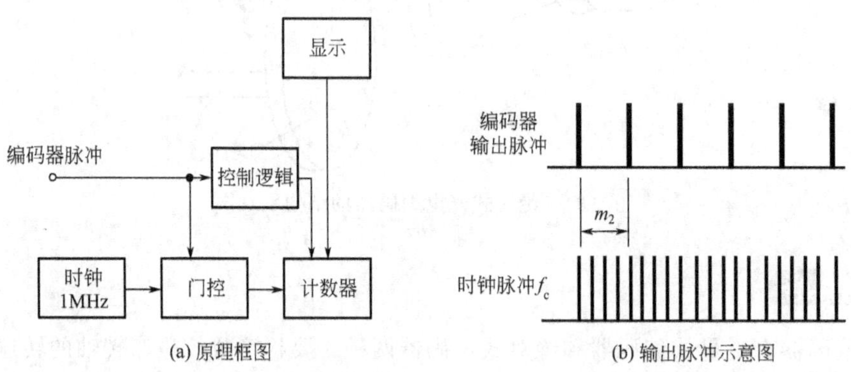

(a) 原理框图 (b) 输出脉冲示意图

图 4-37 低转速测速（T 法测速）

对采用增量式光电编码器检测装置的伺服系统，因为输出信号是增量值（一串脉冲），失电后控制器就失去了对当前位置的记忆。因此，每次开机启动后要回到一个基准点，然后从这里算起，来记录增量值，这一过程称为回参考点。

【课外实训】

——电感式接近开关的制作

制作电感式接近开关，要求当某物体与接近开关接近并达到一定距离时，能发出电信号报警。电感式接近开关不需要外力施加，是一种无触点式的开关。

具体制作方法如下：

（1）电路设计

电路原理如图 4-38 所示。

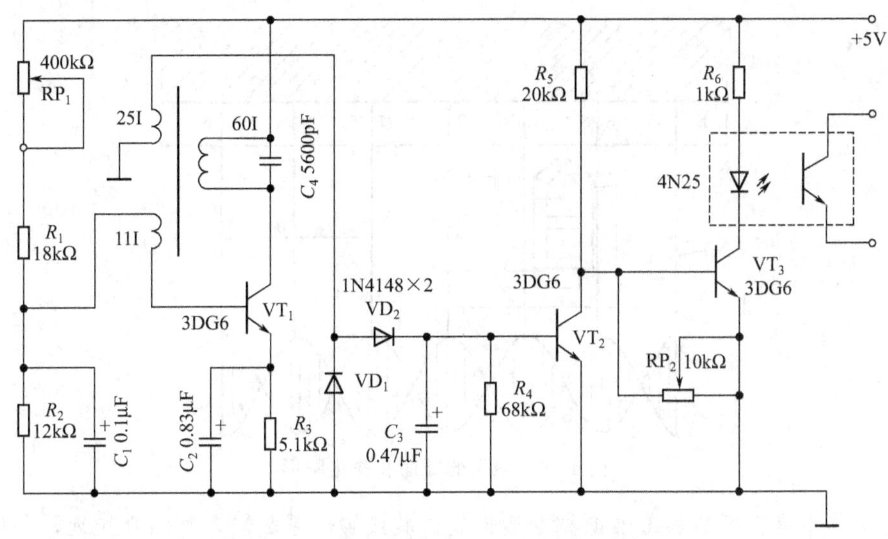

图 4-38　电感式开关原理

（2）工作原理

金属不靠近探头时，高频振荡器工作，振荡信号经 VD_1、VD_2 倍压整流，得到一直流电压使 VT_2 导通，VT_3 截止，后续电路不工作。当有金属靠近探头时，由于涡流损耗，高频振荡器停振，VT_2 截止，VT_3 得电导通，光耦合器 4N25 内藏发光管发光，光敏三极管导通，控制后级电路工作。

（3）元件选择

磁芯电感（探头）需自制，在 5mm×4mm 磁芯上，用 0.12mm 的漆包线绕制，绕制匝数如图 4-38 所示，其他元件按图取值。一般只要元件好，焊接无误，即可正常工作。

（4）安装调试

接通电源，调节 RP_1，用万用表监测 VT_2，使 c、e 两极之间刚好完全导通。这时高频振荡器处于弱振状态。然后用一金属物靠近探头，VT_2 应马上截止。再细调 RP_2 使 VT_3 刚好完全导通，此时灵敏度高，范围大（感应距离在几毫米到数十毫米），再根据自己的使用情况，细心调整 RP_1 和 RP_2，使感应距离适合自己使用即可。

【知识拓展】

磁栅传感器

磁栅传感器是利用磁栅与磁头的磁作用进行测量的位移传感器。它是一种新型的数字式传感器，成本较低且便于安装和使用。当需要时，可将原来的磁信号（磁栅）抹去，重新录制。

一、磁栅的结构与工作原理

磁栅传感器由磁栅（简称磁尺）、磁头和检测电路组成。磁尺是用非导磁性材料做尺基，在尺基的上面镀一层均匀的磁性薄膜，然后录上一定波长的磁信号而制成的。要求录磁信号幅度均匀，节距均匀。磁信号的波长（周期）又称节距，用 W 表示。磁信号的极性是首尾相接，在N、N重叠处为正的最强，在S、S重叠处为负的最强。磁尺的断面和磁化图形如图 4-39 所示。

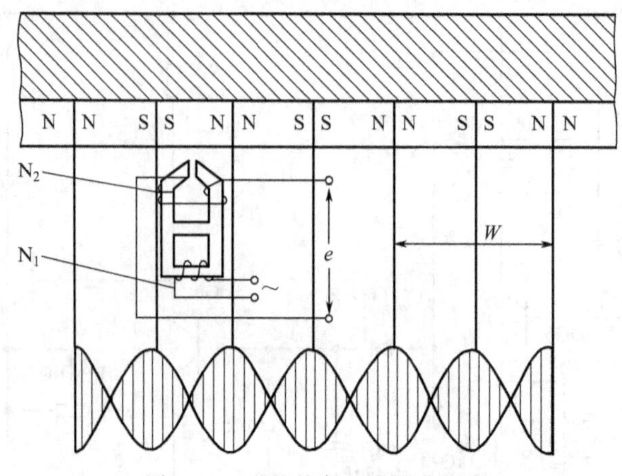

图 4-39 磁尺的断面和磁化图形

磁栅基体要有良好的加工性能和电镀性能，其线膨胀系数应与被测件接近，基体也常用钢制作，然后用镀铜的方法解决隔磁问题，铜层厚度约为 0.15～0.20mm。磁性薄膜的剩余磁感应强度要大、性能稳定、电镀均匀。目前常用的磁性薄膜材料为镍钴磷合金。

磁栅分为长磁栅和圆磁栅两大类，前者用于测量直线位移，后者用于测量角位移。长磁栅又可分为尺型、带型和同轴型三种。尺型磁栅主要用于精度要求较高的场合，当量程较大或安装面不好安排时，可采用带型磁栅，同轴型磁栅可用于结构紧凑的场合或小型测量装置中。

磁栅上的磁信号由读取磁头读出，按读取信号方式的不同，磁头可分为动态磁头与静态磁头两种。动态磁头为非调制式磁头，又称速度响应式磁头，测量时，磁头与磁栅之间以一定的速度相对移动时，由于电磁感应将在磁头线圈中产生感应电动势。当磁头与磁栅之间的相对运动速度不同时，输出感应电动势的大小也不同，静止时，就没有信号输出。因此它不适合用于长度测量。静态磁头是调制式磁头，又称磁通响应式磁头。它与动态磁头的根本不同之处在于，在磁头与磁栅之间没有相对运动的情况下也有信号输出。静态磁头的磁栅是利用它的漏磁通变化来产生感应电动势的。静态磁头输出信号的频率为励磁电源频率的两倍，其幅值则与磁栅与磁头之间的相对位移成正弦（或余弦）关系。

根据磁栅和磁头相对移动读出磁栅上的信号的不同，所采用的信号处理方式也不同。动态磁头只有一组绕组，其输出信号为正弦波，信号的处理方法也比较简单，只要将输出信号放大整形，然后由计数器记录脉冲数，就可以测量出位移量的大小。但这种方法测量精度较低，而且不能判别移动方向。静态磁头一般用两个磁头，两个磁头间距为 $n \pm W/4$，其中 n 为正整数，W 为磁信号节距，也就是两个磁头布置成相位差 90°关系。其信号处理方式可分为鉴幅方式和鉴相方式两种。

二、磁栅传感器的应用

磁栅传感器具有结构简单，使用方便，成本低廉，动态范围大等优点，但是要注意对磁栅传感器的屏蔽和防尘。磁栅传感器有两个方面的应用：一是作为高精度的测量长度和角度的测量仪器；二是用于自动化控制系统中的检测元件（线位移）。例如，在三坐标测量机、程控数控机床及高精度重、中型机床控制系统中的测量装置，均得到了应用。

【项目小结】

位移检测包括线位移和角位移检测。根据位移检测范围变化大小，可分为小位移和大位移检测。小位移通常采用应变式、电感式、电容式、霍尔式等传感器，小位移传感器主要用于测量微小位移，从微米到毫米级，如振幅测量等。大位移测量则通常采用光栅、光电编码器等传感器，这些传感器具有易实现数字化、测量精度高、抗干扰性能强、避免了人为的读数误差、方便可靠等特点。

电感式传感器是利用电磁感应原理，将被测非电量的变化转换成线圈的电感（或互感）变化的一种机电转换装置。它可以测量位移、振动、力、压力、加速度等非电量。电感式传感器有自感式电感传感器和差动变压器式电感传感器。自感式电感传感器有变隙式、变截面式和螺线管式等三种。互感式传感器是把被测的非电量变化转换为线圈互感量变化的传感器。

光栅式位移传感器是一种数字式传感器，由光源、透镜、光栅副（主光栅和指示光栅）和光电接收元件组成，利用莫尔条纹现象来测量位移。光栅传感器测量精度高，动态测量范围广，可进行无接触测量，易实现系统的自动化和数字化，在机械工业中得到了广泛的应用。

光电编码器是一种通过光电转换将输出轴上的机械几何位移量转换成脉冲或数字量的传感器，根据其刻度方法及信号输出形式分为增量式编码器和绝对式编码器。光电编码器是一种光电传感器，它的最大特点是非接触式，使用寿命长，可靠性高，广泛使用于测量转轴的转速、角位移、丝杆的线位移等方面。

【习题与训练】

1. 电感式传感器的工作原理是什么？能够测量哪些物理量？
2. 简述自感式传感器的组成、工作原理。
3. 什么是零点残余电压？零点残余电压产生的原因是什么？减小零点残余电压的方法有哪些？
4. 简述莫尔条纹形成原理。
5. 光栅传感器由哪几部分组成？
6. 简述光栅传感器的工作原理。
7. 光栅传感器怎样测量位移？
8. 光电编码器的工作原理是什么？
9. 简述绝对式光电编码器的测量原理。

项目 5　液位测量

【项目描述】

液位测量是利用液位传感器将非电量的液位参数转换为便于测量的电量信号，通过电信号的计算和处理，可以确定液位的高低。

在工程应用中，液位测量包括对液位、液位差、界面的连续监测、定点信号报警、控制等。例如火力电厂中锅炉汽包水位的测量和控制；低温领域如液氦、液氢等液体在各种低温容器或储槽中液面位置的监测和报警等。在现代化生产中，对液位的监视和控制是极其重要的。

测定液位的目的有两种，一种是液体储藏量的管理，另一种是为了安全方面的管理或自动化的需要。前一种要求精度高，后一种要求可靠性高。有时液位的测定只要求提供从某液位开始是升了或是降了的信息就足够了，把这种用途的液位传感器称为液位开关。大部分液位的测定是罐内自由液位的测定，但也有把两种互相不混合液体边界面，液体中的沉淀物的高度，以及粉状物体的堆积高度等作为液面的测定对象。工业上通过液位测量能正确获取各种容器和设备中所储的液体的体积量和质量，以迅速正确反映某一特定基准面上液位的相对变化，监视或连续控制容器设备中的液位，及时对液位上下极限位置进行报警。本项目介绍常用液位测量传感器有关的知识，训练工业生产中液位传感器的安装、调试的基本技能。

【知识目标】

掌握电容式传感器和超声波传感器的基本结构、工作原理，熟悉其测量电路，了解电容式传感器误差分析基本知识。

【技能目标】

学会识别液位传感器的转换元件、测量电路及显示仪表，能熟练查阅其技术参数。掌握液位传感器的选择、使用的基本技能。

任务 5.1　电容式传感器测液位

任务导入

汽车油箱的油量多少关系可持续行车的里程，是驾驶员需要知道的重要参数。我们可以从汽车的仪表盘的油量指示表读出油箱油量，那么油量是如何测量的呢？大多数车辆选择电容式传感器进行测量。而电容式传感器工作原理是什么？其结构、特点如何？这就是我们本课题的任务目标。

基本知识与技能

电容式传感器是把被测非电量转换为电容量变化的一种传感器。它具有高阻抗，小功率；动态范围大，响应速度快；几乎没有零漂；结构简单、适应性强，可在恶劣的环境下使用等优点，但它具有分布电容影响严重的缺点。

5.1.1　电容式传感器的工作原理

从物理学中我们可以知道，彼此绝缘而又相距很近的两个极板（导体）可组成一个电容式传感器，如图 5-1 所示。其电容量为

$$C=\frac{\varepsilon A}{d}=\frac{\varepsilon_0\varepsilon_r A}{d} \tag{5-1}$$

式中　A——两极板正对面积；

d——极板间距离；

ε——极板间介质的介电常数；

ε_0——真空介电常数，$\varepsilon_0=8.85\times10^{-12}$ (F/m)；

ε_r——介质的相对介电常数，$\varepsilon_r=\frac{\varepsilon}{\varepsilon_0}$，对于空气介质 $\varepsilon_r=1$。

由式(5-1) 可得，当被测量变化使式中参数 A、d、ε_r 中的任一参数发生变化时，电容量 C 就发生变化。依次就可以将该参数的变化转换为电容量的变化。

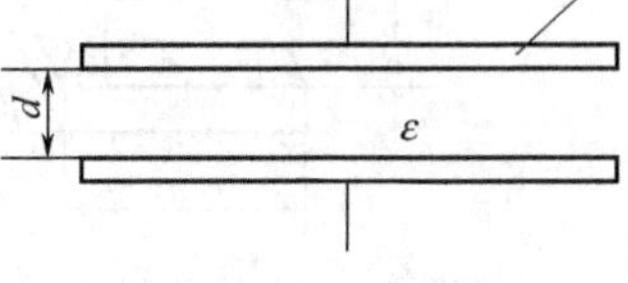

图 5-1　平行板电容器

在实际应用中，可以利用电容量 C 的变化来进行某些物理量的测量。如改变极距 d 和面积 A 可以反映位移或角度的变化，从而可以用于间接测量压力、弹力等的变化；改变 ε_r 则可以反映厚度、温度的变化。

电容式传感器通常可以分为以下三类：变面积型——改变极板面积；变极距型——改变极板距离；变介质型——改变介质的介电常数，如图 5-2 所示。

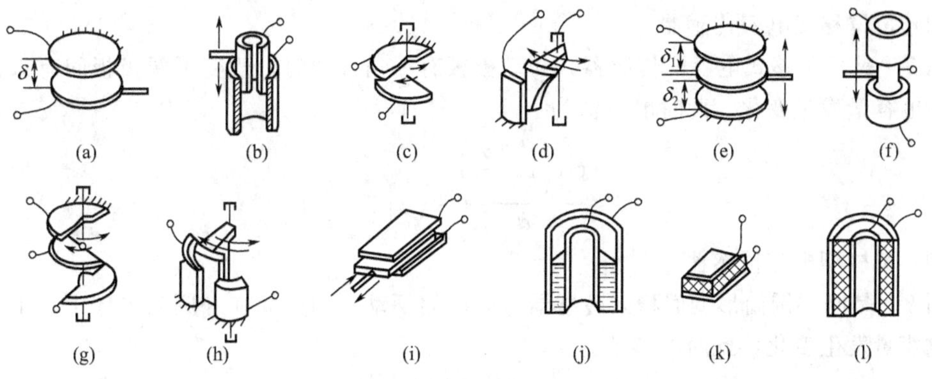

图 5-2　各种电容式传感器的结构示意图

变极距（d）型：(a)、(e)；变面积（A）型：(b)、(c)、(d)、(f)、(g)、(h)；变介电常数（ε）型：(i) ～ (l)

1. 变面积型电容传感器

面积变化型电容传感器在工作时的极距、介质等保持不变，被测量的变化使其有效作用面积发生改变。变面积型电容传感器的两个极板中，一个固定不动，称之为定极板；另一个可移动，称之为动极板。根据两极板的移动不同，变面积型电容传感器又分为直线位移式和角位移式。

(1) 直线位移式电容传感器

如图 5-3 所示，设两矩形极板间覆盖面积为 S，当动极板移动 Δx，则面积 S 发生变化，电容量也改变。

$$C=\frac{\varepsilon b(a-\Delta x)}{d}=C_0-\frac{\varepsilon b}{d}\Delta x$$

式中 C_0——初始电容值，$C_0=\varepsilon ab/d$。

电容因位移而产生的变化量为

$$\Delta C=C-C_0=-\frac{\varepsilon b}{d}\Delta x$$

其灵敏度 k 为

$$k=-\frac{\Delta C}{\Delta x}=\frac{\varepsilon b}{d}\left(=\frac{C_0}{a}\right)$$

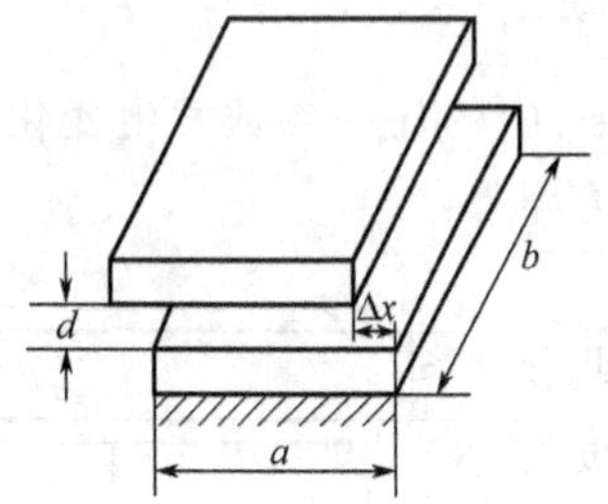

图 5-3 直线位移式电容传感器

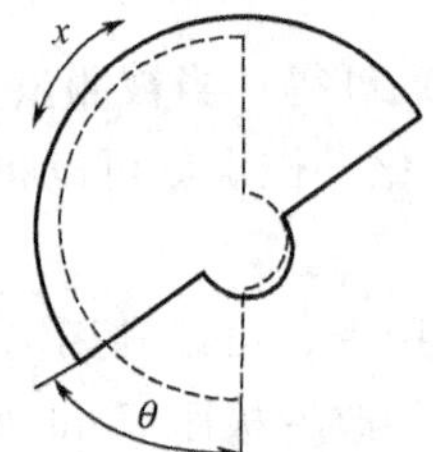

图 5-4 角位移式电容传感器

可见，变面积式电容传感器的灵敏度为常数，即输出与输入呈线形关系。增加 b 或减小 d 均可提高传感器的灵敏度，但是 d 的减小收到电容器击穿电压的限制，而增加 b 受到体积的限制。

(2) 角位移式电容传感器

图 5-4 是角位移式电容式传感器，当动极板有一角位移时，改变了两极板间有效覆盖面积，使电容量发生变化，此时电容值为

$$C=\frac{\varepsilon A\left(1-\frac{\theta}{\pi}\right)}{d}=C_0\left(1-\frac{\theta}{\pi}\right)$$

(3) 圆柱型电容传感器

图 5-5 是同心圆筒形变面积式传感器。外圆筒不动，内圆筒在外圆筒内作上、下直线运动，电容量发生变化，此时电容值为

$$C_{AB}=\frac{2\pi\varepsilon_0\varepsilon_r(l-\Delta l)}{\ln(D/d)}$$

式中 l——两圆筒的高度；

D——圆筒 A 的外径；

d——圆筒 B 的内径；

Δl——沿轴线的位移，cm。

(4) 变面积式电容传感器使用注意事项

变面积式电容传感器的输出特性是线性的，灵敏度是常数。这一类传感器多用于检测直线位移、角位移、尺寸等参量。在使用时要注意以下几点：

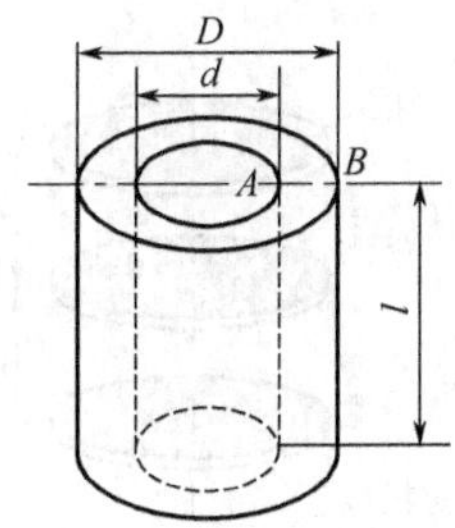

图 5-5　同心圆筒形变面积式电容传感器

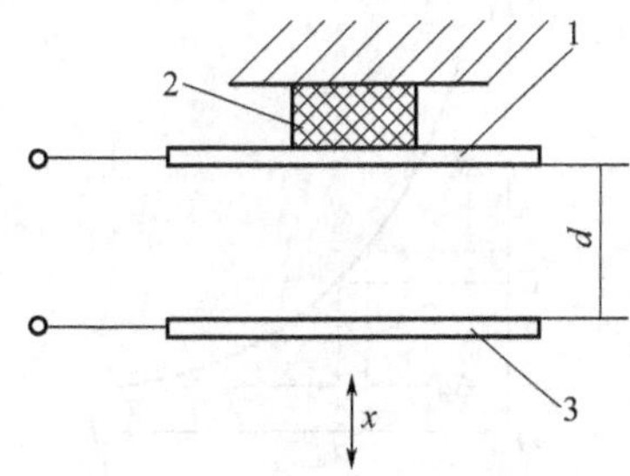

图 5-6　变极距型电容传感器

1—固定极板；2—与被测对象相连；3—活动极板

1）增大初始电容 C_0 可以提高传感器的灵敏度。

2）极板宽度 a 的大小不影响灵敏度，但不能太小，否则边缘电场影响增大，非线性将增大。

3）Δx 变化不能太大，否则边缘效应会使传感器特性产生非线性变化（因为以上的推导是在忽略边缘效应的情况下进行的）。

2. 变极距型电容传感器

如果两极板的有效作用面积 A 及极板间的介质 ε 保持不变，则电容量 C 随极距 d 按非线性关系变化，如图 5-6 所示。动极板因被测参数的改变而引起移动时，两极板间的距离 d 发生变化，引起电容量的变化。

静态电容量为

$$C=\frac{\varepsilon A}{d}$$

动极板移动 x 后，其电容量为

$$C=\frac{\varepsilon A}{d-x}=C_0\frac{1+\dfrac{x}{d}}{1-\dfrac{x^2}{d^2}} \tag{5-2}$$

当 $x \ll d$ 时，$1-\dfrac{x^2}{d^2}\approx 1$，则

$$C=C_0\left(1+\frac{x}{d}\right)$$

由式(5-2) 可见，变极距型电容传感器电容量 C 与 x 不是线性关系，而是双曲线关系，如图 5-7 所示，仅当 $x \ll d$ 时，可近似为线性关系。极距越小灵敏度越高。但这种传感器由于存在原理上的非线性，灵敏度随极距变化而变化，当极距变动量较大时，非线性误差要明显增大。为限制非线性误差，通常是在较小的极距变化范围内工作，以使输入输出特性保持近似的线性关系。一般取极距变化范围 $\Delta d/d_0 \leqslant 0.1$。在实际应用中，为了提高灵敏度，减小非线性，可采用差动式结构，其原理如图 5-8 所示。当动极板移动后，C_1 和 C_2 成差动变化，即其中一个电容量增大，而另一个电容量则相应减小，这样电容传感器的灵敏度提高了一倍，非线性得到了很大的改善，某些因素（如环境温度变化、电源电压波动等）对测量精度的影响也得到了一定的补偿。

变极距型电容传感器的优点是可实现动态非接触测量，动态响应特性好，灵敏度和精度极高（可达 nm 级），适应于较小位移（1nm～1μm）的精度测量。

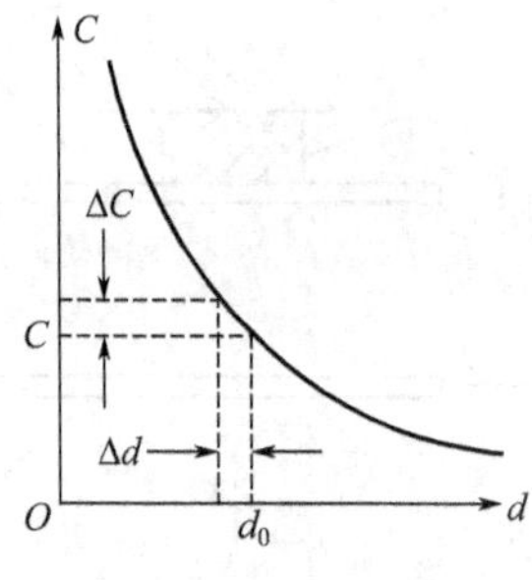

图 5-7 C-d 特性曲线

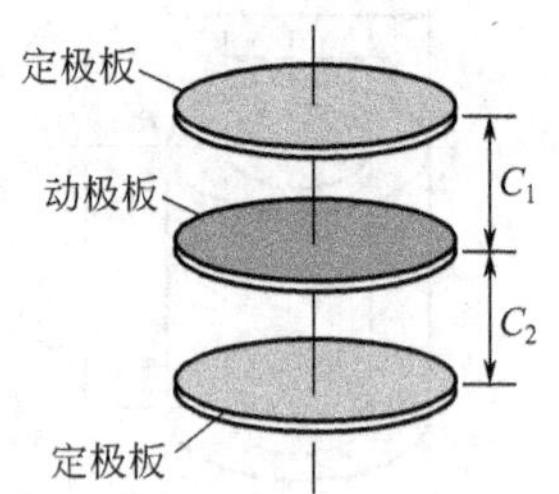

图 5-8 差动电容式传感器原理

3. 变介质型电容传感器

变介质型电容传感器主要用于测量厚度、液位、介质的温度和湿度等。其工作原理为：当电容式传感器中的电介质改变时，其介电常数发生变化，从而导致电容量发生变化。

图 5-9 为改变极板间介质的电容式传感器的结构原理图。它的电极间相互位置没有任何改变，而是靠改变极板间介质高度来改变其电容值的。设被测介质的极板间介质介电常数为 ε_1，空气部分极板间介质介电常数为 ε_2，介质高度为 h，传感器总高度为 H，内筒的外径为 d，外筒的内径为 D，则传感器的电容值为：

$$C=\frac{2\pi\varepsilon_1 h}{\ln(D/d)}+\frac{2\pi\varepsilon_2(H-h)}{\ln\dfrac{D}{d}}=C_0+Kh$$

$$C_0=\frac{2\pi\varepsilon_2 H}{\ln D/d}$$

$$K=\frac{2\pi(\varepsilon_1-\varepsilon_2)}{\ln(D/d)}$$

式中，C_0 为传感器的初始电容值。可见传感器的电容增量与被测液位高度 h 成正比，故它可以用来测量液位和料位的高度。

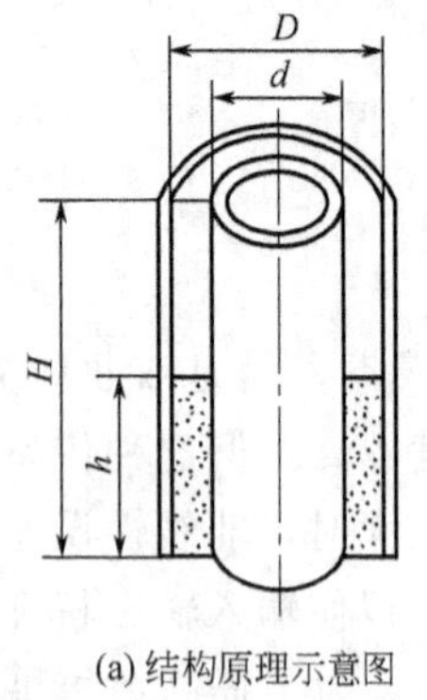

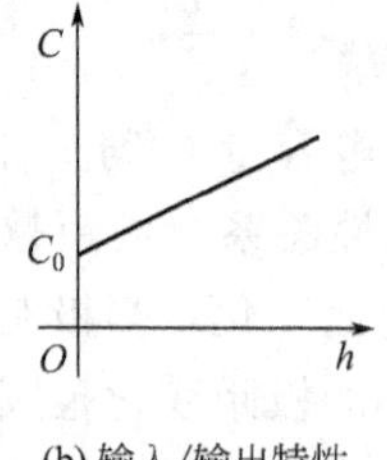

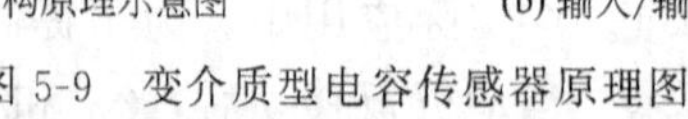

图 5-9 变介质型电容传感器原理图

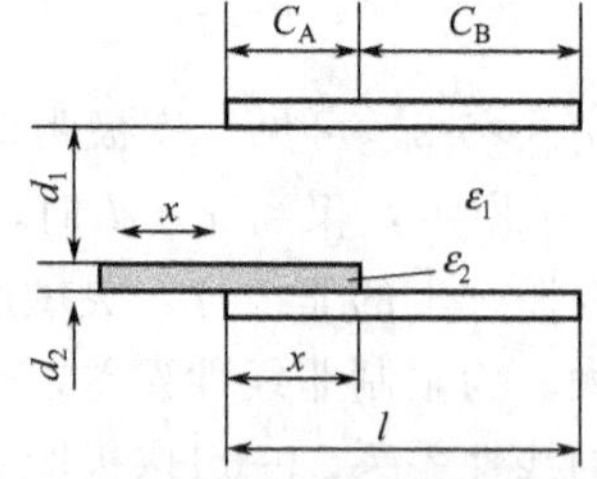

图 5-10 介质面积变化的电容传感器

此类传感器的结构形式有很多种，图 5-10 所示为一种介质面积变化的电容式传感器。这种传感器可用来测量物位或液位，也可测量位移。当厚度为 d_2 的介质（介电常数为 ε_2）在电容器中左右移动时，电容器介质的总介电常数发生改变，从而使电容量发生了变化。此时传感器的电容量为

$$C=C_A+C_B$$

其中：$C_A=\dfrac{bx}{d_1/\varepsilon_1+d_2/\varepsilon_2}$；$C_B=\dfrac{b(l-x)}{(d_1+d_2)/\varepsilon_1}$

设极板间无 ε_2 介质时的电容量为 $C_0=\dfrac{\varepsilon_1 bl}{d_1+d_2}$；当 ε_2 介质插入两极板间时则有

$$C=C_A+C_B=\frac{bx}{\dfrac{d_1}{\varepsilon_1}+\dfrac{d_2}{\varepsilon_2}}+\frac{b(l-x)}{\dfrac{d_1+d_2}{\varepsilon_1}}=C_0\left(1+\frac{x}{l}\frac{1-\dfrac{\varepsilon_1}{\varepsilon_2}}{\dfrac{d_1}{d_2}+\dfrac{\varepsilon_1}{\varepsilon_2}}\right) \tag{5-3}$$

式(5-3) 表明，电容量 C 与位移 x 呈线性关系。

令式中

$$A=\frac{1}{l}\frac{1-\dfrac{\varepsilon_1}{\varepsilon_2}}{\dfrac{d_1}{d_2}+\dfrac{\varepsilon_1}{\varepsilon_2}}$$

则有

$$C=C_0(1+Ax)$$

变介质型电容传感器中的极板间存在导电物质，极板表面应涂绝缘层，防止极板短路。

5.1.2　电容式传感器的测量电路

测量电路是电容传感器的一个重要组成部分，其主要作用为：

(1) 给电极提供一个合适的激励源，以便在形成的电场中实现能量变换；

(2) 检测出电场能量的变化，形成可供实用的电信号；

(3) 在可能条件下，实现传感器特性的线性化处理与信号变换。

用于电容式传感器的测量电路很多，常见的电路有普通交流电桥、紧耦合电感臂电桥、变压器电桥、差动脉冲调制电路、双 T 电桥电路、运算放大器测量电路、调频电路。下面仅对目前常用的典型测量电路加以介绍。

1. 交流电桥

这种转换电路是将电容传感器的两个电容作为交流电桥的两个桥臂，通过电桥把电容的变化转换成电桥输出电压的变化。电桥通常采用由电阻-电容、电感-电容组成的交流电桥，图 5-11 所示为电感-电容电桥。变压器的两个二次绕组 L_1、L_2 与差动电容传感器的两个电容 C_1、C_2 作为电桥的四个桥臂，由高频稳幅的交流电源为电桥供电。电桥的输出为一调幅值，经放大、相敏检波、滤波后，获得与被测量变化相对应的输出，最后为仪表显示记录。

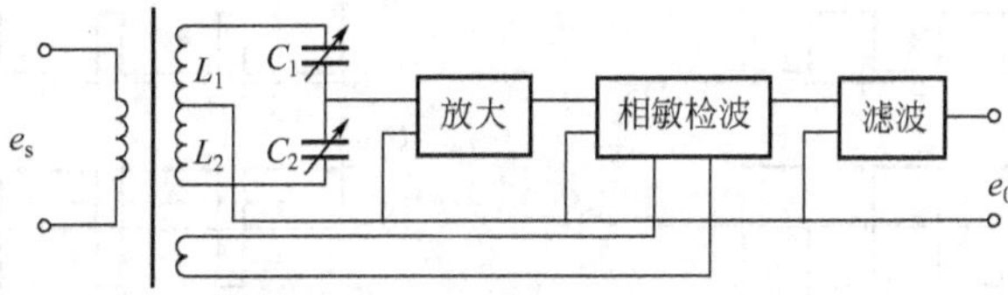

图 5-11　交流电桥转换电路

2. 脉冲宽度调制电路

脉冲宽度调制电路（PWM）是利用传感器的电容充放电使电路输出脉冲的占空比随电容式传感器的电容量变化而变化，再通过低通滤波器得到对应于被测量变化的直流信号。图 5-12 为脉冲宽度调制电路。它由电压比较器 A_1、A_2，双稳态触发器及电容充放电回路组成。

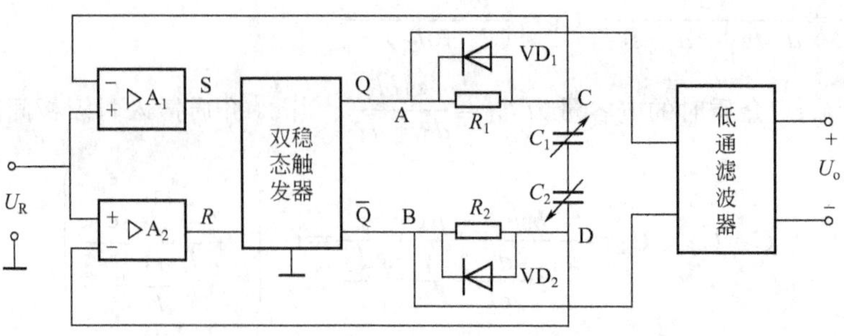

图 5-12 脉冲宽度调制电路

当调制电路无工作电源时，电容 C_1、C_2 的对地电压为零，输出电压为零。当接通工作电源后，电压比较器 A_1、A_2 的输出端为低电平。双稳态触发器的两个输出端，输出高电平和低电平。现假设，Q 端输出高电平，$\bar{Q}$端输出低电平，A 点通过 R_1 对 C_1 充电，C 点电压 U_C 升高；由于二极管的作用，D 点的电压 U_D 被钳制在低电平。当 $U_C>U_R>U_D$ 时，电压比较器 A_1 的输出为低电平，即双稳态触发器的 S 端为低电平，此时电压比较器 A_2 的输出为高电平，即 R 端为高电平。双稳态触发器的 Q 端翻转为低电平，U_C 经二极管 D_1 快速放电，很快由高电平降为低电平。$\bar{Q}$端输出为高电平，通过 R_2 对 C_2 充电，当 $U_D>U_R>U_C$ 时，电压比较器 A_1 的输出为高电平，即双稳态触发器的 S 端为高电平，此时电压比较器 A_2 的输出为低电平，即 R 端为低电平。双稳态触发器的 Q 端翻转为高电平，A 点通过 R_1 对 C_1 充电，C 点电压 U_C 升高；$\bar{Q}$端输出为低电平，U_D 经二极管 D_1 快速放电，很快由高电平降为低电平。当 $U_C>U_R>U_D$ 时，电压比较器 A_1 的输出为低电平，即双稳态触发器的 S 端为低电平，此时电压比较器 A_2 的输出为高电平，即 R 端为高电平。如此周而复始，就可在双稳态触发器的两输出端各产生一宽度分别受 C_1、C_2 调制的脉冲波形，经低通滤波器后输出。当 $C_1=C_2$ 时，线路上各点波形如图 5-13(a) 所示，A、B 两点间的平均电压为零。但当 C_1、C_2 值不相等时，如 $C_1>C_2$，则 C_1 的充电时间大于 C_2 的充电时间，即 $t_1>t_2$，电压波形如图 5-13(b) 所示。

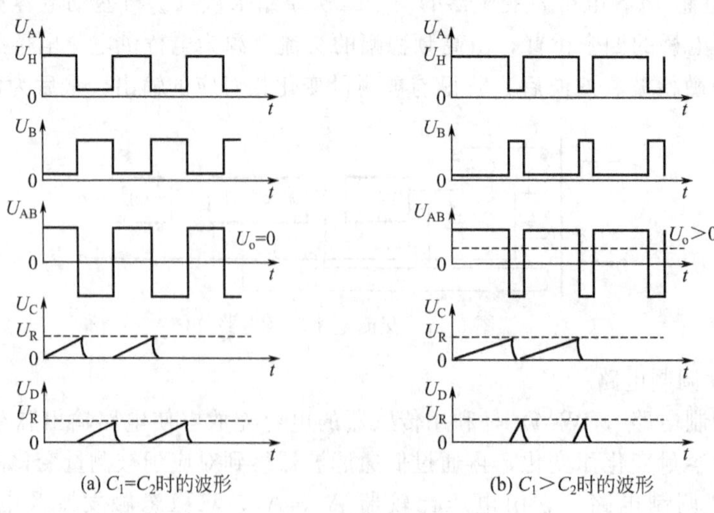

图 5-13 各点的电压波形

3. 二极管双 T 电桥电路

这种测量电路如图 5-14(a) 所示。图中 C_1、C_2 为差动电容式传感器的电容，对于单电容工作的情况时，可以使其中一个为固定电容，另一个为传感器电容。R_L 为负载电阻，D_1、D_2 为理想二极管，R_1、R_2 为固定电阻。

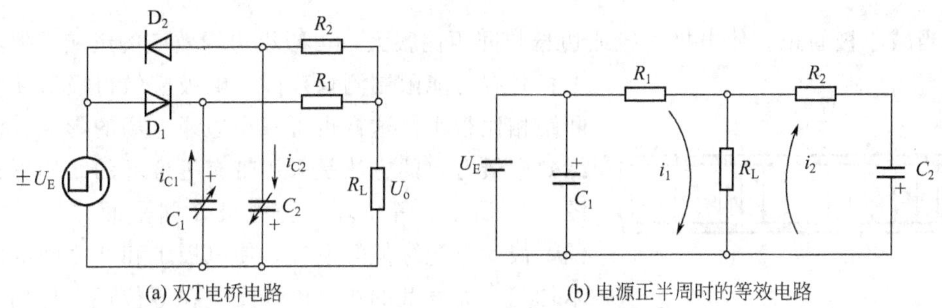

(a) 双T电桥电路　(b) 电源正半周时的等效电路

图 5-14　二极管双 T 电桥电路

电路的工作原理如下：U_E 是高频电源，它提供幅度为 $\pm U_E$、周期为 T、占空比为 50% 的对称方波。当电源处于正半周时，电路等效成典型的一阶电路，如图 5-14(b) 所示。其中二极管 D_1 短路、D_2 开路，电容 C_1 被以极短的时间充电至 U_E，电容 C_2 的电压初始值为 U_E，电源经 R_1 以 i_1 向 R_L 供电，而电容 C_2 经 R_2、R_L 放电，流过 R_L 的放电电流为 i_2，则流过 R_L 的总电流 i_L 为 i_1 和 i_2 的代数和。在负半周时，二极管 D_2 导通、D_1 截止，电容 C_2 很快被充电至电压 U_E；电源经电阻 R_2 以 i_1' 向负载电阻 R_L 供电，与此同时，电容 C_1 经电阻 R_1、负载电阻 R_L 放电，流过 R_L 的放电电流为 i_2'。流过 R_L 的总电流 i_L' 为 i_1' 和 i_2' 的代数和。

令 $R_1=R_2=R$，则在 $C_1=C_2$ 的情况下，电流 i_L 和 i_L' 大小相等，方向相反，从而在一个周期内流过 R_L 的平均电流为零，R_L 上无电压输出。很明显，C_1 或 C_2 中的任何一个发生变化都将引起 i_L 和 i_L' 的不等，从而在 R_L 上产生的平均电流不为零，有输出电压 U_o 存在。

4. 调频电路

这种测量电路是把电容式传感器与一个电感元件配合成一个振荡器谐振电路，如图5-15所示。当电容传感器工作时，电容量发生变化，导致振荡频率产生相应的变化。再通过鉴频电路将频率的变化转换为振幅的变化，经放大器放大后即可显示，这种方法称为调频法。这种测量电路的灵敏度很高，可测 0.01μm 的位移变化量，抗干扰能力强（加入混频器后更强），缺点是电缆电容、温度变化的影响很大，输出电压 e_0 与被测量之间的非线性一般要靠电路加以校正，因此电路比较复杂。

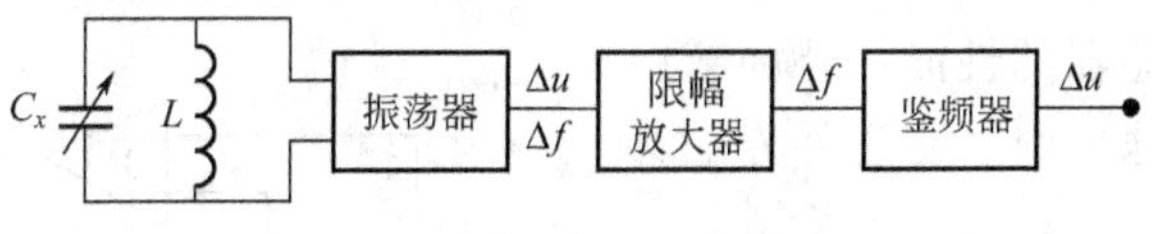

图 5-15　调频电路原理图

5.1.3　电容式传感器的误差分析

如前所述，电容式传感器本身是一个电容器，在被测量的作用下，它有变极距式、变面积式和变介质式三种工作方式，将被测量转换成相应的电容的变化量。但在实际应用中，由于有些因素，如环境温度和湿度的变化、寄生电容的干扰等，将使传感器的工作特性变得不稳定，严重时甚至无法工作。因此，在设计和应用电容式传感器时必须予以考虑。

1. 边缘效应的影响

前面对各种电容器的分析都忽略了边缘效应。实际上当极板厚度 h 和间隙 d 之比相对较大时，边缘效应的影响就不能忽略，否则造成边缘电场畸变，使工作不稳定，非线性误差增加。

适当减小极间距，使电极直径或边长与间距比很大，可减小边缘效应的影响，但易产生击穿并有可能限制测量范围。电极应做得极薄使之与极间距相比很小，这样也可减小边缘电场的影响。消除边缘效应最有效的方法是采用带有等位环的结构形式，如图 5-16 所示。等位环 3 与电极 2 同平面并将电极 2 包围，彼此电绝缘但等电位，使电极 1 和 2 之间的电场基本均匀，而发散的边缘电场发生在等位环 3 外周，不影响传感器两极板间电场。

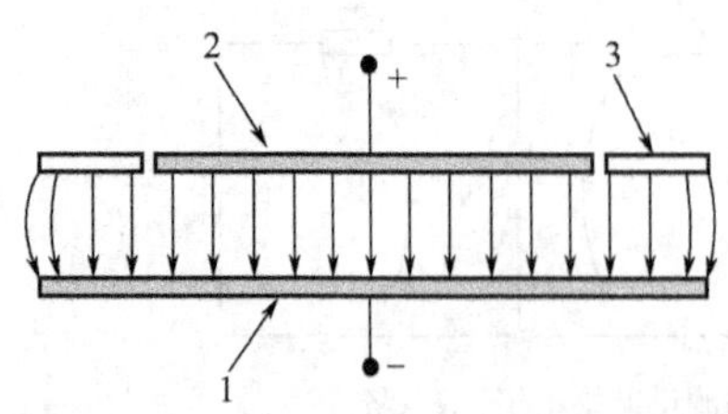

图 5-16　带有等位环的平行板电容器
1—电极；2—电极；3—等位环

应该指出，边缘效应所引起的非线性与变极距型电容式传感器原理上的非线性恰好相反，因此在一定程度上起了补偿作用，但传感器灵敏度同时下降。

2. 寄生电容的影响

所谓寄生电容，是指除极板外导致并接于电容传感器上的其他附加电容，如仪器与极板间构成的电容、引线的分布电容等。它不仅改变了电容传感器的电容量，而且由于传感器本身电容量很小，寄生电容极不稳定，从而导致传感器不能正常工作。因此，消除和减小寄生电容的影响是电容式传感器实用性的关键。下面介绍几种常用的方法。

(1) 集成化

将传感器与测量电路本身或其前置级装在一个壳体内，省去传感器的电缆引线。这样，寄生电容大为减小而且易固定不变，使仪器工作稳定。但这种传感器因电子元件的特点而不能在高、低温或环境差的场合使用。

(2) 采用“驱动电缆”技术

当电容式传感器的电容值很小，而因某些原因（如环境温度较高），测量电路只能与传感器分开时，可采用“驱动电缆”技术。驱动电缆技术的基本原理是使用电缆屏蔽层电位跟踪与电缆相连的传感器电容极板单位，实际上是一种等电位屏蔽法。如图 5-17 所示，传感器与测量电路前置级间的引线为双屏蔽层电缆，其内屏蔽层与信号传输线（即电缆芯线）通过 1∶1 放大器变为等电位，从而消除了芯线与内屏蔽层之间的电容。由于屏蔽线上有随传感器输出信号变化而变化的电压，因此称为“驱动电缆”。采用这种技术可使电缆线长达 10m 之远也不影响传感器的性能。外屏蔽层接大地（或接传感器地）用来防止外界电场的干扰。

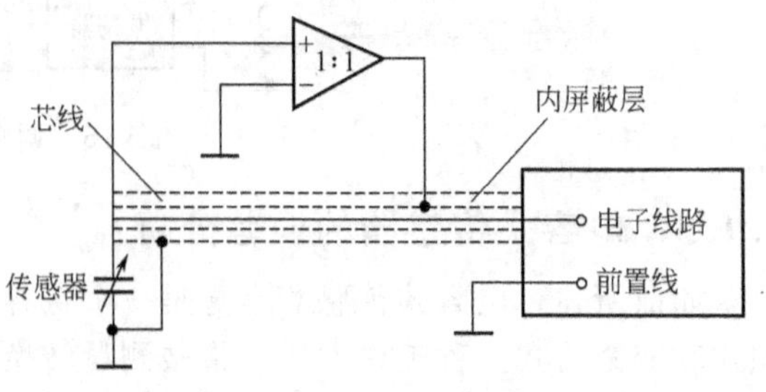

图 5-17　“驱动电缆”技术原理图

(3) 整体屏蔽

将电容式传感器和所采用的转换电路、传输电缆等用同一个屏蔽壳屏蔽起来，正确选取接地点可减小寄生电容的影响和防止外界的干扰。

5.1.4　电容式传感器的应用

随着电子技术的发展，逐渐解决了电容式传感器存在的技术问题，为电容式传感器的应用开辟了广阔的前景。电容式传感器不但广泛地应用于精确测量位移、厚度、角度、振动等机械量，还用于测量力、压力、差压、流量、成分、液位等物理量。

1. 电容式差压传感器

在工业生产流程自动控制中，温度、压力、流量、液位是四大重要参数。石油、钢铁、电力、化工、造纸等加工业的设备安全生产运转，对压力传感器的可靠性与稳定性提出较高要求。膜片式压力计是常用的一种。

图 5-18 所示是电容式差压传感器结构示意图。这种传感器结构简单、灵敏度高、响应速度快（约 100ms）、能测微小压差（0～0.75Pa）。它是由两个玻璃圆盘和一个金属（不锈钢）膜片组成。两玻璃圆盘上的凹面上各镀以金作为电容式传感器的两个固定极板，而夹在两凹圆盘中的膜片则为传感器的可动电极，从而形成传感器的两个差动电容 C_1、C_2。当两边压力 p_1、p_2 相等时，膜片处在中间位置与左、右固定电容间距相等，因此两个电容相等；当 $p_1>p_2$ 时，膜片弯向 p_2，那么两个差动电容一个增大、一个减小，且变化量大小相同；当压差反向时，差动电容变化量也反向。这类传感器也可以用来测量真空或微小绝对压力，把一侧密封后抽成真空即可。

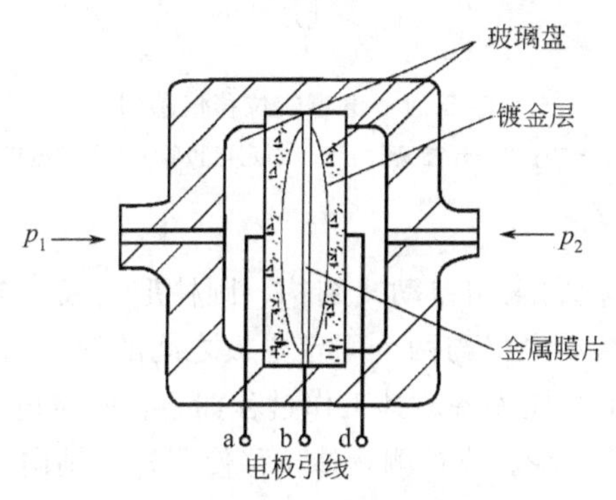

图 5-18　电容式差压传感器

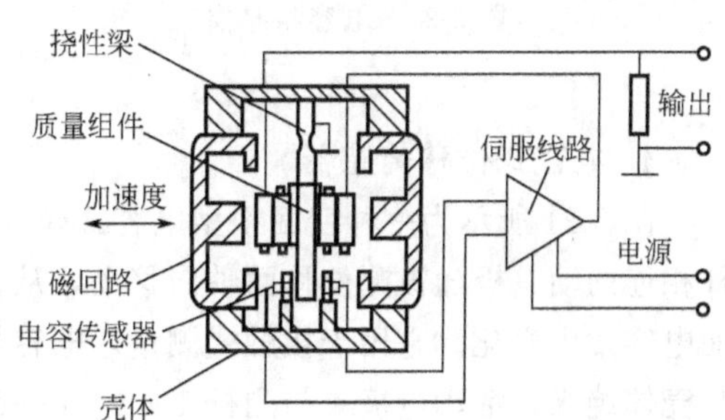

图 5-19　力平衡式加速度传感器原理

2. 电容式加速度传感器

电容式传感器及由其构成的力平衡式挠性加速度计如图 5-19 所示。敏感加速度的质量组件由石英动极板及力发生器线圈组成，并由石英挠性梁弹性支承，其稳定性极高。固定于壳体的两个石英定极板与动极板构成差动结构，两极面均镀金属膜形成电极。由两组对称 E 形磁路与线圈构成的永磁动圈式力发生器，互为推挽结构，大大提高了磁路的利用率和抗干扰性。

工作时，质量组件敏感被测加速度，使电容传感器产生相应输出，经测量（伺服）电路转换成比例电流输入力发生器，使其产生一电磁力与质量组件的惯性力精确平衡，迫使质量组件随被加速的载体而运动；此时，流过力发生器的电流，即精确反映了被测加速度值。

在这种加速度传感器中，传感器和力发生器的工作面均采用微气隙“压膜阻尼”，使它比通常的油阻尼具有更好的动态特性。典型的石英电容式挠性加速度传感器的量程为 0～150m/s^2，分辨力为 1×10^{-5}m/s^2，非线性误差和不重复性误差均不大于 0.03%F.S.。

这种传感器目前主要应用于超低频低加速度测量，是惯性导航系统中不可缺少的关键元件，中程导弹、军用飞机、飞船使用的加速度传感器大多数是力平衡系统。

3. 电容式测厚传感器

电容测厚仪是用来测量在轧制工艺过程中金属带材厚度变化的。其变化器就是电容式厚度传感器，工作原理如图 5-20 所示。在被测带材的上下两边各置一块面积相等与带材距离相同的极板，这样极板与带材就形成了两个电容器。把两块极板用导线连接起来，就成为一个极板，而带材则是电容传感器的另一个极板，其总电容 $C=C_1+C_2$。金属带材在轧制过程中不断向前送进，如果带材厚度发生变化，将会引起它上下两个极板间距的变化，即引起电容量的变化。如果电容量 C 作为交流电桥的一个臂，电容的变化 ΔC 会引起电桥的不平衡，经过放大、检波、滤波，最后在仪表上显示出带材的厚度。这种测厚仪的优点是带材的振动不影响测量精度。

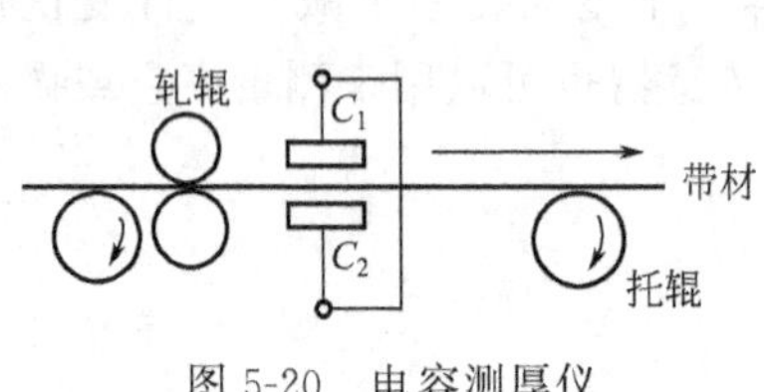

图 5-20 电容测厚仪

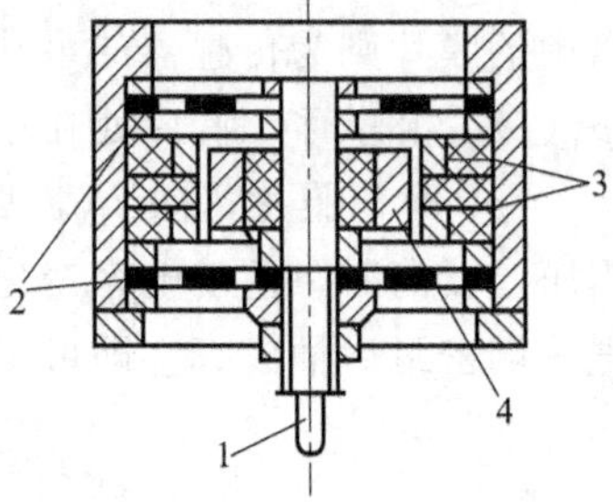

图 5-21 电容式位移传感器

1—杆；2—开槽簧片；3—固定电极；4—活动电极

4. 电容式位移传感器

图 5-21 所示为一种变面积型电容式位移传感器。它采用差动式结构、圆柱形电极，与测杆相连的动电极随被测位移而轴向移动，从而改变活动电极与两个固定电极之间的覆盖面积，使电容发生变化。它用于接触式测量，电容与位移呈线性关系。其工作过程如下：固定电极 3 与壳体绝缘，活动电极 4 与测杆 1 固定在一起并彼此绝缘。当被测物体位移使测杆 1 轴向移动时，活动电极 4 与固定电极 3 的覆盖面积随之改变，使电容量一个变大、另一个变小，它们的差值正比于位移。开槽弹簧片 2 为传感器的导向与支承，无机械摩擦，灵敏性好，但行程小。

当然，电容式传感器的应用领域远不止以上所列举的几个方面，其结构类型也不胜枚举，例如电容指纹传感器、电容接近开、电容油量表等，它在检测及控制中的应用是十分广泛的。

任务实施

油箱油量检测系统如图 5-22 所示。它由电容式液位传感器、电阻-电容电桥、放大器、两相电机、减速器及显示装置等组成。电容式液位传感器作为电桥的一个臂，C_0 为标准电容器，R_1 和 R_2 为标准电阻，RP 为调整电桥平衡的电位器，它的转轴与显示装置同轴连接并经减速器由电机带动。图 5-23 为电容式液位传感器外形图。

在油箱无油时，电容传感器的电容量 $C_X=C_{X0}$，调节 RP 的滑动臂位于 0 点，即 RP 的电阻值为 0，此时，电桥满足 $C_0/C_X=R_1/R_2$ 的平衡条件，电桥输出电压为零，伺服电动机不转动，油量表指针偏转角 $\theta=0$。当油箱中注满油时，液位上升，指针停留在转角为 θ_m 处。当油箱中的油位降低时，电容传感器的电容量 C_X 减小，电桥失去平衡，伺服电动机反转，指针逆时针偏转（示值减小），同时带动 RP 的滑动臂移动。当 RP 阻值达到一定值时，电桥又达到新的平衡状态，伺服电动机停转，指针停留在新的位置（θ_x 处）。

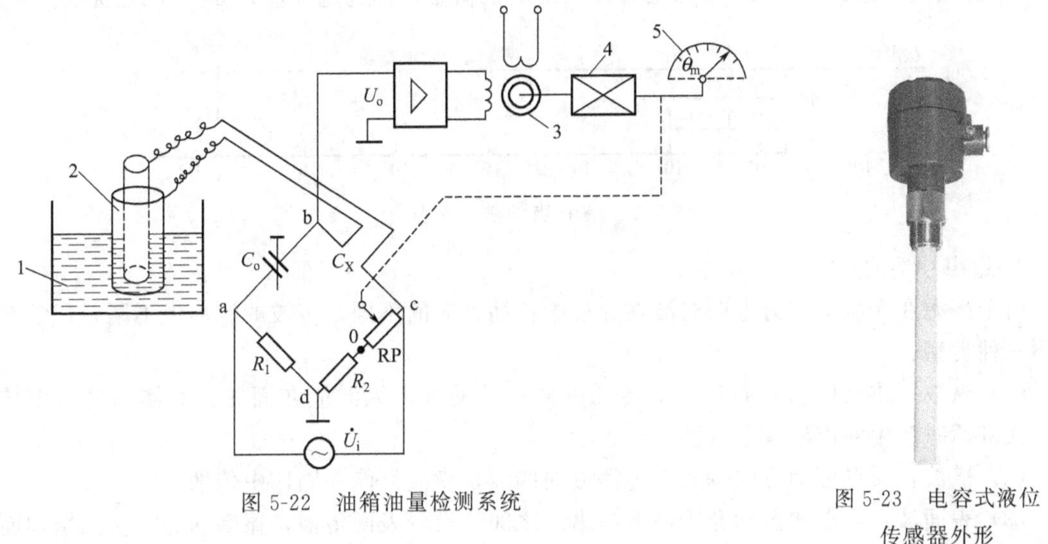

图 5-22　油箱油量检测系统

图 5-23　电容式液位传感器外形

电容式位移传感器要注意以下几点：

(1) 注意进行屏蔽和接地。

(2) 增加初始电容值，降低容抗。

(3) 导线间分布电容有静电感应，因此导线和导线要离得远，线要尽可能短，最好成直角排列，若采用平行排列时可采用同轴屏蔽线。

(4) 尽可能一点接地，避免多点接地。

任务 5.2　超声波传感器测量液位

任务导入

在工业生产中，经常会使用各种密闭容器来储存高温、有毒、易挥发、易燃、易爆、强腐蚀性等液体介质，对这些容器的液位检测必须使用非接触式测量。超声波液位传感器属于非接触测量，可以避免直接与液体接触，避免液体对传感器探头损坏，并且反应速度快。超声波传感器的结构、工作原理是什么？

基本知识与技能

超声波是一种机械波，它方向性好，穿透力强，遇到杂质或分界面会产生显著的反射。利用这些物理性质，可把一些非电量转换成声学参数，通过压电元件转换成电量。超声波传感器就是利用超声波的特性，将非电量转换为电量的测量元件。超声波传感器在无损探伤、厚度测量、流速测量、防盗等领域有广泛应用。

5.2.1　超声波物理特性

1. 声波的分类

声波是一种机械波，由于发声体的机械振动，引起周围弹性介质中质点的振动，并由近及远的传播。频率在 20～(2×10^4) Hz 之间，能为人耳所闻的机械波，称为声波；低于 20Hz 的机械波，称为次声波；高于 2×10^4 Hz 的机械波，称为超声波，如图 5-24 所示。

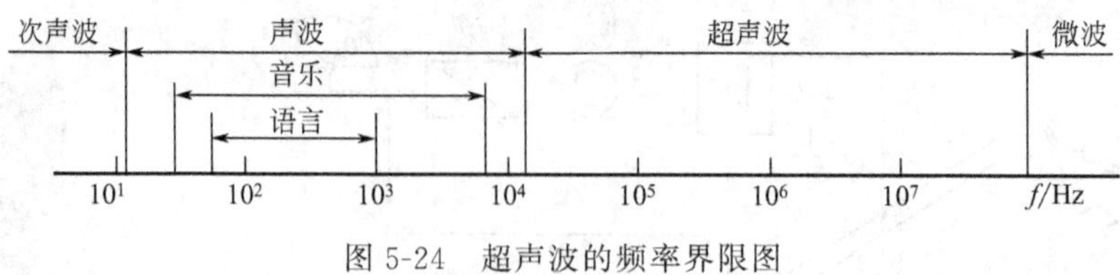

图 5-24 超声波的频率界限图

2. 超声波的波形

由于声源在介质中施力方向与波在介质中传播方向的不同，声波的波形也不同，通常有以下三种类型：

(1) 纵波：质点振动方向与波的传播方向一致的波，纵波能在固体、液体和气体中传播，人讲话时产生的声波属于纵波。

(2) 横波：质点振动方向垂直于传播方向的波，横波只能在固体中传播。

(3) 表面波：质点的振动介于横波与纵波之间，沿着表面传播，振幅随着深度的增加而迅速衰减，它只在固体的表面传播。

3. 超声波的传播特性

(1) 传播速度：超声波的传播速度与波长及频率成正比。

超声波的传播速度：

$$c=\lambda f$$

式中 λ——超声波的波长；

f——超声波的频率。

(2) 通过两种不同的介质时，超声波产生反射和折射现象。但当它由气体传播到液体或固体中，或由固体、液体传播到气体中时，由于介质密度相差太大而几乎全部发生反射。

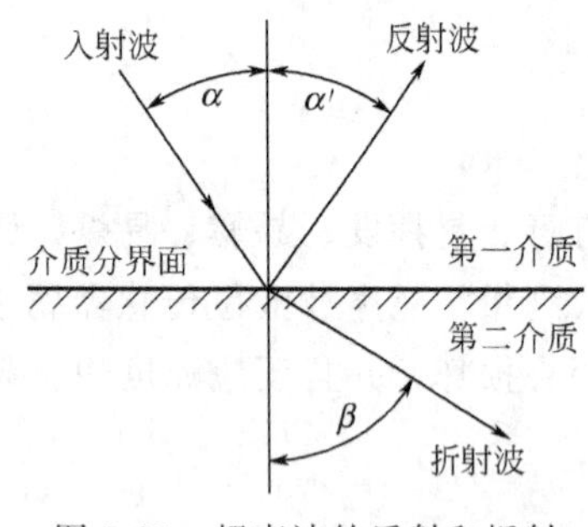

图 5-25 超声波的反射和折射

由物理学知，当波在界面上产生反射时，入射角 α 的正弦与反射角 α' 的正弦之比等于波速之比。当入射波和反射波的波形相同时，波速相等，入射角 α 即等于反射角 α'，如图 5-25 所示。当波在界面外产生折射时，入射角 α 的正弦与折射角 β 的正弦之比，等于入射波在第一介质中的波速 c_1 与折射波在第二介质中的波速 c_2 之比，即

$$\frac{\sin\alpha}{\sin\beta}=\frac{c_1}{c_2}$$

(3) 通过同种介质时，超声波随着传播距离的增加，其强度因介质吸收能量而衰减。其衰减的程度与声波的扩散、散射、吸收等因素有关。超声波在气体中衰减很快，当频率较高时衰减更快。因此，超声波仪器主要用于固体和液体中。

5.2.2 超声波探头及耦合技术

1. 超声波探头

超声波探头是实现声、电转换的装置，又称超声换能器或传感器。图 5-26 是超声探头外形。这种装置能发射超声波和接收超声回波，并转换成相应的电信号。超声波探头按其作用原理可分为压电式、磁致伸缩式、电磁式等数种，其中以压电式为最常用，图 5-27 所示

为压电式探头结构图。超声波发生器内部结构有并联的两个压电晶片和一个共振板，当压电晶片的两个极外加脉冲信号，其频率等于压电晶片的固有振荡频率时，压电晶片将会发生共振，并带动共振板振动，便产生超声波。反之，如果两电极间未外加电压，当共振板接收到超声波时，将压迫压电晶片作振动，将机械能转换为电信号，这时它就成为超声波接收器了。

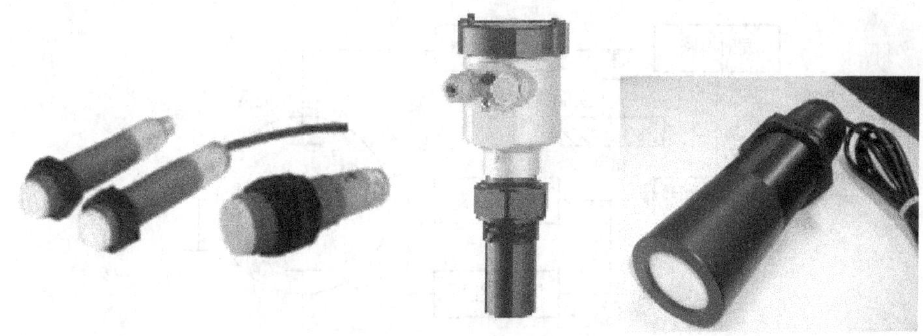

图 5-26　超声探头外形图

由于用途不同，压电式超声波传感器有多种结构形式，如直探头、斜探头、表面波探头、双探头（一个探头发射、一个探头接收）、聚焦探头（将声波聚焦成一细束）、水浸探头（可浸在液体中）以及其他专用探头。

2. 耦合技术

超声探头与被测物体接触时，探头与被测物体表面间存在一层空气薄层，空气将引起三个界面间强烈的杂乱反射波，造成干扰，并造成很大的衰减。为此，必须将接触面之间的空气排挤掉，使超声波能顺利地入射到被测介质中。在工业中，经常使用一种称为耦合剂的液体物质，使之充满在接触层中，起到传递超声波的作用。常用的耦合剂有自来水、机油、甘油、水玻璃、胶水、化学糨糊等。

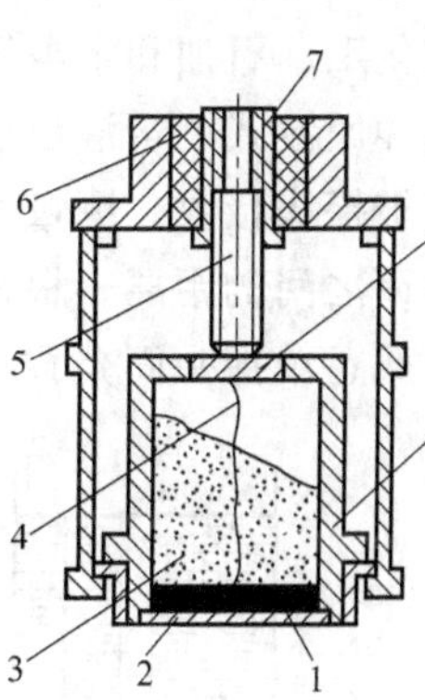

图 5-27　压电式超声探头结构图
1—压电片；2—保护膜；3—吸收块；4—接线；5—导线螺杆；6—绝缘柱；7—接触座；8—接线片；9—压电片座

5.2.3　超声波传感器的应用

1. 超声波测厚度

超声波测量金属零件的厚度，具有测量精度高，测试仪器轻便，操作安全简单，易于读数及实行连续自动检测等优点。但是对于声衰减很大的材料，以及表面凹凸不平或形状很不规则的零件，利用超声波测厚比较困难。超声波测厚常用脉冲回波法。图 5-28 所示为脉冲回波法检测厚度的工作原理。超声波探头与被测物体表面接触。主控制器产生一定频率的脉冲信号，送往发射电路，经电流放大后激励压电式探头，以产生重复的超声波脉冲。脉冲波传到被测工件另一面被反射回来，被同一探头接收。

如果把发射和回波反射脉冲经放大器放大加到示波器垂直偏转板上，标记发生器输出时间标记脉冲信号，同时加到该垂直偏转板上，线性扫描电压则加在水平偏转板上。因此，在示波器上可直接读出发射与接收超声波之间的时间间隔 t。被测物体的厚度 h 为

$$h=ct/2 \tag{5-4}$$

式中　c——超声波的传播速度。

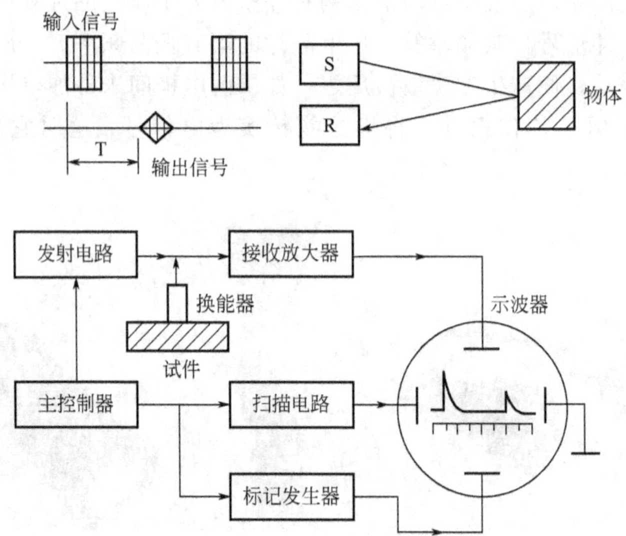

图 5-28 脉冲回波法检测厚度的工作原理

2. 超声波测液位

在化工、石油和水电等部门，超声波被广泛用于油位、水位等的液位测量。图 5-29 所示为脉冲回波式测量液位的工作原理图。探头发出的超声脉冲通过介质到达液面，经液面反射后又被探头接收。测量发射与接收超声脉冲的时间间隔和介质中的传播速度，即可求出探头与液面之间的距离。根据传声方式和使用探头数量的不同，可以分为单探头液介式、单探头气介式、单探头固介式和双探头液介式等数种。

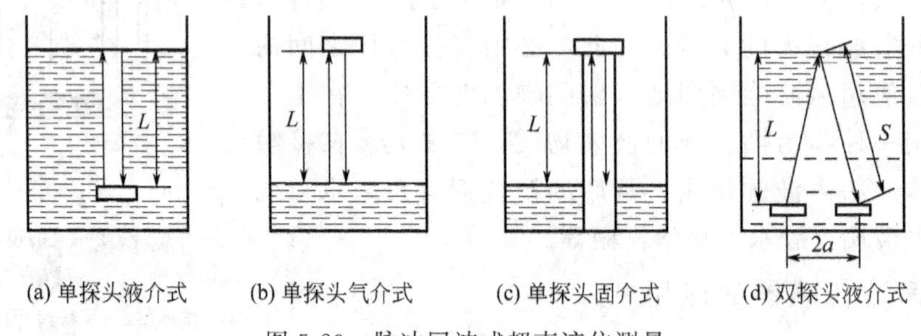

(a) 单探头液介式 (b) 单探头气介式 (c) 单探头固介式 (d) 双探头液介式

图 5-29 脉冲回波式超声液位测量

3. 超声波测流量

超声波流量传感器的测定原理是多样的，如传播速度变化法、波速移动法、多普勒效应法等，但目前应用较广的主要是超声波传输时间差法。

超声波在流体中传输时，在静止流体和流动流体中的传输速度是不同的，利用这一特点可以求出流体的速度，再根据管道流体的截面积，便可知道流体的流量。

如果在流体中设置两个超声波传感器，它们可以发射超声波又可以接收超声波，一个装在上游，一个装在下游，其距离为 L，如图 5-30 所示。如设顺流方向的传输时间为 t_1，逆流方向的传输时间为 t_2，流体静止时的超声波传输速度为 c，流体流动速度为 v，则

$$t_1 = L/(c+v) \tag{5-5}$$

$$t_2 = L/(c-v) \tag{5-6}$$

一般来说，流体的流速远小于超声波在流体中的传播速度，那么超声波传播时间差为

$$\Delta t=t_2-t_1=2Lv/(c^2-v^2) \tag{5-7}$$

由于 $c \gg v$，从上式便得到流体的流速。即

$$v=(c^2/2L)\Delta t \tag{5-8}$$

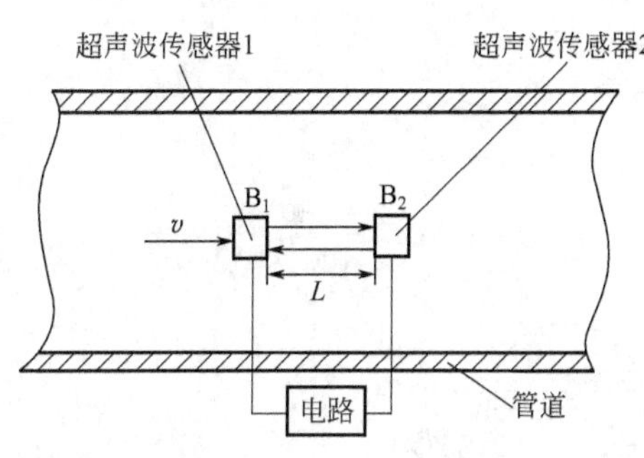

图 5-30　超声波测量原理图

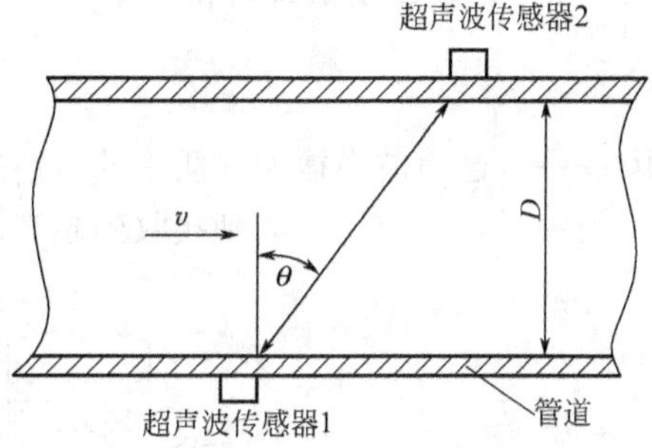

图 5-31　超声波传感器安装位置图

在实际应用中，超声波传感器安装在管道的外部，从管道的外面透过管壁发射和接收，超声波不会给管内流动的流体带来影响，如图 5-31 所示。

超声波流量传感器具有不阻碍流体流动的特点，可测流体种类很多，不论是非导电的流体、高黏度的流体、浆状流体，只要能传输超声波的流体都可以进行测量。超声波流量计可用来对自来水、工业用水、农业用水等进行测量，还可用于下水道、农业灌溉、河流等流速的测量。

4. 超声波探伤

超声波探伤是无损探伤技术中的一种主要检测手段。它主要用于检测金属板材、管材、锻件和焊缝等材料的缺陷（如裂缝、气孔、夹渣等）。超声波探伤因为检测灵敏度高、速度快、成本低等优点在生产实践中得以广泛应用。超声波探伤方法多样，其中穿透法探伤是根据超声波穿透工件后能量的变化情况来判断工件内部质量，适用于自动探伤，可避免盲区，适宜探测薄板。但是探测灵敏度较低，不能发现小缺陷，而且只根据能量的变化可判断有无缺陷，不能定位。反射法探伤是根据超声波在工件中反射情况的不同来探测工件内部是否有缺陷。

任务实施

根据密闭罐的检测要求，结合超声波传感器相关知识，选用超声波液位传感器进行检测。如图 5-32 所示为液体测量示意图。

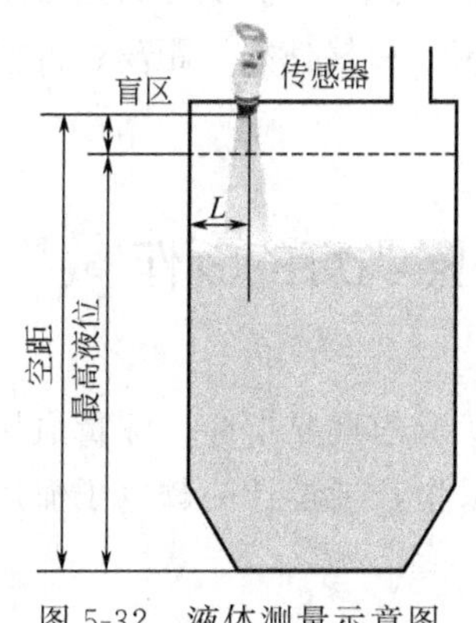

图 5-32　液体测量示意图

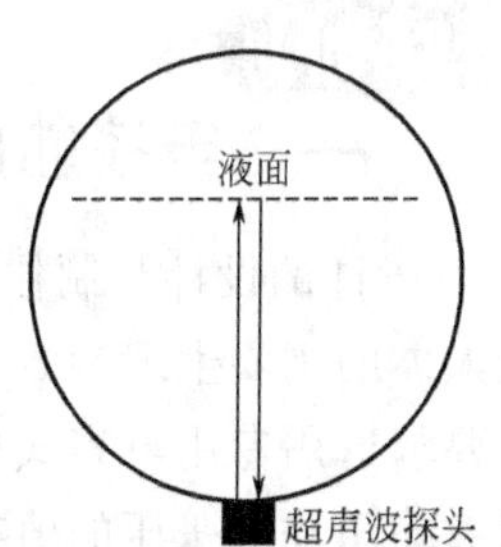

图 5-33　超声波测液位示意图

1. 工作原理

在液罐下方安装了超声波发射器和接收器，如图 5-33、图 5-34 所示。超声波传感器发射出的超声波在液面被反射，经过时间 t 后，探头接收到从液面反射回的回音脉冲，这样探头到液面的距离 L 由下式可得：

$$L=\frac{1}{2}ct$$

式中 c——超声波在被测介质中的传播速度；

t——从发出超声波到接收到超声波的时间。

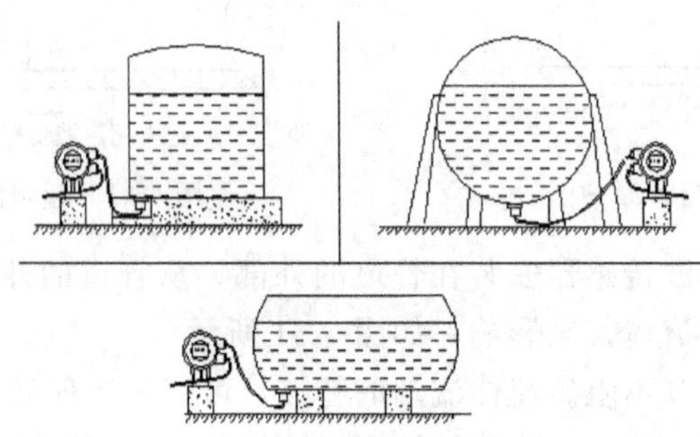

图 5-34 超声波液位传感器安装示意图

2. 探头安装要求

（1）对于铁质容器，可以给探头工作端面涂上硅脂并用磁性吸盘将其直接贴在容器底部；若容器外壳是玻璃等其他材料，可以用胶将探头粘贴固定或用支架固定于容器底部。探头指向须与所测距离在同一直线上。

（2）探头正上方无盘管等遮挡物。

（3）远离罐底进液口，以避免进液剧烈流动对测量的影响。

（4）远离罐顶进液口下方位置，以避免进液冲击使液面剧烈波动影响测量。

（5）高于出液口或排污口，以避免罐底长期沉积污物对测量的影响。如不满足条件，则应有措施保证定期清除罐底污物。

（6）液位测量头用磁性或焊/粘接固定方式安装时，容器壁上的安装表面尺寸应不小于 $\phi 80$ 的圆面，表面粗糙度应达到 $Ra1.6$，倾斜度应小于 3°（旁通管除外）。

在进行液位测量时首先根据具体的测量目标、测量对象以及测量环境合理地选用液位传感器。选用时应该考虑到测量介质的混浊度、黏滞度、腐蚀性；选择的测试方式是接触还是非接触式；还要考虑外部环境、安装方式、使用寿命、输出信号、传输速率、距离、价格等因素。

【课外实训】

——电子血压计与超声波遥控照明灯的制作

1. 电子血压计的设计与制作

血压是人体的重要生理参数，是人们了解人体生理状况的重要指标。测量血压的仪器称为血压计，要求选用专用电容式传感器实现准确的信息采集，来设计一款电子血压计，并能够准确地将收缩压和舒张压的值在 LED 上显示出来。

具体方法如下所述：

（1）电子血压计设计框图

电子血压计主要由电容式压力传感器、四运放 LM324、滤波器、气泵、单片机 ATmega16 和 LED 显示器构成的。这个设计的核心部分是专用电容压力传感器、信号处理芯片 ATmega16。前者将袖套内的压力信号转换成电压信号，后者控制整个电路的工作，利用 AVR 单片机中的 A/D 转换器对采样信号进行处理，把最终的结果通过 LED 显示出来。系统设计框图如图 5-35 所示。

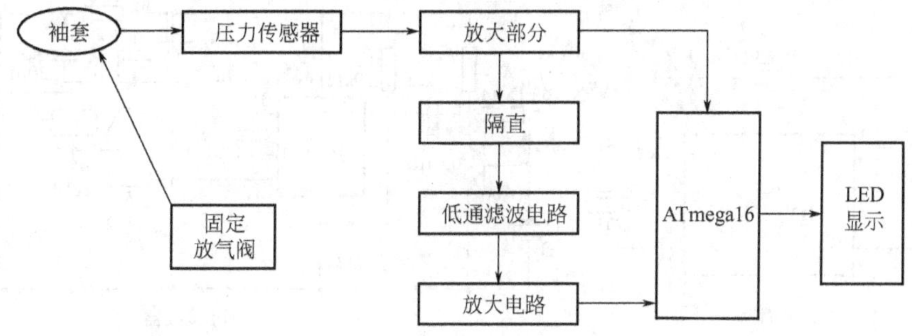

图 5-35　电子血压计设计框图

（2）血压计的测量原理

临床上血压测量技术一般分为直接法和间接法。直接法的优点是测量值准确，并能连续监测，但它必须将导管置入血管内，是一种有创造性的测量方法；间接法是利用脉管内压力与血液阻断开通时刻所表现的血流变化间的关系，从体表测出相应的压力值。间接测量又分为听诊法和示波法。这里的血压计采用示波法。

示波法的测量原理是采用充气袖套来阻断上臂动脉血流。由于心搏的血液动力学作用，在气袖压力上将重叠与心搏同步的压力波动，即脉搏波。当袖套压力远高于收缩压时，脉搏波消失。随着袖套压力下降，脉搏开始出现。当袖套压力从高于收缩压降到低于收缩压时，脉搏波会突然增大。到平均压时振幅达到最大值。然后又随袖套压力下降而衰减，当小于舒张压后，动脉管壁的舒张期已充分扩张，管壁刚性增强，而波幅维持比较小的水平。示波法血压测量就是根据脉搏波振幅与充气袖套压力之间的关系来估计血压的。与脉搏波最大值对应的是平均压，收缩压和舒张压分别对应脉搏波最大振幅的比例。提取的脉搏波信号如图 5-36 所示。

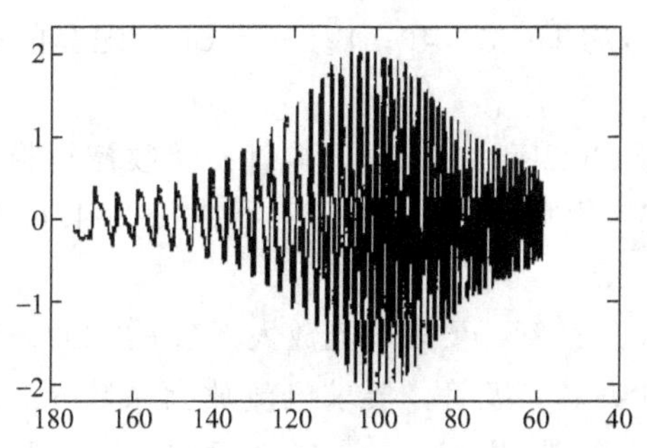

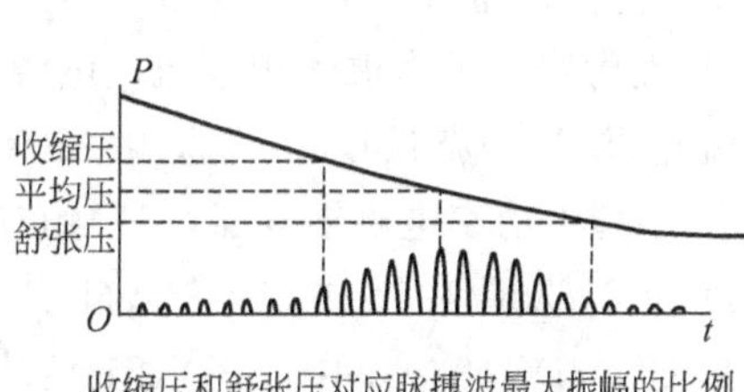

图 5-36　收缩压和舒张压的获取原理

2. 超声波遥控照明灯

超声波遥控照明灯，采用专用超声波发射集成电路，工作可靠，性能稳定。

具体制作方法如下所述。

(1) 工作原理

超声波遥控照明灯由超声波发射器与超声波接收器两大部分组成。如图 5-37(a) 为超声波发射电路。IC_1 是超声波发射专用集成电路，它的外围电路极为简单，当按下按键 SB 时，超声波发射换能器 B_1 即向外发射频率为 40kHz 的超声波。

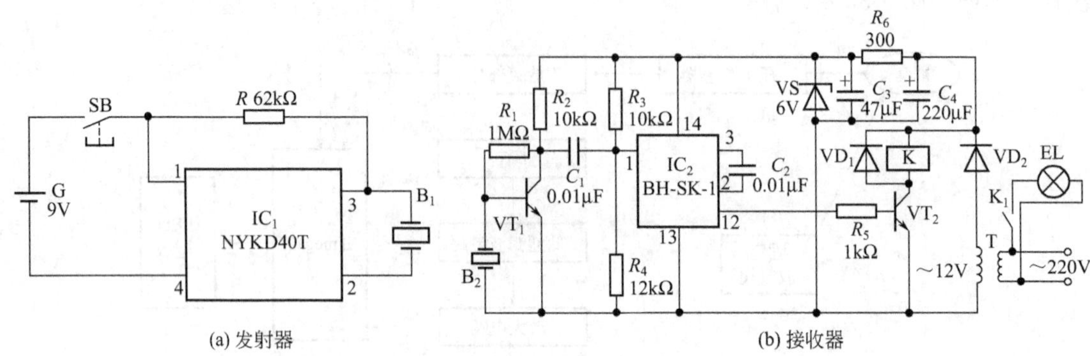

图 5-37 超声波遥控照明灯电路图

超声波接收器的电路如图 5-37(b) 所示，它由超声波接收换能器 B_2、前置放大器 VT_1、声控专用集成电路 IC_2、电子开关和电源等部分组成。设 IC_2 的输出端即 12 脚输出低电平时，VT_2 截止，继电器 K 不动作，其动合触点 K_1 打开，点灯 EL 不亮。如果此时按一下发射器的按键 SB，B_2 就将接收到超声波信号转变为相应的电信号，经 VT_1 前置放大，然后送入到 IC_2 的输入端，即 1 脚，使 IC_2 内部触发翻转，第 12 脚输出高电平，VT_2 导通，继电器 K 得电吸合，触电 K_1 闭合，电灯 EL 通电发光。如果再按一下发射器 SB，接收控制器收到信号后，IC_2 的第 12 脚就会翻转回低电平，VT_2 截止，电灯 EL 熄灭。

R_3、R_4 组成分压器，且 R_4 的阻值略大于 R_3，因而使 IC_2 的输入端第 1 脚静态直流电平略高于 $1/2V_{DD}$，可使声控集成电路 IC_2 处于最高接收灵敏度状态。

(2) 元器件选择

1) IC_1 选用 NYKD40T 超声遥控发射专用集成电路，它采用金属壳封装，该集成块工作电压为 9V，工作电流约为 25mA，有效发射距离为 10m；IC_2 采用 BH-SK-I 型声控集成电路，它采用黑膏软封装。

2) B_1 为压电陶瓷型超声波发射换能器，型号为 UCM-T40；B_2 为与 B_1 相配套的超声波接收换能器，型号为 UCM-R40。

3) 发射器为了力求体积小巧，电源 G 应采用 6F22 型 9V 层叠式电池；接收控制器则采用交流电降压整流供电，T 选用 220V/2V、8W 优质成品电源变压器；K 为 JZC-22F、DC12V 小型中功率电磁继电器，其触点容量可达 5A。

4) VT_1 选用 9014 或 3DG8 型硅 NPN 小功率三极管，要求电流放大系数 $\beta \geqslant 200$；VT_2 选用 9013、3DG12、3DK4、3DX21 型硅 NPN 中功率三极管，要求电流放大系数 $\beta \geqslant 100$；VD_1、VD_2 均选用 1N4001 型硅整流二极管；VS 选用 6V、0.5W 硅稳压二极管，如 2CW21C、1N5233 型等。

5) C_1、C_2 选用 CT1 型瓷介电容器；C_3、C_4 选用 CD11-16V 型电解电容器。

6) 所有电阻均选用 RTX-1/8W 碳膜电阻器。

（3）制作与调试

将焊接好的电路板装入体积合适的绝缘小盒内，注意在盒面板为 B_2 开出接收孔。按图5-37(b) 选择元器件参数，一般不需要调试，即能可靠稳定工作，有效工作半径为10m左右。

【知识拓展】

微波式传感器

微波是波长为1mm～1m的电磁波，既具有电磁波的性质，又与普通的无线电波及光波不同，是一种相对波长较长的电磁波，具有空间辐射装置容易制造、遇到各种障碍物易于反射、绕射能力差、传输特性好等特点。微波传感器是利用微波特性来检测某些物理量的器件或装置，是一种新型非接触式测量传感器。

一、微波传感器原理

微波传感器由发射天线发出微波，此波遇到被测物体时将被吸收或反射，使微波功率发生变化。若利用接收天线，接收到通过被测物体或由被测物体反射回来的微波，并将它转换为电信号，再经过信号调理电路，即可以显示出被测量，实现了微波检测。

二、微波传感器的组成

微波传感器通常由微波发生器（即微波振荡器）、微波天线及微波检测器三部分组成。

1. 微波发生器

微波发生器是产生微波的装置。由于微波波长很短，即频率很高（300MHz～300GHz），要求振荡回路中具有非常微小的电感与电容，因此不能用普通的电子管与晶体管构成微波振荡器。构成微波振荡器的器件有调速管、磁控管或某些固态器件，小型微波振荡器也可以采用体效应管。

2. 微波天线

微波振荡器产生的振荡信号通过天线发射出去。为了使发射的微波具有尖锐的方向性，天线要具有特殊的结构。常用的天线有喇叭形、抛物面形、介质天线与隙缝天线等，如图5-38所示。喇叭形天线结构简单，制造方便，可以看作是波导管的延续，它在波导管与空间之间起匹配作用，可以获得最大能量输出。

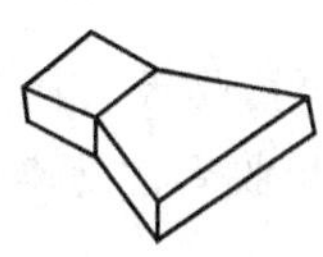
(a) 扇形喇叭天线

(b) 圆锥形喇叭天线

(c) 旋转抛物面天线

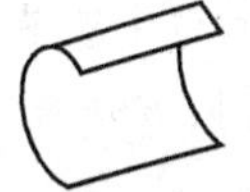
(d) 抛物柱面天线

图5-38　常用的微波天线

3. 微波检测器

电磁波作为空间的微小电场变动而传播，所以使用电流-电压特性呈现非线性的电子元件作为探测它的敏感探头。与其他传感器相比，敏感探头在其工作频率范围内必须有足够快的响应速度。

三、微波传感器的分类

根据微波传感器的原理，微波传感器可以分为反射式和遮断式两类。

1. 反射式传感器

这种微波传感器是通过检测被测物反射回来的微波功率或经过的时间间隔来获得被测量的。一般它可以测量物体的位置、位移、厚度等参数。

2. 遮断式传感器

这种微波传感器是通过检测接收天线收到的微波功率大小来判断发射天线与接收天线之间有无被测物体或被测物体的位置、被测物中的含水量等参数。

四、微波传感器的应用

微波传感器的优点是定向辐射的装置容易制造；时间常数小，反应速度快，可以进行动态检测与实时处理，便于自动控制；传输特性好，传输过程中受烟雾、火焰、灰尘、强光的影响很小；微波无显著辐射公害；传输距离远，便于实现遥测和遥控；测量信号本身就是电信号，无须进行非电量的转换，从而简化了传感器与微处理器间的接口。微波传感器存在的主要问题是零点漂移和标定尚未得到很好的解决。

1. 微波物位计

图 5-39 所示为微波开关式物位计示意图。当被测物位较低时，发射天线发出的微波束全部由接收天线接收，经放大器、比较器后发出正常工作信号。当被测物位升高到天线所在的高度时，微波束部分被吸收，部分被反射，接收天线接收到的功率相应减弱，经放大器、比较器就可给出被测物位高出设定物位的信号。

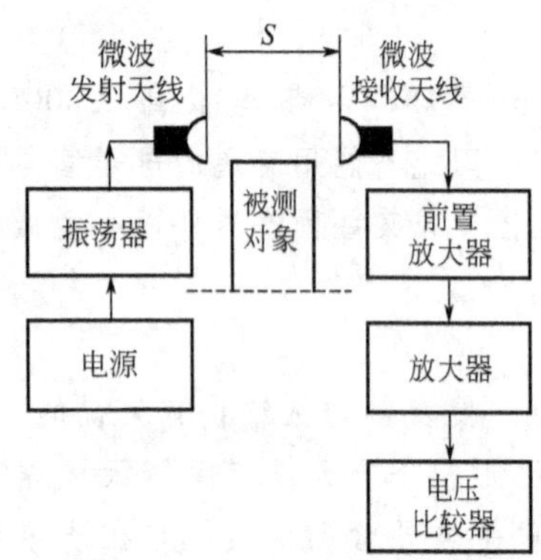

图 5-39 微波开关式物位计示意图

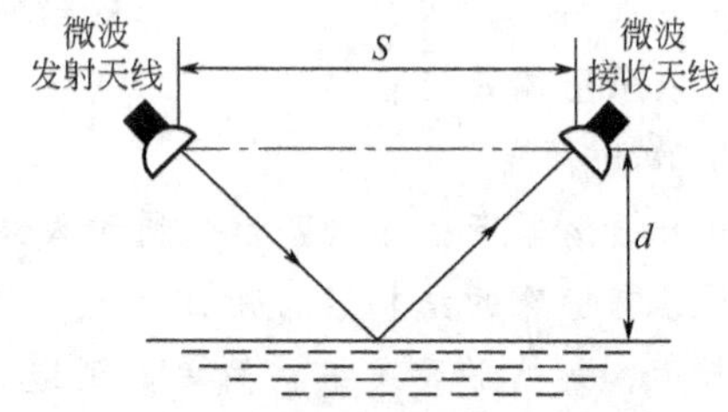

图 5-40 微波液位计检测示意图

2. 微波液位计

图 5-40 所示为微波液位检测示意图，相距为 S 的发射天线和接收天线间构成一定的角度。波长为 λ 的微波从被测液位反射后进入接收天线。接收天线接收到的功率将随被测液面的高低不同而异。

3. 微波湿度传感器

水分子是极性分子。当微波场中有水分子时，偶极子受场的作用而反复取向，不断从电场中得到能量（储能），又不断释放能量（放能），前者表现为微波信号的相移，后者表现为微波衰减。使用微波传感器，测量干燥物体与含一定水分的潮湿物体所引起的微波信号的相移与衰减量，就可以换算出物体的含水量。

微波温度传感器最有价值的应用是微波遥测，将它装在航天器上，可以遥测大气对流层的状况，可以进行大地测量与探矿，可以遥测水质污染程度，确定水域范围，判断植物品种等。

【项目小结】

液位测量包括对液位、液位差、界面的连续监测、定点信号报警、控制等。工业上常见的液位测量传感器有压力式、电容式、超声波式等。

电容式传感器是把被测非电量转换为电容量变化的一种传感器，它可以分为变面积型、变极距型和变介电常数型。电容式传感器具有结构简单、灵敏度高、动态响应快、适应性强等特点，常用于压力、加速度、微小位移、液位等的测量。电容式传感器的测量电路很多，常见的电路有普通交流电桥、紧耦合电感臂电桥、变压器电桥、差动脉冲调制电路、双 T 电桥电路、运算放大器测量电路、调频电路。但在使用中要注意边缘效应和寄生电容的影响。

超声波传感器是利用超声波的特性对被检测物进行检测。超声波对液体、固体的穿透能力很强，碰到杂质或分界面产生显著反射形成反射回波。以超声波作为检测手段，必须使用超声波换能器产生超声波和接收超声波，压电式超声波换能器是利用压电材料的压电效应来工作的。超声波传感器的检测是非接触式的，对金属物体，固体、液体、粉状物质均能检测，其检测性能几乎不受任何环境条件的影响。

【习题与训练】

1. 根据电容式传感器的原理，该传感器可分为哪几种？各有什么特点？它能够测量哪些物理量？

2. 为什么变极距型电容式传感器的结构多采用差动形式？差动结构形式的特点是什么？

3. 如图 5-41 所示，两个同心圆柱状极板的半径分别为 $r_1=20$mm 和 $r_2=4$mm，储存罐也是圆柱形，直径为 50cm，高为 1.2m。被储存液体的介电常数为 $\varepsilon_r=2.1$。计算传感器的最小电容量和最大电容量以及灵敏度。

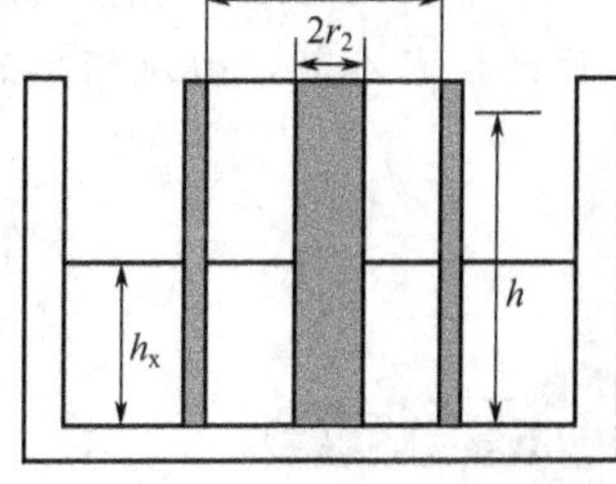

图 5-41　电容式液位传感器

4. 什么是超声波传感器？

5. 超声波的波形有几种？分别有什么特点？

6. 什么叫做超声波探头？常用超声波探头的工作原理有哪几种？

7. 超声波探头测工件时，往往要在工件与探头接触的表面上加一层耦合剂，这是为什么？

8. 讨论设计一个超声波防失报警器。报警器分发射器和接收器两部分，发射器放在旅行包上，接收器件带在主人身上。如果旅行包与主人的距离超过 5～8m，接收器就会发出报警声。

项目 6　温度测量

【项目描述】

温度是一个最基本的物理量，是国际单位制七个基本量之一，自然界中任何物理、化学过程都与温度紧密联系。在生产生活中，温度是产品质量、生产效率、节约能源等的重大经济指标之一，是安全生活的重要保证。

日常生活与工业生产中的温度控制应用非常广泛，如大家熟知的饮水机、冰箱、冷柜、空调、微波炉等制冷、制热产品都需要进行温度测量进而实现温度控制；汽车发动机、油箱、水箱的温度控制，化纤厂、化肥厂、炼油厂生产过程的温度控制，冶炼厂、发电厂锅炉温度的控制，蔬菜大棚的温度检测与控制等等，其目的是控制合理的温度或对温度上限进行控制，从而满足生活、生产、科研等需求。本项目介绍工业常用的温度检测元件——热电偶和热电阻的基本知识和使用方法。

【知识目标】

学习热电偶和热电阻的工作原理，熟悉常用热电极材料的类型、性能特点。

【技能目标】

学会识别一般温度检测元件和测温仪表，能够使用热电偶和热电阻，利用手册查阅测温元件的技术参数，解决简单的温度检测问题。

任务 6.1　热电偶测温度

任务导入

在轧钢过程中，钢坯的轧制温度是关键的工艺参数，钢坯温度控制的好坏，将直接影响产品的质量，加热炉的炉温在 950～1200℃之间，它要跟随轧机轧制节奏的变化来随时调节，所以能否有效地控制加热炉的温度，直接影响钢坯的质量和成本，而对温度进行精确测量是控制的前提。本任务就是针对轧钢工艺钢坯温度的控制，来选择一种温度传感器来进行温度测量。

基本知识与技能

热电偶是工程上常用的一种的温度检测传感器，它是一种自发电式传感器，测量时不需要外加电源，直接将被测温度转换成电势输出。热电偶在温度测量中应用具有结构简单、使用方便、测量精度高、测量范围宽等优点。常用的热电偶测量范围为－50～1600℃。如果配用特殊材料，测量范围会更广，某些特殊热电偶最低可测到－270℃（如金铁镍铬），最高可达＋2800℃（如钨铼）。

6.1.1　热电偶的工作原理

1. 热电效应

当有两种不同的导体或半导体A和B组成一个回路，其两端相互连接时，只要两结点处的温度不同，回路中将产生一个电动势，形成电流，这种现象称为“热电效应”。如图6-1所示，两种导体所组成的闭合回路称为热电偶，回路中的电势称为热电势；两个导体A和B称为热电极。测量温度时，两个热电极的一个接点1置于被测温度场（T）中，称该点为测量端，也叫工作端或热端；另一个接点2置于某个恒定温度（T_0）的地方，称参考端或自由端、冷端。

2. 热电势的组成

热电偶回路内产生的热电势由接触电势和温差电势两部分组成，下面以导体为例说明热电势的产生。

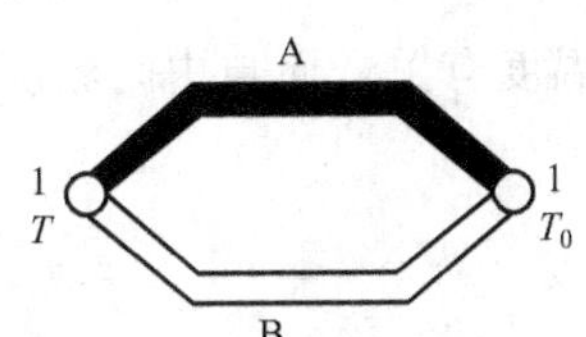

图 6-1　热电偶测温原理图

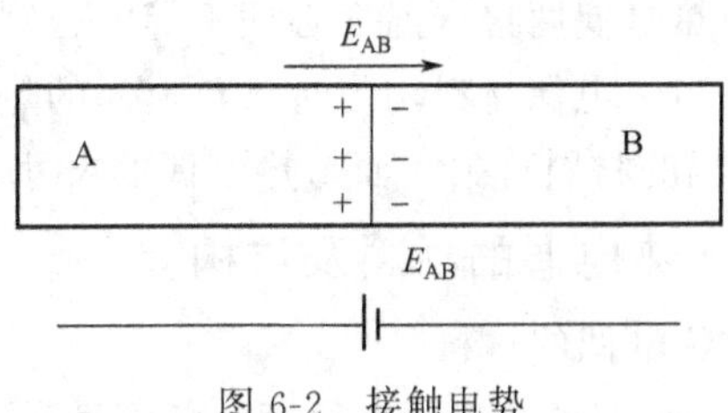

图 6-2　接触电势

(1) 接触电势

由于不同的金属材料所具有的自由电子密度不同，当两种不同的金属导体接触时，在接触面上就会发生电子扩散。电子的扩散速率与两导体的电子密度有关并和接触区的温度成正比。设导体A和B的自由电子密度为N_A和N_B，且有$N_A>N_B$，电子扩散的结果使导体A失去电子而带正电，导体B则因获得电子而带负电，在接触面形成电场。这个电场阻碍了电子继续扩散，达到动态平衡时，在接触区形成一个稳定的电位差，即接触电势，如图6-2所示。

其目的是控制合理的温度或对温度上限进行控制，从而满足生活、生产、科研等需求。接触电势的表达式为

$$E_{AB}(T)=\frac{kT}{e}\ln\frac{N_A}{N_B} \tag{6-1}$$

式中　$E_{AB}(T)$——导体A、B在结点温度为T时形成的接触电势；

k——波尔兹曼常数；

T——接触处的绝对温度；

e——电子电荷量；

N_A，N_B——A、B两种材料的自由电子浓度。

(2) 温差电势

同一导体中的，如果两端温度不同，在两端间会产生电动势，即产生单一导体的温差电势，这是由于导体内自由电子在高温端具有较大的动能，因而向低温端扩散的结果。高温端因失去电子而带正电，低温端由于获得电子而带负电，在高低温端之间形成一个电位差。温差电势的大小与导体的性质和两端的温差有关，其表达式为

$$E_A=(T,T_0)=\int_{T_0}^{T}\delta_A\mathrm{d}T \tag{6-2}$$

式中　E_A——导体A在两端温度分别为T和T_0时的温差电势；

δ_A——导体A的汤姆逊系数，表示导体两端温度差为1℃时产生的温差电势。

（3）热电偶的总电势

从热电偶的工作原理可知，设导体 A、B 组成的热电偶的两结点温度分别为 T 和 T_0，热电偶回路生成的总电势为 $E_{AB}(T,T_0)$，其方向与 E_{AB}（T）方向一致，则

$$E_{AB}(T,T_0)=E_{AB}(T)-E_{AB}(T_0)-E_A(T,T_0)+E_B(T,T_0) \tag{6-3}$$

式中 $E_A(T,T_0)$ 和 $E_B(T,T_0)$ 在总电势中所占比例很小，可以忽略不计。当热电偶选取后 N_A、N_B 为定值，K、e 为恒量，有

$$E_{AB}(T,T_0)=f(T)-f(T_0) \tag{6-4}$$

通过以上分析可以得出以下结论：

① 热电偶的两个热电极必须是两种不同材料的均质导体，否则热电偶回路的总电势为零。

② 热电偶两接点温度必须不等，否则，热电偶回路总热电势也为零。

③ 当热电偶材料均匀时，热电偶的热电势只与两个接点温度有关，而与中间温度无关，与热电偶的材料有关，而与热电偶的尺寸、形状无关。

6.1.2　热电偶的材料及结构

1. 热电偶的材料

根据金属的热电效应原理，任意两种不同材料的导体都可以作为热电极组成热电偶，但是在实际应用中，用作热电极的材料应具备如下几方面的条件：

（1）热电势应足够大。

（2）热电性能稳定，热电势与温度有单值关系或简单的函数关系。

（3）电阻温度系数和电阻率要小。

（4）易于复制，工艺性与互换性好，便于制定统一的分度表，材料要有一定的韧性，焊接性能好，以利于制作。

一般来说，纯金属热电偶容易复制，但其热电势小；非金属热电极的热电势大、熔点高，但复制性和稳定性都较差；合金热电极的热电性能和工艺性能介于前面两者之间，所以目前合金热电极用得较多。常用的热电偶材料有铂铑、镍铬、镍硅、康铜、镍铜、纯铂丝等。

2. 热电偶的基本结构

为了适应不同生产对象的测温要求和条件，热电偶的结构形式有普通型热电偶、铠装热电偶和薄膜热电偶等。

（1）普通型热电偶

该类型的热电偶外形如图 6-3 所示，主要用于测量气体、蒸汽和液体等介质的温度，热电偶通常由热电极、绝缘管、保护套管和接线盒等几个主要部分组成。它的热电极是一端焊在一起的两根金属丝，两热电极之间用绝缘管绝缘。

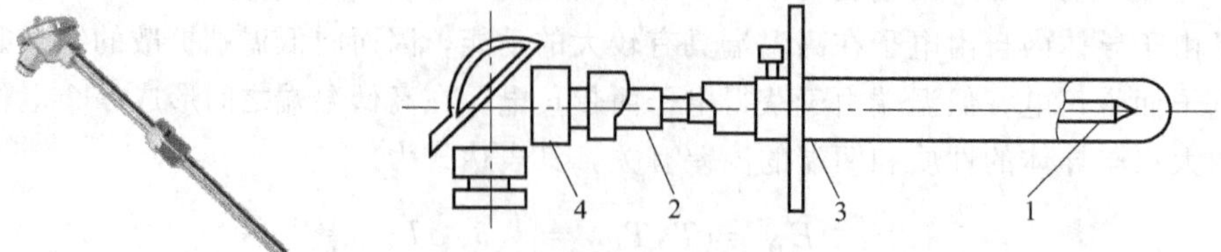

图 6-3　普通热电偶结构

1—热电极；2—绝缘套管；3—保护套管；4—接线盒

(2) 铠装热电偶（缆式）

它是将热电极、绝缘材料和金属保护套管组合在一起，经拉伸加工而成。根据测量端的形式不同，可分为碰底型、不碰底型、露头型、帽型等。铠装热电偶具有能弯曲、耐高压、热响应时间快和坚固耐用等许多优点，适用于位置狭小、结构复杂的测量对象，其实物外形如图6-4所示。

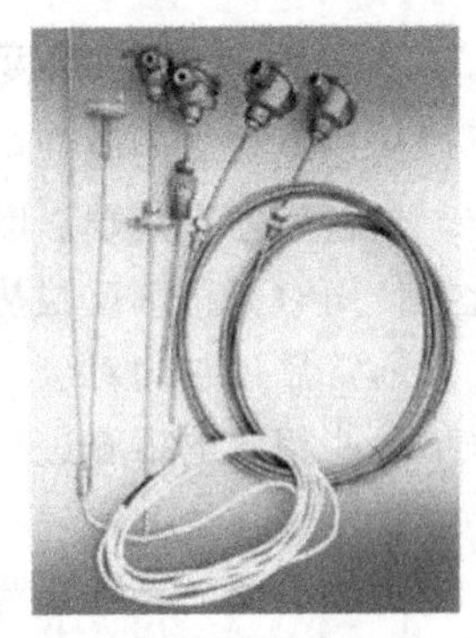

图6-4　铠装热电偶

(3) 薄膜热电偶

薄膜热电偶是由两种薄膜热电极材料用真空蒸镀、化学涂层等办法蒸镀到绝缘基板上而制成的一种特殊热电偶，如图6-5所示。薄膜热电偶的热接点可以做得很小（可薄到0.01～0.1μm），具有热容量小、反应速度快等特点，热响应时间达到微秒级，适用于微小面积上的表面温度以及快速变化的动态温度测量。

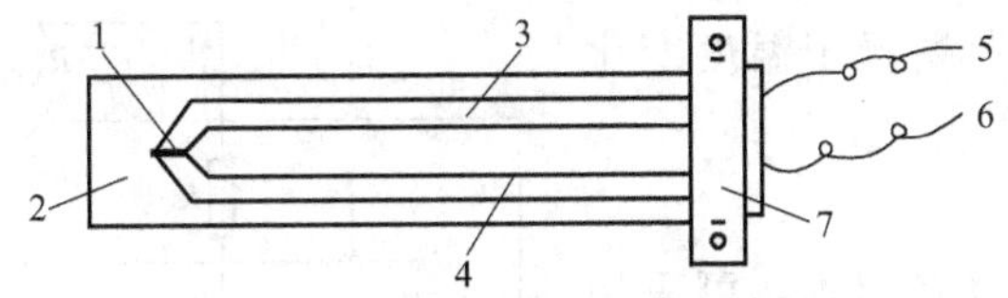

图6-5　薄膜热电偶

1—测量端；2—绝缘基板；3,4—热电极；5,6—引出线；7—接头夹具

(4) 表面热电偶

表面热电偶是用来测量各种状态的固体表面温度，如测量轧辊、金属块、炉壁、橡胶筒和涡轮叶片等表面温度。

(5) 浸入式热电偶

浸入式热电偶主要用来测量液态金属温度，它可直接插入液态金属中，常用于钢水、铁水、铜水、铝水和熔融合金温度的测量。

3. 常用热电偶

标准化热电偶国家已定型批量生产，它具有良好的互换性，有统一的分度表，并有与之配套的记录和显示仪表。这对生产和使用都带来了方便。常用的热电偶如表6-1所示。

表6-1　常用的热电偶及其特性

名称	代号	测温范围/℃	100℃时的热电动势	特　点
镍铬-镍硅	WRN	−270～1370	4.096	热电动势大，稳定性好，材质较硬，多用于工业测量
铂铑$_{30}$-铂铑$_{6}$	WRR	50～1820	0.033	熔点高，测量上限高，精度高，适用于高温的测量
镍铬-铜镍	WRK	−270～800	6.319	线性度好，耐高湿度，但不能用于还原性气体，多用于工业测量
铁-铜镍		−270～760	5.269	价格低廉，在还原性气体中较稳定，但纯铁易被腐蚀和氧化
铜-铜镍	WRC	−270～400	4.279	加工性能好，稳定性好，精度高，铜在高温时易被氧化，多用于低温测量
铂铑$_{12}$-铂		−50～1768	0.647	精度高，性能稳定，不能在金属蒸气和还原性气体中使用
铂铑$_{10}$-铂	WRP	−50～1768	0.646	性能不如热电偶，曾经长期作为国际温标的法定标准热电偶

6.1.3 热电偶的温度补偿

从热电效应的原理可知，热电偶产生的热电势与两端温度有关。只有将冷端的温度恒定，热电势才是热端温度的单值函数。由于热电偶分度表是以冷端温度为0℃时作出的，因此在使用时要正确反映热端温度，最好设法使冷端温度恒为0℃。但实际应用中，热电偶的冷端通常靠近被测对象，且受到周围环境温度的影响，其温度不是恒定不变的。为此，必须采取一些相应的措施进行补偿或修正，常用的方法有以下几种：

1. 0℃恒温法

将热电偶的参考端置于0℃的恒温容器中，从而保证参考端的温度恒为0℃。这种方法只适用于实验室或精密的温度测量。

2. 参考端恒温法

在实际测量中，要把参考端恒定在0℃常常会遇到困难，因此可以设法使参考端恒定在某一常温 T_n 下。通常采用恒温器盛装热电偶的参考端，或将参考端置于温度变化缓慢的大油槽中。

3. 电桥补偿法

若实现参考端恒温也有困难，可采用电桥补偿法，如图6-6所示。电桥补偿法是利用不平衡电桥产生的电势来补偿热电偶因冷端温度不在0℃时引起的热电势变化值，在热电偶与测温仪表之间串接一个直流不平衡电桥，电桥中的 R_2、R_3、R_4 由电阻温度系数很小的锰铜丝制作，另一桥臂的 R_C 由温度系数较大的铜线绕制，R_P 为限流电阻，其阻值因热电偶种类而异。电桥的4个电阻均和热电偶冷端处在同一环境温度，但由于 R_C 的阻值随环境温度变化而变化，使电桥产生的不平衡电压的大小和极性随着环境温度的变化而变化，从而达到自动补偿的目的。

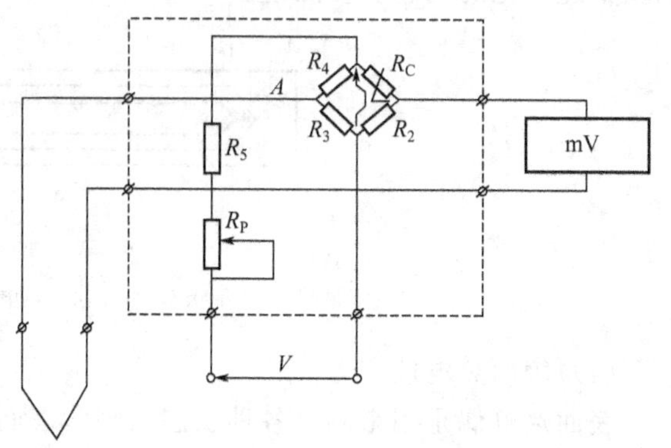

图6-6 电桥补偿原理图

4. 补偿导线法

补偿导线法又称参考端延长法，在实际工作中，热电偶常置于所测的温度场中，指示仪表与温度场往往相距很远。热电偶的材料通常为贵重金属，从经济的角度考虑，常用廉价的补偿导线来完成这种远距离的连接，所用的连接线称为参考端补偿导线或延长线。所谓补偿导线，实际上是一对材料化学成分不同的导线，在0～150℃温度范围内与配接的热电偶有一致的热电特性，但价格相对要便宜。图6-7所示是补偿导线法示意图。该方法中热电极加长的部分是另外两根不同金属的长导线P和Q，称参考端补偿导线。

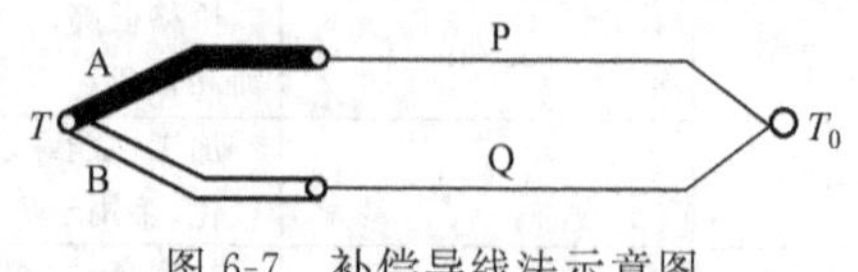

图6-7 补偿导线法示意图

使用补偿导线时必须注意：

(1) 各种补偿导线只能与相应型号的热电偶配用，不能互换。

（2）补偿导线与热电极连接时，正极应当接正极，负极接负极，极性不能反，否则会造成更大的误差。

（3）补偿导线与热电偶连接的两个接点必须靠近，使其温度相同，不会增加温度误差。

（4）补偿导线必须在规定的温度范围内使用。

使用补偿导线不仅可以延长了热电偶的参考端，节省大量的贵金属，还可以选用直径粗、导电系数大金属材料，减小导线单位长度的直流电阻，减小测量误差。

任务实施

据轧钢炉的测温范围及使用要求，结合热电偶的相关知识，选用性价比最优的镍铬-镍硅（K）热电偶作为测温传感器。

如图6-8所示，将热电偶的热端插入炉内检测炉温 T，冷端通过补偿导线与测量仪表的输入铜导线相连，并插入冰瓶，保证 $T_0=0℃$，此时通过测量仪表测得的热电势即可确定炉内的实际温度。

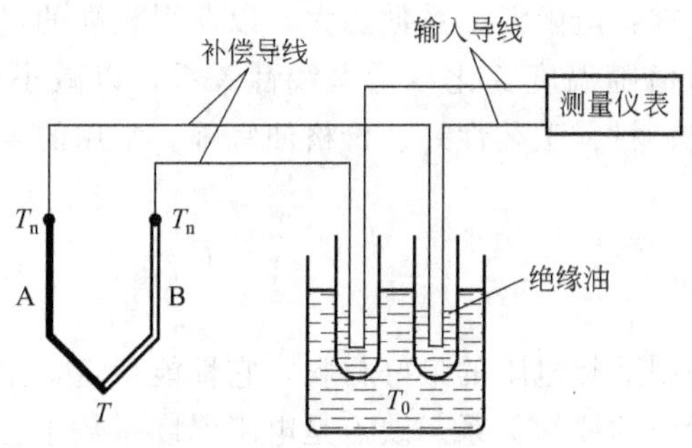

图6-8 测量炉温示意图

热电偶的选用应该根据被测介质的温度、压力、介质性质、测温时间长短来选择热电偶和保护套管。安装点要有代表性，安装方法要正确。一般将热电偶安装在管道的中心线位置上，并使热电偶测量端面向流体，使测量端充分与被测介质接触，提高测量准确性，尽可能测得介质的真实温度。为保证测温精度，热电偶要定期校验。校验的方法是用标准热电偶与被校验热电偶在同一校验炉或恒温水槽中进行比对。

任务6.2 热电阻测温

任务导入

在炼油、化工行业常用到气化炉，炉内正常温度在1300℃左右，甚至高达1500℃以上。炉内所衬炉砖在高温时会熔蚀，受热气体和融渣的冲刷，耐火砖不断变薄。炉内耐火砖的减薄甚至脱落，使炽热气体通过砖缝侵入到气化炉炉壁，使其表面温度升高，气化炉金属外壳强度降低，造成设备不安全。本任务就是要检测气化炉表面温度并给予报警，以便及时确定更换耐火砖的时间。气化炉的耐压压力为6.5MPa（G），炉表面温度在400～450℃之间，正常值为425℃左右。

根据传感器温度测量范围，可以选择热电阻温度传感器为测温元件，组成温度报警系统。热电阻温度传感器是如何测量温度的？其结构、特点如何？

基本知识与技能

电阻式温度传感器就是将温度变化转化为温度敏感元件的电阻变化，进而通过电路变成电压或电流信号输出。它是利用导体或半导体材料的电阻值随温度变化而变化的原理进行温度测量，即材料的电阻率随温度的变化而变化，这种现象称为热电阻效应，一般把金属导体制成的测温元件称为金属热电阻，简称热电阻；把由半导体材料制成的测温元件称为半导体热电阻，简称热敏电阻。

6.2.1 热电阻

1. 热电阻基本工作原理

热电阻通常是用纯金属制成的，它是基于金属导体的电阻值随温度的增加而增加这一特性来进行温度测量的。热电阻是中低温区（－200～＋650℃）最常用的一种测温敏感元件。它的主要特点是测量精度高，性能稳定。

热电阻应具有下列要求：电阻温度系数要大，以获得较高的灵感度；电阻率要高，以便使元件尺寸可以小；电阻值随温度变化尽量呈线性关系，以减小非线性误差；在测量范围内，物理、化学性能稳定；材料工艺性好、价格便宜等。常用的金属热电阻主要有：铂电阻和铜电阻。

2. 常用热电偶

（1）铂电阻

铂电阻是目前公认的制造热电阻的最好材料，它性能稳定，重复性好，测量精度高，其电阻值与温度之间有很近似的线性关系。缺点是电阻温度系数小，价格较高。铂电阻主要用于制成标准电阻温度计，其测量范围一般为－200～＋650℃。按照 ITS—1990 标准，国内统一设计的最常用的工业用铂电阻为 Pt100 和 Pt1000，即在 0℃时铂电阻阻值 R_0 值为 100Ω 和 1000Ω。

（2）铜电阻

铜材料容易提纯，具有较大的电阻温度系数，铜电阻的阻值与温度之间接近线性关系，铜的价格比较便宜。铜电阻的缺点是电阻率较小，所以体积较大，稳定性也较差，容易氧化。在一些测量精度要求不高，测温范围较小（－50～150℃）的情况下，普遍采用铜电阻。

我国常用的铜电阻为 Cu50 和 Cu100，即在 0℃时其阻值 R_0 值为 50Ω 和 100Ω，铜电阻值与温度之间的关系可以查热电阻分度表 Cu50 或 Cu100。

（3）其他热电阻

镍和铁的电阻温度系数大，电阻率高，可用于制成体积大、灵敏度高的热电阻。但由于容易氧化，化学稳定性差，不易提纯，重复性和线性度差，目前应用还不多。

近年来在低温和超低温测量方面，开始采用一些较为新颖的热电阻，例如铑铁电阻、铟电阻、锰电阻、碳电阻等。铑铁电阻是以含 0.5%克铑原子的铑铁合金丝制成的，常用于测量 0.3～20K 范围内的温度，具有较高的灵敏度和稳定性、重复性较好等优点。铟电阻是一种高精度低温热电阻，铟的熔点约为 429K，在 4.2～15K 温域内其灵敏度比铂高 10 倍，故可用于铂电阻不能使用的测温范围。

3. 热电阻的结构

在测量环境良好、无腐蚀性的气体或固体表面温度时，可直接使用电阻式温度敏感元件。但在测量液体或测量环境比较恶劣时无法直接使用电阻式温度敏感元件，需要在其外表加防护罩进行保护。在工业测量过程中，为了防腐蚀，抗冲击，延长使用寿命，便于安装、接线，常用以下四种标准结构。

(1) 普通型热电阻温度传感器

普通型热电阻温度传感器由热电阻元件、绝缘套管、引出线、保护套管及接线盒等基本部分组成。如图 6-9 所示，保护套管不仅用来保护热电阻感温元件免受被测介质化学腐蚀和机械损伤，还具有导热功能，将被测介质温度快速传导至热电阻。

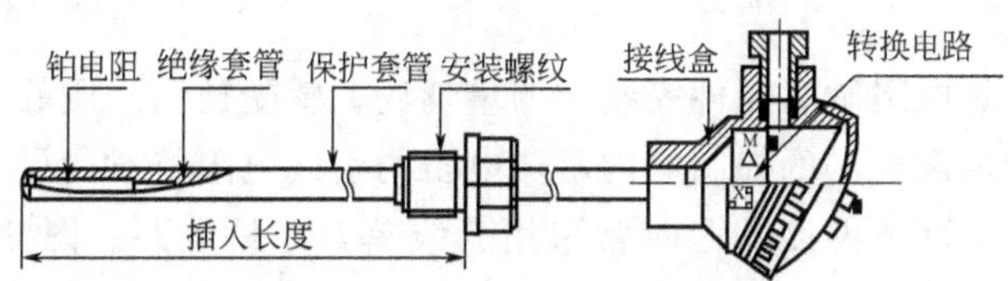

图 6-9　普通型热电阻温度传感器

(2) 铠装热电阻温度传感器

铠装热电阻是由感温元件（电阻体）、引线、高绝缘氧化镁、1Cr18Ni9Ti 不锈钢套管经多次一体拉制而成的坚实体。这种结构在安装、弯曲时，不会损坏热电阻元件。与普通型热电阻相比，它具有体积小，内部无空气隙，热惯性小，测量滞后小；机械性能好、耐振，抗冲击；能弯曲，便于安装；耐腐蚀，使用寿命长等优点。

(3) 端面热电阻温度传感器

端面热电阻感温元件由特殊处理的电阻丝材绕制，紧贴在温度计端面。它与一般轴向热电阻相比，能更正确和快速地反映被测端面的实际温度，适用于测量轴瓦和其他机件的端面温度，其外形如图 6-10 所示。

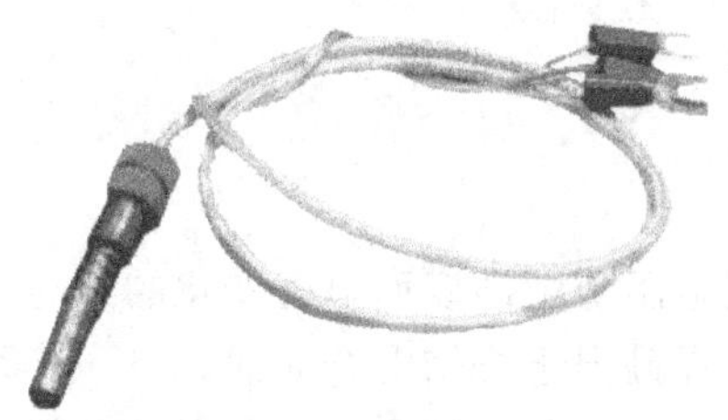

图 6-10　端面热电阻

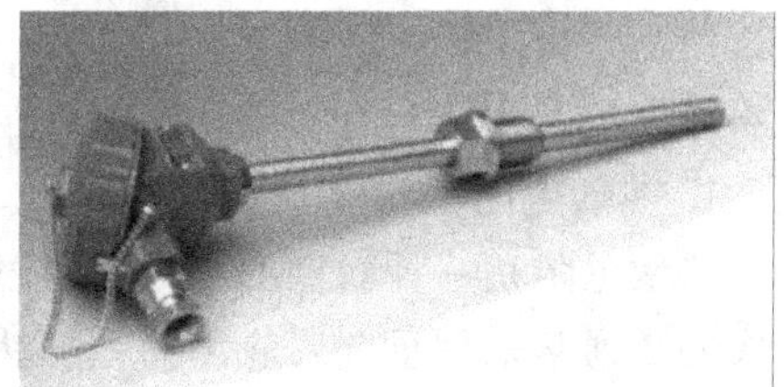

图 6-11　隔爆型热电阻

(4) 隔爆型热电阻温度传感器

隔爆型热电阻通过具有隔爆外壳的接线盒，把其外壳内部可能产生爆炸的混合气体，因受到火花或电弧等影响而发生的爆炸局限在接线盒内，阻止向周围的生产现场传爆，如图 6-11 所示。隔爆型热电阻一般用于有爆炸危险场所的温度测量。

4. 热电阻的测量电路

最常用的热电阻测温电路是电桥电路，如图 6-12 所示。图中 R_1、R_2、R_3 和 R_t（或 R_q、R_M）组成电桥的四个桥臂，其中 R_t 是热电阻，R_q 和 R_M 分别是调零和调满刻度的调整电阻（电位器）。测量时先将切换 S 扳到“1”位置，调节 R_q 使仪表指示为零，然后将 S

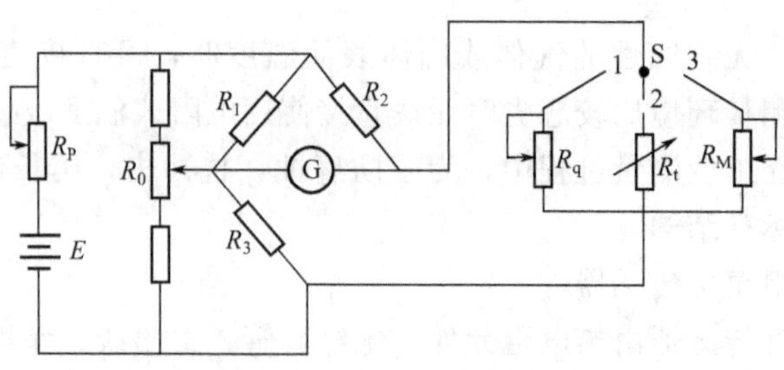

图 6-12 热电阻测温电路

扳到“3”位置，调节 R_M 使仪表指示到满刻度，作这种调整后再将 S 扳到“2”位置，则可进行正常测量。

在实际应用中，热电阻敏感元件安装在测量现场，感受被测介质的温度变化，而测量电路、显示仪表安装在远离现场的控制室内，热电阻的引线电阻将对测量结果有较大影响，造成测量误差。为了克服环境温度的影响常采用三线单臂电桥电路。图 6-13 为热电阻的三线连接法，G 为指示电表，R_1、R_2、R_4 为固定电阻，R_a 为调节电阻。热电阻通过阻值分别为 r_1、r_2、r_3 的三根导线和电桥连接，r_2 和 r_3 分别接在相邻的两臂，当温度变化时，只要它们的长度和电阻温度系数相同（同一种材料的导线），其电阻的变化就不会影响电桥的状态，即不会产生温度测量误差。

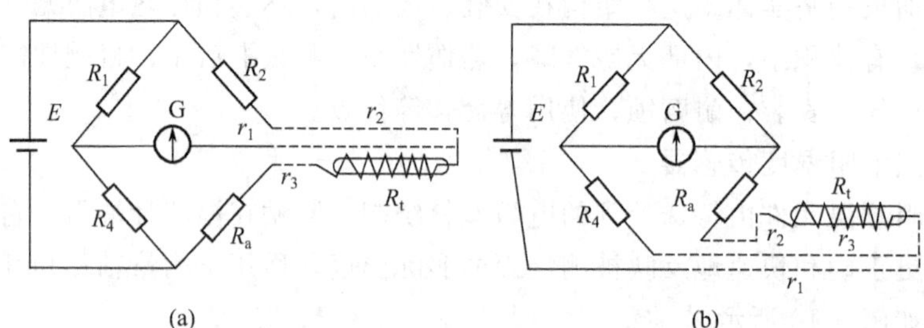

图 6-13 热电阻测量电桥的三线连接

6.2.2 热敏电阻

1. 热敏电阻的特性

热敏电阻是一种新型的半导体测温元件，它是用电阻值随温度而显著变化的半导体电阻制成的。通常采用重金属氧化物锰、钛、钴等材料，在高温下烧结混合而成。

用半导体材料制成的热敏电阻，与金属热电阻相比，有如下特点：电阻温度系数大，灵敏度高，比金属电阻大 10～100 倍；结构简单，体积小；电阻率高，热惯性小，适宜动态测量；阻值与温度变化呈非线性关系；稳定性和互换性相对较差。热敏电阻的常见结构和表示符号如图 6-14 所示。

2. 热敏电阻的分类

热敏电阻按其温度特性通常分为两大类：负温度系数热敏电阻 NTC、正温度系数热敏电阻 PTC。NTC 和 PTC 热敏电阻都可以细分为指数变化型和突变型（又称临界温度型，英文缩写 CTR）。它们的电阻和温度特性的变化关系曲线如图 6-15 所示。

（1）负温度系数热敏电阻 NTC

负温度系数热敏电阻器（NTC）是电阻率 ρ 随着温度的增加比较均匀减小的热敏电阻。

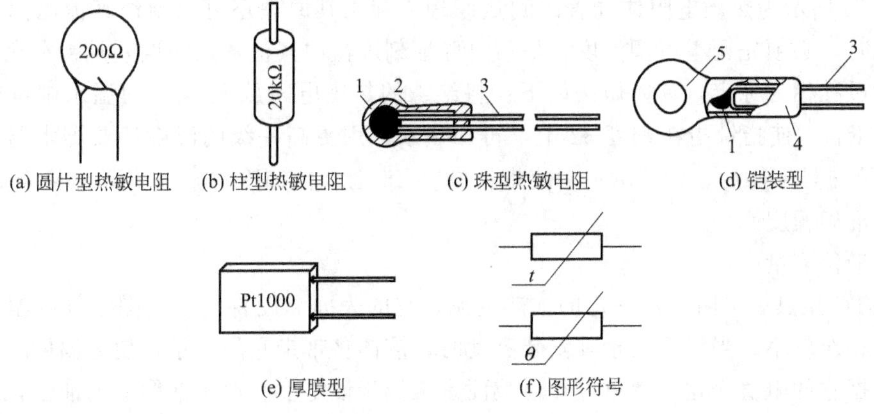

图 6-14　热敏电阻的结构与符号

1—热敏电阻；2—玻璃外壳；3—引出线；4—紫铜外壳；5—传热安装孔

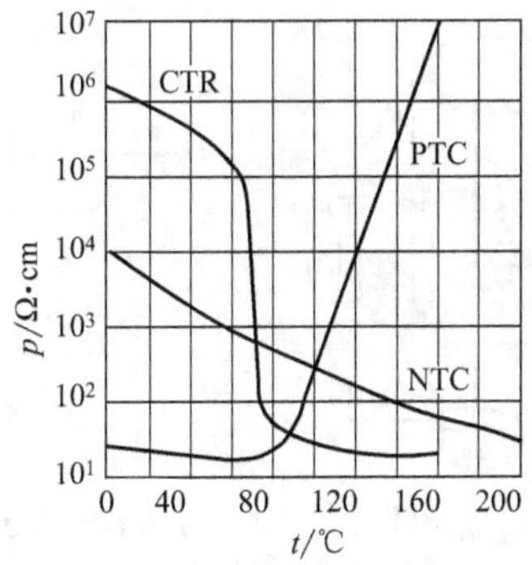

图 6-15　热敏电阻温度特性图

它的材料主要是一些过渡金属氧化物半导体陶瓷，如锰、钴、铁、镍、铜等多种氧化物混合烧结而成，一般用于各种电子产品中作微波功率测量、温度检测、温度补偿、温度控制及稳压用，选用时应根据应用电路的需要选择合适的类型及型号。测温范围一般为－50～350℃，温度系数为－(1～6)％/℃。

（2）正温度系数热敏电阻 PTC

正温度系数热敏电阻器（PTC）是一种新型的测温器件，其温度变化与电阻率变化之间呈线性关系。典型的 PTC 热敏电阻是在钛酸钡中掺入其他金属离子，以改变其温度系数和临界温度点。一般用于电冰箱压缩机启动电路、彩色显像管消磁电路、电动机过电流过热保护电路、限流电路及恒温电加热电路。

（3）突变型热敏电阻 CTR

突变型热敏电阻（CTR）是电阻率 ρ 随着温度的变化而变化，当超过某一温度值时，电阻率发生急剧变化的热敏电阻，具有开关特性，可用于自动控温和报警电路中。

3. 热敏电阻的应用

热敏电阻具有尺寸小、响应速度快、灵敏度高等优点，因此它在许多领域得到广泛的应用，可用于温度测量、温度控制、温度补偿、稳压稳幅、自动增益调节、气体和液体分析、火灾报警、过热保护等方面。

（1）温度测量

图 6-16 所示为热敏电阻体温表的测量原理，利用其原理还可以制作其他测温、控温电路。调试时，必须先调零再调温度，最后再验证刻度盘中其他各点的误差是否在允许范围之内，上述过程称为标定。具体做法如下：将绝缘的热敏电阻放入 32℃的温水中待热量平衡后，调节 R_{P1}，使指针指在刻度 32 上，再加热水，用更高一级的温度计监测水温，使其上升 5℃，待热量平衡后，调节 R_{P2}，使指针指在 45 上，再加冷水，逐步降温检查 32～45℃内刻度的准确程度。

（2）液位测量

给 NTC 型热敏电阻施加一定的加热电流，它的表面温度将高于周围空气的温度，此时它的阻值相对较小。当液面高于其安装高度时，液体将带走它的热量，使之温度下降，阻值升高。根据它的阻值变化，就可以知道液面是否低于设定值。汽车油厢中的油位报警传感器就是利用以上原理制作的。

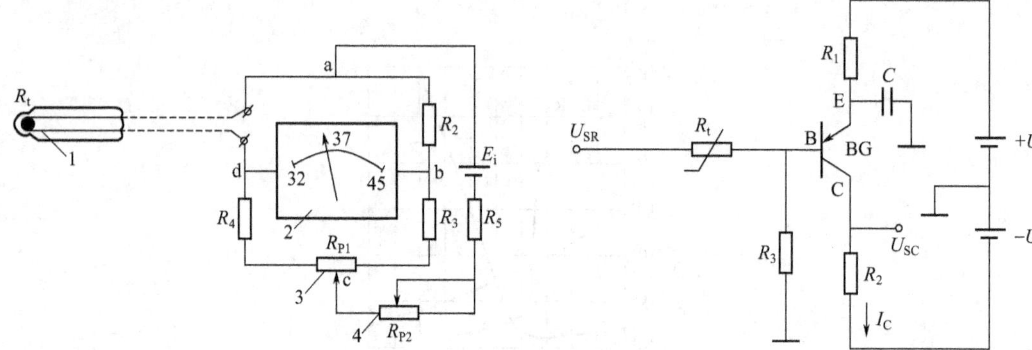

图 6-16 热敏电阻体温表测量原理

图 6-17 热敏电阻用于三极管温度补偿电路

（3）温度补偿

热敏电阻可以在一定范围内对某些元件进行温度补偿。图 6-17 所示为三极管温度补偿电路。当环境温度升高时，三极管的放大倍数 β 随温度的升高将增大，温度每上升 1℃，β 值增大 0.5%～1%，其结果是在相同的 I_B 情况下，集电极电流 I_C 随温度上升而增大，使得输出 U_{SC}增大，若要使 U_{SC}维持不变，则需要提高基极电位，减小三极管基极电流。为此选用负温度系数热敏电阻进行温度补偿。

（4）过载保护

如图 6-18 所示，R_{t1}，R_{t2}，R_{t3}是热电特性相同的 3 个热敏电阻，安装在三相绕组附近。电机正常运行时，电机温度低，热敏电阻高，三极管不导通，继电器不吸合，使电机正常运行。当电机过载时，电机温度升高，热敏电阻的阻值减小，使三极管导通，继电器吸合，则电机停止转动，从而实现保护作用。

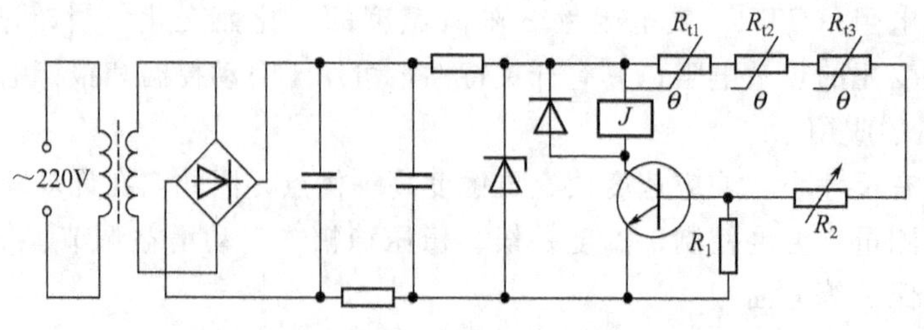

图 6-18 热敏电阻用于电动机过载保护

任务实施

电阻式温度传感器的结构安装形式和种类较多，分析气化炉的使用及安装要求和温度测量范围，确定热电阻温度传感器的结构。

方案一：选择端面热电阻温度传感器为测温元件。这种传感器的热电阻感温元件紧贴在温度计端面，能更正确和快速地反映被测端面的实际温度，适用于炉体表面温度的测量。在炉体表面安装一固定支架，再将传感器安装在支架上，使传感器端面紧贴炉体表面，即可测得炉体表面温度。选择该种传感器测量精度高，使用寿命长，但价格偏高。

方案二：选择热电阻感温元件直接贴在炉体表面。将薄膜式铂电阻直接贴在炉体表面，用高温环氧胶点固，元件引线与延长线焊接后用高温套管做好绝缘并点固，采用三线制或四线制接线方法与放大电路和报警电路进行电连接即可。选择该种测量方法测量精度高，价格便宜，但寿命短，为保证系统可靠性，热电阻感温元件需定期更换。

电阻温度传感器在安装时，会因为安装场所、测量精度、机械强度、密封等因素对安装提出各种具体安装要求，应根据实际情况具体分析，采取相应措施加以解决，以下是需要注意的几点：

（1）温度传感器的安装地点应选择在便于安装、维护且不易受到外界损坏的位置。

（2）温度传感器的插入方向应与被测介质流向相逆，或者垂直，尽量避免与被测介质流向一致。

（3）在管道上安装电阻温度传感器时，应使传感器敏感温度的端头处于流速最大的管道中心线，插入深度不小于300mm，或应大于管道直径的1/3。

（4）传感器的电阻感温元件插入部分越长，测量误差越小，应争取较大的插入深度。一般安装在管道弯处增加插入深度，或斜插，或扩张。

（5）为防止热量损耗，传感器感温元件暴露在设备外面的部分要尽量短，而且在露出部分加保温层。

（6）温度传感器安装在负压管道或容器时，要保证安装的密封性良好。对于密封要求较高的腔体温度的测量，热电阻传感器安装完成后，应进行气密检查。

（7）温度传感器装在具有固体颗粒和流速很高的介质中时，为防止感温元件长期受到冲刷而损坏，可在感温元件之前加装保护板。

【课外实训】

——超温报警电路的制作

本超温报警电路是采用LM45C贴片式温度传感器设计的，报警温度可任意设定，超过设定温度时会发出声、光报警信号。

具体制作方法如下所述：

（1）工作原理

超温报警电路如图6-19所示，该电路主要由贴片式温度传感器LM45C、LM4431基准电源及CA3140运算放大器组成的比较器构成。由电位器RP设定报警温度（每10mV相当于1℃），例如报警温度为80℃时，调节RP使M点电压为800mV即可。

当探头LM45C所在环境超过设定温度时，CA3140比较器的6脚输出高电平，三极管

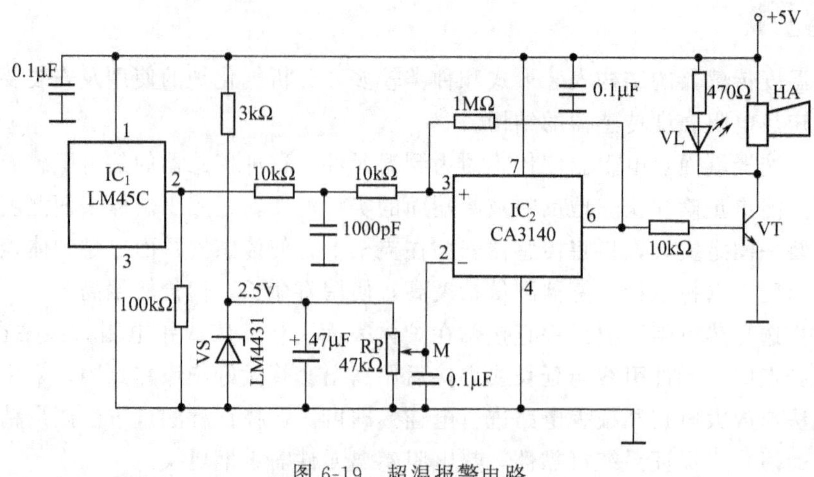

图 6-19 超温报警电路

VT 导通，VL 发光，HA 发声以示超温报警。

比较器有一定的滞后，这是为了防止测量温度在阈值温度上下波动时，产生不稳定的报警声。

（2）元件选择

1）IC_1 选用美国国家半导体公司生产的 LM45C 贴片式温度传感器，其输出电压与摄氏温度成正比，灵敏度为 10mV/℃，不需要调整。IC_2 选用运算放大器 CA3140。

2）VS 采用 2.5V 硅稳压二极管，如 LM4431；VL 采用 ϕ3mm 高亮度发光二极管。VT 采用 9013 或 3DK4 型硅 NPN 中功率三极管，要求电流放大系数 $\beta>100$。

3）R_1～R_7 选用 RTX-1/8W 碳膜电阻器。RP 采用 WSZ-1 型自锁式有机实心电位器。

4）C_1～C_4 均采用 CT1 瓷介电容器；C_5 选用 CD11-10V 的电解电容器。

5）HA 采用语音报警专用电喇叭。

6）电源选用直流 5V 稳压电源。

（3）制作与调试

由于本电路较简单，按电路图焊接安装好后，一般不需要调试即可使用。

【知识拓展】

集成温度传感器

集成温度传感器是利用晶体管 PN 结的电流电压特性与温度的关系，把感温 PN 结及有关电子线路集成在一个小硅片上，构成一个小型化、一体化的专用集成电路片。它与传统的热敏电阻、热电阻、热电偶、双金属片等温度传感器相比，具有测温精度高、复现性好、线性优良、体积小、热容量小、稳定性好、输出电信号大等优点。但是由于 PN 结受耐热性能和特性范围的限制，它只能用来测 150℃以下的温度。

一、基本工作原理

目前在集成温度传感器中，都采用一对非常匹配的差分对管作为温度敏感元件。图6-20 是集成温度传感器基本原理图。其中 T_1 和 T_2 是互相匹配的晶体管，I_1 和 I_2 分别是 T_1 和 T_2 管的集电极电流，由恒流源提供。T_1 和 T_2 管的两个发射极和基极电压之差 ΔU_{be} 可用下式表示，即

$$\Delta U_{be}=\frac{kT}{q}\ln\left(\frac{I_1}{I_2}\cdot\frac{AE_2}{AE_1}\right)=\frac{kT}{q}\ln\left(\frac{I_1}{I_2}\cdot\gamma\right)$$

式中　k——波尔兹曼常数；

q——电子电荷量；

T——绝对温度；

γ——T_1 和 T_2 管发射结的面积之比。

从式中看出，如果保证 I_1/I_2 恒定，则 ΔU_{be}就与温度 T 成单值线性函数关系。这就是集成温度传感器的基本工作原理，在此基础上可设计出各种不同电路以及不同输出类型的集成温度传感器。

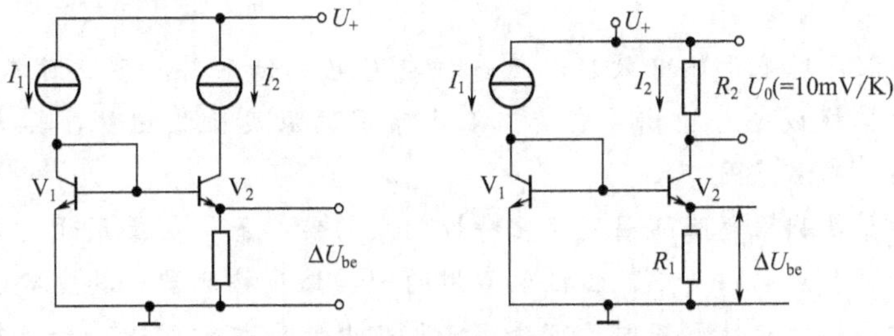

图 6-20　集成温度传感器基本原理

集成温度传感器按输出形式可分为电压输出型和电流输出型两种。电压输出型一般以0℃为零点，温度系数为 10mV/℃；电流输出型一般以 0K 为零点，温度系数为 1μA/K。电流输出型温度传感器适合于远距离测量。

二、AD590 集成温度传感器应用实例

美国 AD 公司生产的 AD590 是应用广泛的一种集成温度传感器，由于它内部有放大电路，再配上相应外电路，方便地构成各种应用电路。下面介绍 AD590 两种简单的应用。

1. 温度测量

图 6-21 是一个简单的测温电路。AD590 在 25℃（298.2K）时，理想输出电流为 298.2μA，但实际上存在一定误差，可以在外电路中进行修正。将 AD590 串联一个可调电阻，在已知温度下调整电阻值，使输出电压 U_T 满足 1mV/K 的关系（如 25℃时，U_T 应为 298.2mV）。调整好以后，固定可调电阻，即可由输出电压 U_T 读出 AD590 所处的热力学温度。

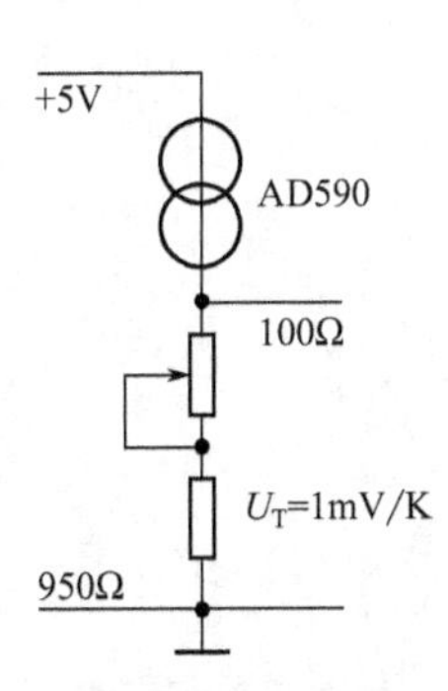

图 6-21　简单的测温电路

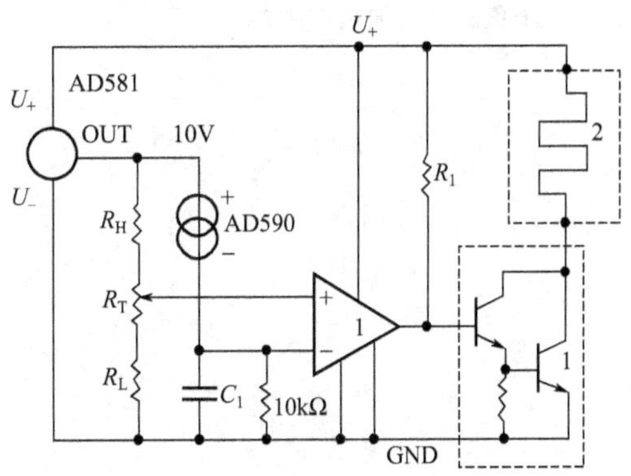

图 6-22　简单控温电路

1—AD311；2—加热元件

2. 温度控制

简单的控温电路如图 6-22 所示。AD311 为比较器，它的输出控制加热器电流，调节 R_1 可改变比较电压，从而改变了控制温度。AD581 是稳压器，为 AD590 提供一个合理的稳定电压。

【项目小结】

温度测量方法通常可分为接触式和非接触两大类，每一类温度传感器种类繁多，在实际应用中，应根据具体的使用场合、条件和要求，选择较为适用的传感器，做到既经济又合理。

热电偶的测温原理基于热电效应，是一种自发电式传感器，测量时不需要外加电源，直接将被测温度转换成电势输出。它是工业上常用的温度检测组件，其优点是测量精度高，测温精度高，测温范围广。

热电阻传感器是利用电阻随温度变化特性制成的传感器，主要用于对温度或与温度有关的参量进行检测。热电阻是中低温区最常用的一种温度检测器，其主要特点是测量精度高，性能稳定。按热电阻性质不同，可分为金属热电阻和热敏电阻，金属热电阻是利用电阻与温度成一定函数关系的特性，由金属材料制成的感温组件；热敏电阻利用半导体的电阻随温度变化的特性而制成的，按其温度特性通常分为负温度系数热敏电阻和正温度系数热敏电阻。

【习题与训练】

1. 热电偶的基本工作原理是什么？
2. 热电偶测温为什么要采用补偿导线？
3. 简述热电偶参考（冷）端温度补偿的方法。
4. 什么叫热电阻效应？试述金属热电阻效应的特点。
5. 制造热电阻的材料应具备哪些特点？常用的热电阻材料有哪几种？
6. 热敏电阻有什么特点？
7. 试述热敏电阻的三种类型、特点及应用。
8. 对于具有观赏价值的热带鱼，为使它们安全过冬，需要对鱼缸进行加温，使水温保持在 26℃左右，讨论设计一个鱼缸自动加热控制器。

项目 7　化学物质测量传感器

【项目描述】

在流程生产中，成分是最直接的控制指标。对于化学反应过程要求产量多，效率高；对于分离过程，要求得到更多的纯度合格产品。例如，氨的合成中，合成气中一氧化碳和二氧化碳含量一高，合成塔媒要中毒；氢氮比不适当，转化率要低。这些都需要进行气体分析。

随着工业现代化的进步，被人们所利用的和在生活、工业上排放出的气体种类、数量都日益增多。这些气体中，许多都是易燃、易爆（例如氢气、煤矿瓦斯、天然气、液化石油气等）或者对于人体有毒害的（例如一氧化碳、氟利昂等）。它们如果泄漏到空气中，就会污染环境、影响生态平衡，甚至导致爆炸、火灾、中毒等灾害性事故。为了保护人类赖以生存的自然环境，防止不幸事故的发生，需要对各种有害、可燃性气体在环境中存在的情况进行有效的监控。因此气体成分、物性的测量和控制非常重要。

同样，湿度的检测与控制在工业、农业、气象、医疗以及日常生活中的地位越来越重要。例如，许多储物仓库在湿度超过某一个程度时，物品易发生变质或者霉变现象；居室的湿度希望适中；集成电路生产车间相对湿度低于 30%RH 时，容易产生静电感应影响生产；在农业生产中的温室育苗、食用菌培养、水果保鲜等都需要对湿度进行检测和控制。本项目主要学习气体和湿度测量常用传感器的基本知识。

【知识目标】

掌握气敏电阻和湿度传感器的基本工作原理，了解气体和湿度测控在相关领域的应用。

【技能目标】

学会识别气体和湿度检测元件，能解决简单气体和湿度检测问题。

任务 7.1　气体测量传感器

一般家庭厨房烹调热源有煤气、天然气、石油液化气等，由于这些可燃气体的泄漏、点火失误等原因，造成爆炸、火灾和中毒死伤事故的数字十分惊人。为了保障生命财产安全，要对厨房可燃气体泄漏进行检测。厨房可燃气体怎样进行检测？

基本知识与技能

气体传感器又叫气敏传感器，如图 7-1 所示为几种气体传感器外形，主要用来监测气体中的特定成分，并将其变成相应的电信号输出。气体传感器的应用很广，在日常生活中，有检测饮酒者呼气中的酒精含量的传感器；测量汽车空燃比的氧气传感器；家庭和工厂用的煤气泄漏传感器；火灾之后检测建筑材料发出的有毒气体传感器；坑内沼气警报器等。气敏传感器主要检测对象及其应用场所见表 7-1。

(a) 酒精传感器

(b) 甲烷传感器

(c) 空气质量传感器

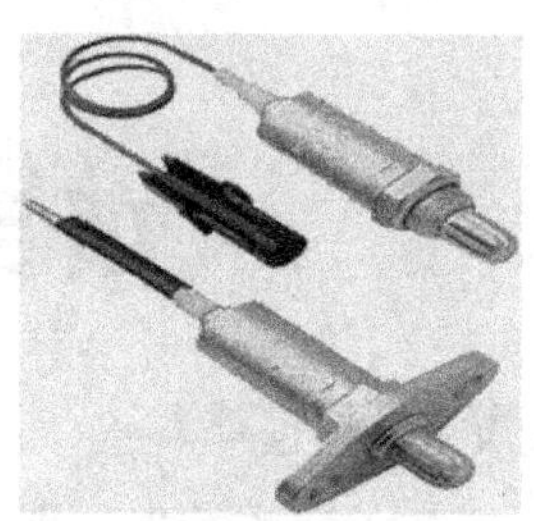
(d) 氧气浓度传感器

图 7-1 气体传感器外形

表 7-1 气敏传感器主要检测对象及其应用场所

分 类	检测对象气体	应用场合
易燃易爆气体	液化石油气、焦炉煤气、发生炉煤气、天然气 甲烷 氢气	家庭用 煤矿 冶金、试验室
有毒气体	一氧化碳(不完全燃烧的煤气) 硫化氢、含硫的有机化合物 卤素,卤化物,氨气等	煤气灶等 石油工业、制药厂 冶炼厂、化肥厂
环境气体	氧气(缺氧) 水蒸气(调节湿度,防止结露) 大气污染(SO_x,NO_x,Cl_2 等)	地下工程、家庭 电子设备、汽车、温室 工业区
工业气体	燃烧过程气体控制,调节燃/空比 一氧化碳(防止不完全燃烧) 水蒸气(食品加工)	内燃机,锅炉 内燃机、冶炼厂 电子灶
其他灾害	烟雾,司机呼出酒精	火灾预报,事故预报

7.1.1 半导体气体传感器

气体传感器可分为半导体气体传感器、固体电解质气体传感器、组合电位型传感器等多种类型，其中最常见的是半导体气体传感器。

目前半导体气体传感器常用于工业上天然气、煤气、石油化工等部门的易燃、易爆、有毒、有害气体的监测、预报和自动控制。

半导体气体传感器基本工作原理是利用半导体气敏元件同气体接触，造成半导体性质变化，来检测气体的成分或浓度。按照半导体与气体的相互作用是在其表面还是在其内部，可分为表面控制型和体控制型两种；按照半导体变化的物理性质，又可分为电阻型和非电阻型两种。

1. 电阻型半导体气体传感器

电阻型半导体气体传感器简称气敏电阻，气敏电阻的材料是金属氧化物，在合成材料时，通过化学计量比的偏离和杂质缺陷制成，金属氧化物半导体分 N 型半导体（如氧化锡、氧化铁、氧化锌、氧化钨等），P 型半导体（如氧化钴、氧化铅、氧化铜、氧化镍等）。为了提高某种气敏元件对某些气体成分的选择性和灵敏度，合成材料有时还渗入了催化剂，如钯(Pd)、铂（Pt)、银（Ag）等。

金属氧化物在常温下是绝缘的，制成半导体后却显示气敏特性。通常器件工作在空气中，空气中的氧和 NO_2 这样的电子兼容性大的气体，接受来自半导体材料的电子而吸附负电荷，结果使 N 型半导体材料的表面空间电荷层区域的传导电子减少，使表面电导减小，从而使器件处于高阻状态。一旦元件与被测还原性气体接触，就会与吸附的氧起反应，将被氧束缚的电子释放出来，敏感膜表面电导增加，使元件电阻减小。

气敏电阻元件种类很多，按制造工艺分烧结型、薄膜型、厚膜型，如图 7-2 所示。

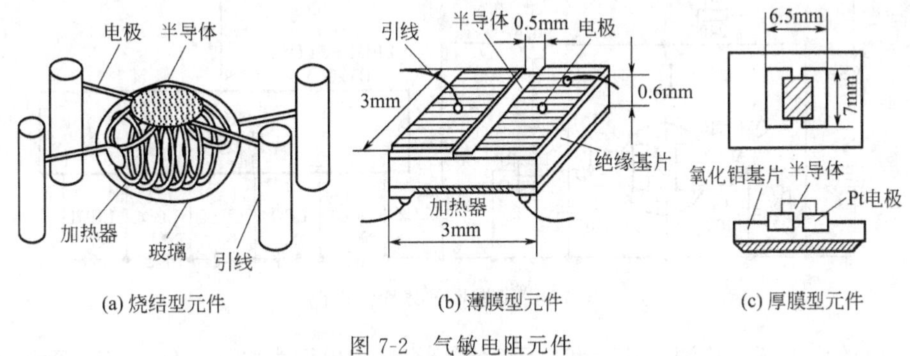

图 7-2　气敏电阻元件

(1) 烧结型气敏元件

烧结型气敏元件将元件的电极和加热器均埋在金属氧化物气敏材料中，经加热成型后低温烧结而成。目前最常用的是氧化锡（SnO_2）烧结型气敏元件，它的加热温度较低，一般在 200～300℃，SnO_2 气敏半导体对许多可燃性气体，如氢、一氧化碳、甲烷、丙烷、乙醇等都有较高的灵敏度。

(2) 薄膜型气敏元件

薄膜型气敏元件采用真空镀膜或溅射方法，在石英或陶瓷基片上制成金属氧化物薄膜(厚度 0.1μm 以下)，构成薄膜型气敏元件。氧化锌（ZnO）薄膜型气敏元件以石英玻璃或陶瓷作为绝缘基片，通过真空镀膜在基片上蒸镀锌金属，用铂或钯膜作引出电极，最后将基片上的锌氧化。氧化锌敏感材料是 N 型半导体，当添加铂作催化剂时，对丁烷、丙烷、乙烷等烷烃气体有较高的灵敏度，而对 H_2、CO_2 等气体灵敏度很低。若用钯作催化剂时，对 H_2、CO 有较高的灵敏度，而对烷烃类气体灵敏度低。因此，这种元件有良好的选择性，工作温度在 400～500℃的较高温度。

(3) 厚膜型气敏元件

厚膜型气敏元件将气敏材料（如 SnO_2、ZnO）与一定比例的硅凝胶混制成能印刷的厚膜胶。把厚膜胶用丝网印刷到事先安装有铂电极的氧化铝（Al_2O_3）基片上，在 400～800℃的温度下烧结 1～2 小时便制成厚膜型气敏元件。用厚膜工艺制成的器件一致性较好，机械强度高，适于批量生产。

以上三种气敏器件都附有加热器，在实际应用时，加热器能使附着在测控部分上的油雾、尘埃等烧掉，同时加速气体氧化还原反应，从而提高器件的灵敏度和响应速度。

2. 非电阻型半导体气体传感器

非电阻型气体传感器也是利用 MOS 二极管的电容-电压特性的变化以及 MOS 场效应晶体管的阈值电压变化等特性而制成的气体传感器。由于这类传感器的制造工艺成熟，便于器件集成化，因而其性能稳定，价格便宜。利用特定材料还可以使传感器对某些气体特别敏感。

7.1.2 气体传感器的应用

1. 可燃气体泄漏报警器

图 7-3 所示电路为用 QM-N10 做气敏元件的可燃性气体检测电路，可以用于家庭对煤气、一氧化碳、液化石油气等泄漏实现检测报警。

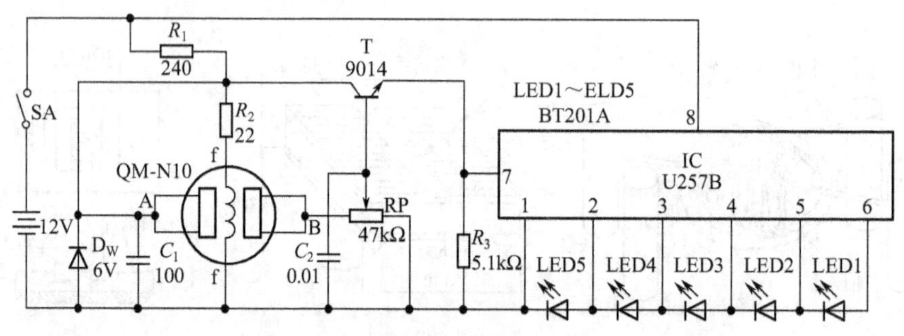

图 7-3 可燃性气体检测电路

这个电路由电源、检测、放大和显示等部分组成。电源由电池、D_W、C_1 等组成，电池选用 12V 叠层电池，经开关 SA 提供 12V 电压，同时 D_W 提供 6V 电压，为检测与放大电路提供电源。检测元件为低功耗、高灵敏度的 QM-N10 型气体传感器，T 选用 9014 晶体管，放大检测到的信号。显示电路选用 LED 条形驱动器集成块 U257B，额定工作电压为 8～25V，输入电压最大 5V，输入电流 0.5mA，功耗 690mW。LED 被点亮的只数，取决于 7 脚电位的高低。当 7 脚电位低于 0.18V 时，其输出端 2～6 脚均为低电平，LED1～LED5 均不亮。当 7 脚电位由 0.18V 升高至 2V 时，LED1～LED5 被依次点亮。工作中，当气体传感器 QM-N10 不接触可燃气体时，其 A、B 两极间呈高阻抗，使得 IC 的输入端 7 脚的电压趋于 0V，LED1～LED5 均不亮。当气敏传感器 QM-N10 处于一定浓度的可燃性气体中时，QM-N10 的 A、B 两电极端电阻变小，使得 IC 的输入端 7 脚有一定的电压（≥1.8V），相应的发光二极管点亮，可燃性气体的浓度越高，LED1～LED5 依次被点亮的只数越多。

注意，气敏元件开机通电时的电阻很小，经过一定时间后，才能恢复到稳定状态，因此，气敏检测装置需开机预热几分钟后，才可投入使用。

2. 防止酒后驾车控制器

防止酒后驾车控制器原理电路如图 7-4 所示。图中 QM-J1 为酒敏元件。若司机没喝酒，在驾驶室内合上开关 S，此时气敏器件的阻值很高，U_a 为高电平，U_1 为低电平，U_3 为高电平，继电器 K_2 线圈失电，其常闭触点 K_{2-2} 闭合，发光二极管 VD_1 通，发绿光，能点火启动发动机。

若司机酗酒，器皿器件的阻值急剧下降，使 U_a 为低电平，U_1 为低电平，U_3 为低电平，继电器 K_2 线圈通电，K_{2-2} 常开触点闭合，发光二极管 VD_2 通，发红光，以示警告，同时常闭触点 K_{2-1} 断开，无法启动发电机。

若司机拔出气敏器件，继电器 K_1 线圈失电，其常开触点 K_{1-1} 断开，仍然无法启动发动机。常闭触点 K_{1-2} 的作用是长期加热气敏器件，保证此控制器处于工作的状态。5G1555 为集成定时器。

3. 家用有毒气体探测报警器

一氧化碳、液化气、甲烷、丙烷都是有毒可燃气体，当空气中达到一定浓度时，将危及

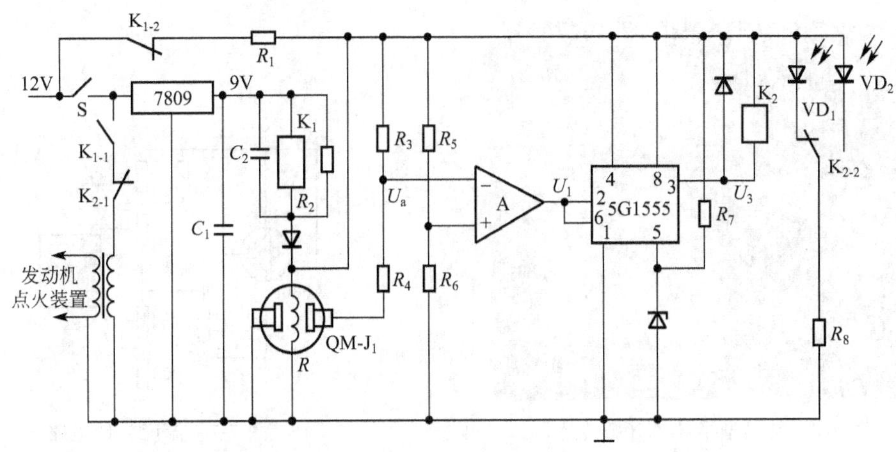

图 7-4　防止酒后驾车控制器原理

人的健康与安全。图 7-5 所示电路为家用有毒气体探测报警电路，本电路线路虽然简单，但具有很高的灵敏度，对探测上述有毒气体是非常有效的。

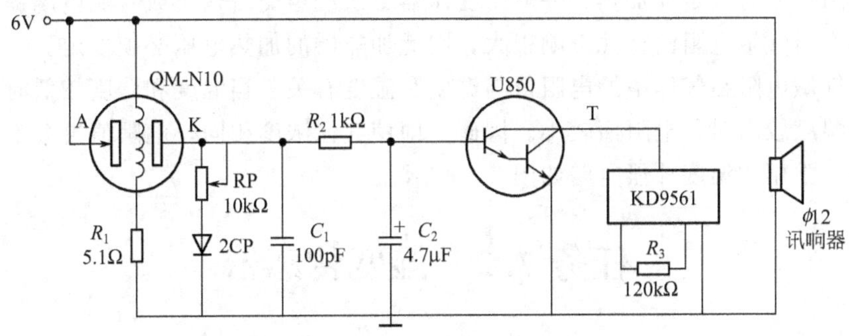

图 7-5　有毒气体探测报警电路

该探测报警电路用 QM-N10 气敏传感器作为探测头。当空气不含有毒气体时，A、K 两点间的电阻很大，流过 RP 的电流很小，K 点为低电位，达林顿管 U850 不导通；当空气中含有还原性气体时（如上述有毒气体），A、K 两点间的电阻迅速下降，通过 RP 的电流增大，K 点电位升高，向 C_2 充电直至达到 U850 导通电位（约 1.4V）时，U850 导通，驱动发声集成片 KD9561 发声。

当空气中有毒气体浓度下降至使 A、K 两点间恢复高阻时，K 点电位低于 1.4V，U850 截止，报警解除。

任务实施

根据厨房可燃气体泄漏检测的使用要求，结合气敏传感器相关知识，选用半导体电阻式气敏传感器。图 7-6 为常温型半导体气敏传感器外形。

1. 厨房用燃气

（1）厨房使用煤气和天然气：由于该类气体比空气轻，应将报警器安装在靠近天花板处，这样容易积聚上升的气体。

（2）厨房使用液化石油气：由于该类气体的主要成分为丙烷，比空气密度大，容易沉积到地面上，因此报警器要安装在接近地面处。

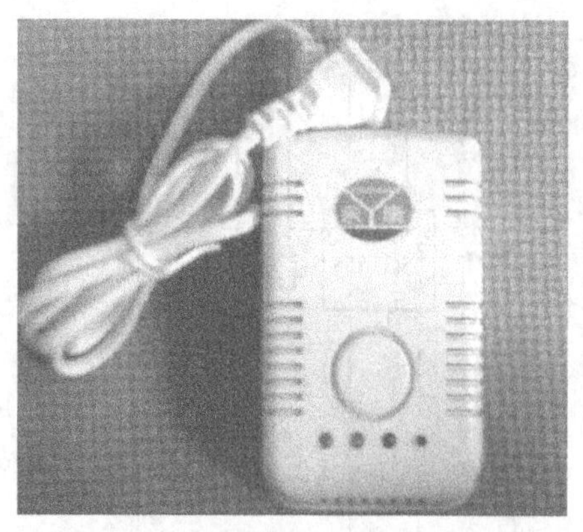
图 7-6 常温型半导体气敏传感器

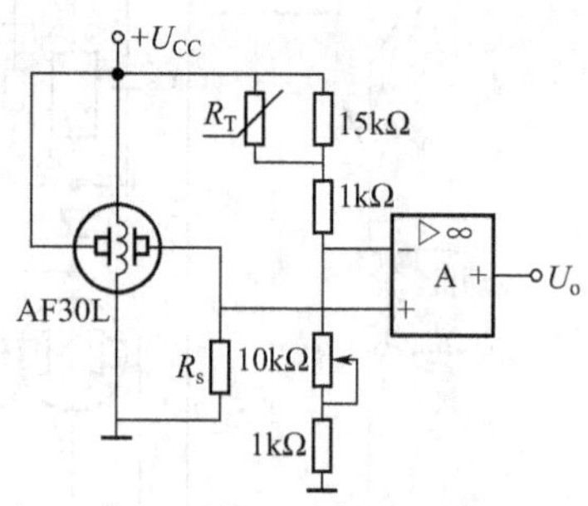

图 7-7 温度补偿电路

2. 厨房气体报警器的性能指标

(1) 精度：可燃气体的体积百分率达到 0.1%～0.3%时，能可靠报警。

(2) 工作温度：－10℃～＋40℃。

气敏电阻使用时一定要加热：一般由变压器二次绕组交流输出或直流电压提供低电压加热。加热温度对气敏电阻的特性影响很大，因此加热器的加热电压必须恒定。

半导体气敏电阻在气体中的电阻值与温度和湿度有关。当温度和湿度较低时，电阻值较大；温度和湿度较高时，电阻值较小。因此，即使气体浓度相同，电阻值也会不同，需要进行温度补偿。常用的温度补偿电路如图 7-7 所示。

任务 7.2 湿度传感器

生活中，粮仓必须保持干燥的环境，否则粮食容易霉变。因此湿度的检测和控制是非常重要的。本次任务就是学习湿度传感器相关知识。

基本知识与技能

湿度传感器是由湿敏元件和转换电路等组成，能感受外界湿度（通常将空气或其他气体中的水分含量称为湿度）变化，并通过器件材料的物理或化学性质变化，将环境湿度变换为电信号的装置。如图 7-8 所示为湿度传感器实物外形。

7.2.1 湿度的表示方法

湿度是指物质中所含水蒸气的量，目前的湿度传感器多数是测量气氛中的水蒸气含量。通常用绝对湿度、相对湿度和露点（或露点温度）来表示。

1. 绝对湿度

绝对湿度是指单位体积的气氛中含水蒸气的质量，其表达式为：

$$H_a=\frac{m_V}{V} \tag{7-1}$$

式中 H_a——绝对湿度；

m_V——待测空气中水蒸气质量；

V——待测空气总体积。

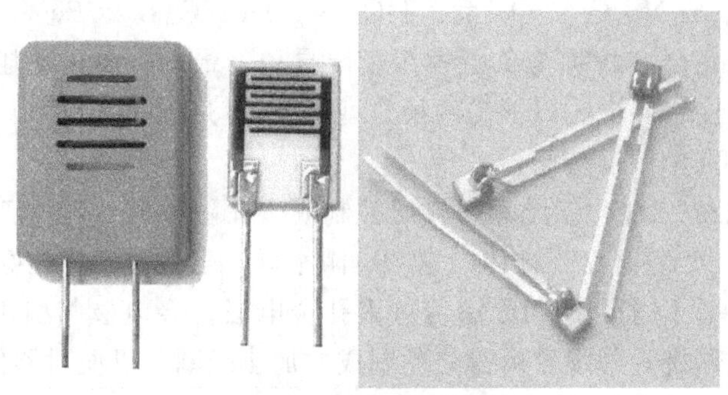

图 7-8　湿度传感器实物

2. 相对湿度

相对湿度（H_r）为待测气氛中水汽分压（p_V）与相同温度下水的饱和水汽压（p_W）的比值的百分数。

$$H_r=\left(\frac{p_V}{p_W}\right)_T\times 100\%RH \tag{7-2}$$

式中　T——温度。

3. 露点

在一定大气压下，将含水蒸气的空气冷却，当降到某温度时，空气中的水蒸气达到饱和状态，开始从气态变成液态而凝结成露珠，这种现象称为结露。此时的温度称为露点或露点温度。如果这一特定温度低于 0℃，水汽将凝结成霜。

7.2.2　湿度传感器的分类

常见的湿度传感器主要分为两大类：水分子亲和力型、非水分子亲和力型。水分子有较大的偶极矩，因而易于附着并渗入固体表面内，利用此现象而制成的湿敏元件称为水分子亲和力型湿敏元件；另一类湿敏元件与水分子亲和力毫无关系，称为非水分子亲和力型湿敏元件。下面主要介绍水分子亲和力型湿度传感器。

1. 氯化锂湿敏电阻

氯化锂湿敏电阻是利用吸湿性盐类潮解，离子电导率发生变化而制成的测湿元件，该元件的结构如图 7-9 所示，由引线、基片、感湿层与电极组成。

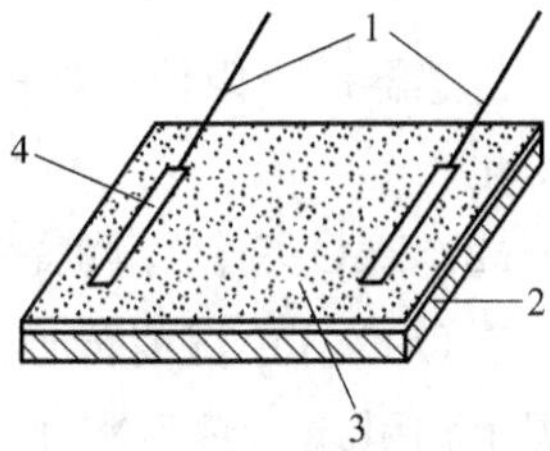

氯化锂通常与聚乙烯醇组成混合体，在氯化锂（LiCl）溶液中，Li 和 Cl 均以正负离子的形式存在，而 Li^+ 对水分子的吸引力强，离子水合程度高，其溶液中的离子导电能力与浓度成正比。当溶液置于一定温湿场中，若环境相对湿度高，溶液将吸收水分，使浓度降低，因此，其溶液电阻率增高。反之，环境相对湿度变低时，则溶液浓度升高，其电阻率下降，从而实现对湿度的测量。

图 7-9　氯化锂湿敏电阻结构示意图

1—引线；2—基片；3—感湿层；4—金属电极

氯化锂湿敏元件的优点是滞后小，不受测试环境风速影响，检测精度高达±5%，但其耐热性差，不能用于露点以下测量，器件性能的重复性不理想，使用寿命短。

2. 半导体陶瓷湿度传感器

半导体陶瓷湿度传感器通常用两种以上的金属氧化物半导体材料混合烧结成多孔陶瓷，ZnO-LiO_2-V_2O_5 系、Si-Na_2O-V_2O_5 系、TiO_2-MgO-Cr_2O_3 系、Fe_3O_4 等。前三种材料的电阻率随湿度增加而下降，故称为负特性湿度半导瓷；最后一种的电阻率随湿度增加而增大，故称为正特性湿度半导瓷。以下是两种典型半导体陶瓷湿度传感器。

(1) $MgCr_2O_4$-TiO_2 湿度传感器

氧化镁复合氧化物-二氧化钛湿敏材料通常制成多孔陶瓷型“湿-电”转换器件，它是负特性半导瓷。$MgCr_2O_4$ 为 P 型半导体，它的电阻率低，阻值温度特性好，结构如图 7-10 所示。在 $MgCr_2O_4$-TiO_2 陶瓷片的两面涂覆有多孔金电极。金电极与引出线烧结在一起，为了减少测量误差，在陶瓷片外设置由镍铬丝制成的加热线圈，以便对器件加热清洗，排除恶劣气体对器件的污染。整个器件安装在陶瓷基片上，电极引线一般采用铂-铱合金。

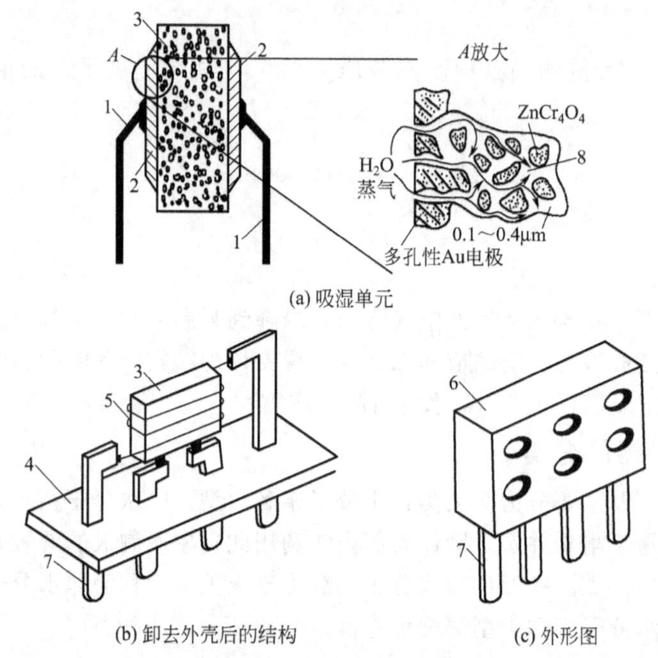

(a) 吸湿单元

(b) 卸去外壳后的结构

(c) 外形图

图 7-10 陶瓷湿度传感器结构

1—引线；2—多孔性电极；3—多孔陶瓷；4—底座；5—镍铬加热丝；6—外壳；7—引脚；8—气孔

传感器的电阻值既随所处环境的相对湿度的增加而减少，又随周围环境温度的变化而有所变化。

(2) ZnO-Cr_2O_3 陶瓷湿度传感器

ZnO-Cr_2O_3 湿度传感器的结构是将多孔材料的电极烧结在多孔陶瓷圆片的两表面上，并焊上铂引线，然后将敏感元件装入有网眼过滤的方形塑料盒中用树脂固定而做成的。ZnO-Cr_2O_3 传感器能连续稳定地测量湿度，而无需加热除污装置，功耗低于 0.5W，体积小，成本低，是一种常用测湿传感器。

3. 有机高分子湿度传感器

用有机高分子材料制成的湿度传感器，主要是利用其吸湿性与胀缩性。某些高分子电介质吸湿后，介电常数明显改变，制成了电容式湿度传感器；某些高分子电解质吸湿后，电阻明显变化，制成了电阻式湿度传感器；利用胀缩性高分子（如树脂）材料和导电粒子，在吸湿之后的开关特性，制成了结露传感器。

7.2.3　湿度传感器的应用

1. 自动去湿装置

自动去湿装置电路图如图 7-11 所示，H 为湿敏传感器，R_S 为加热电阻丝。在常温常湿情况下调好各电阻值，使 VT_1 导通，VT_2 截止。当阴雨等天气使室内环境湿度增大而导致 H 的阻值下降到某值时，与 R_2 并联之阻值小到不足以维持 VT_1 导通。由于 VT_1 截止而使 VT_2 导通，其负载继电器 K 通电，常开触点Ⅱ闭合，加热电阻丝 R_S 通电加热，驱散湿气。当湿度减小到一定程度时，电路又翻转到初始状态，VT_1 导通，VT_2 截止，常开触点Ⅱ断开，R_S 断电停止加热。

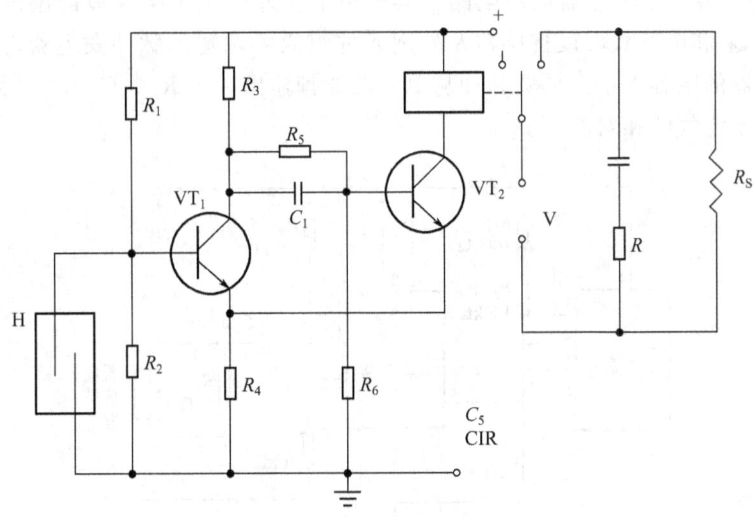

图 7-11　自动去湿装置电路图

2. 录像机结露报警控制电路

录像机结露报警控制电路如图 7-12 所示，该电路由 VT_1～VT_4 组成。结露时，LED 亮（结露信号），并输出控制信号使录像机进入停机保护状态。

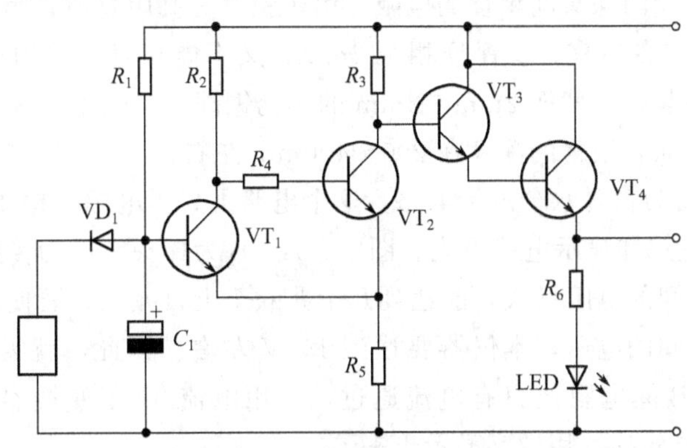

图 7-12　录像机结露报警电路

在低湿时，结露传感器的电阻值为 2kΩ 左右，VT_1 因其基极电压低于 0.5V 而截止，VT_2 集电极电位低于 1V，所以 VT_3 及 VT_4 也截止。结露指示灯不亮，输出的控制信号为低电平。

在结露时，结露传感器的电阻值大于50kΩ，VT_1 饱和导通，VT_2 截止；从而使 VT_3 及 VT_4 导通，结露指示灯亮，输出的控制信号为高电平。

任务实施

粮食含水量不同，电导率也不同。检测粮食含水量是将两根金属探头插入粮食中，当粮食含水量越高时，电导率越大，两根金属探头间的阻值就越小；反之，阻值就越大。通过检测两根金属探头间阻值的变化，就能测出粮食含水量的大小。由于粮仓环境洁净，水分检测连续，结合湿敏传感器相关知识，这里选用高分子电容湿敏传感器作为环境湿度检测传感器。

图 7-13 为电容湿度传感器应用电路，其中 IC_1 及外围元件组成多谐振荡器，产生触发 IC_2 的脉冲。IC_2 和电容式湿度传感器及外围元件组成可调宽的脉冲发生器，其脉冲宽度取决于湿度传感器的电容大小。调宽脉冲从 IC_2 的 9 脚输出，经 R_5、C_2 滤波后成为直流信号输出，它正比于空气的相对湿度。

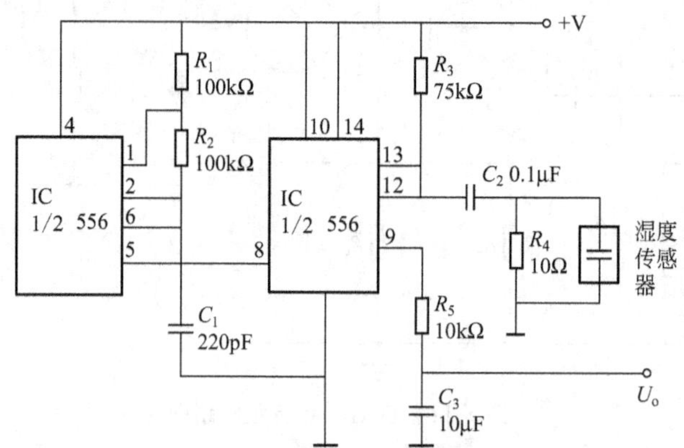

图 7-13 电容湿度传感器应用电路

粮食的水分不同，其导电率也不同，所选测量仪的传感器是由两根金属探头组成的，将探头插入粮食内，测量两探头间粮食的电阻。由于粮食是高阻物质，因此，两探头不能相距太远，以相距 2mm 左右为宜。要保证相距 2mm，又不能相碰，要用绝缘材料相隔离。因此，探头要安装在一起，用截面 2mm×2mm 的不锈钢即可。长度在 300～500mm 为宜。探头要安装绝缘手柄，插入粮食的深度在 200～400mm 左右。

图 7-14 所示电路为粮食水分测量电路，这个电路由高压电源、检测电路、电流/电压转换电路、A/D 转换电路和显示电路组成。图中，A、B 为探头，即为传感器。传感器探头插入粮食内，其 A、B 间的电阻增大，能达到几十兆欧至上百兆欧，要使这样大的电阻通过电流，必须提高 A、B 间的电压，本仪器要达到 150V 左右。因此，就需要一个高压发生器，加上高压以后，A、B 间电阻便只有电流通过，再用电流/电压变换器将电流变换成电压，然后将电压通过 A/D 转换，用数字显示出来。

本仪器电源电压为 9V。高压发生器是由 CMOS 时基电路 7555 组成无稳自激振荡，变压器和整流电路组成。7555 电源电压范围较宽，大约 3～18V 都能正常工作。根据电路设计的需要，7555 电路的电源不是取自 9V，而是取自 7106 内部的基准电压源，即 V（1 脚，电

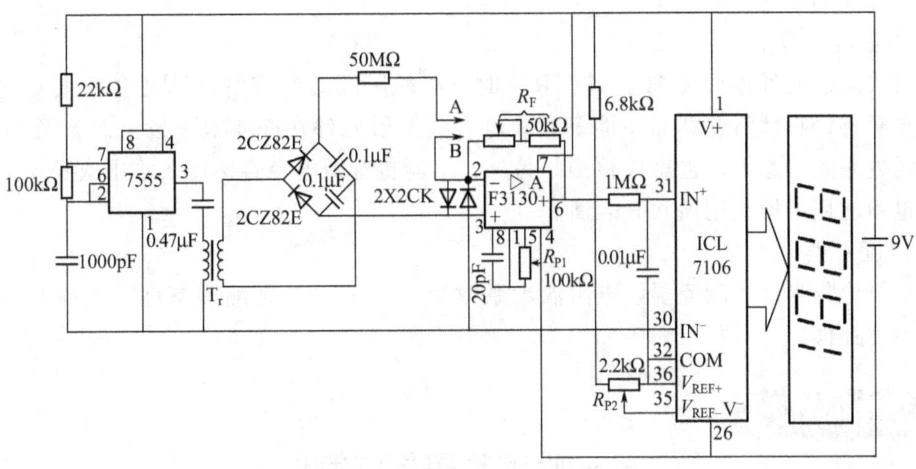

图 7-14　粮食含水量检测电路

源正）和 COM（26 脚）之间的电压，V 到 COM 间的电压一般为 2.8V。7555 的振荡频率为 6500Hz，用变压器 T 将 7555 的振荡电压提高到 20 多倍。因此，要求变压器的原边匝数为 100 匝，副边匝数为 2000 匝，这样经过整流后可得到约 150V 的电压。

电流/电压变换器以 F3130 为核心。当探头 A、B 间加上高压以后，插入粮食内，其电流一般在 1μA 以内，要把这样小的电流转换电压，要求高阻抗运算放大器，F3130CMOSFET-BTT 高输入阻抗运算放大器，其差模输入电阻为 $1.5\times10^{12}\Omega$，输入偏流仅为 5PA。因此，通过 R_{AB}的电流，基本不通过 F3130 内部，而是通过反馈电阻 R_F 并在输出端形成电压，这样便把电流变换成电压。

为了限制通过 R_F 的电流，在 A 探头上串入一个 50MΩ 的电阻，又为了限制 F3130 输出电压不宜过大，应使反馈电阻 R_F 较小，如 R_F 太大，将使 F3130 饱和而不能限量。把 F3130 的输出电限制在 2V 以内，即把 A/D 转换器的电压量程定在 2V 以下。

A/D 转换以 ICL7106 为核心，F3130 为单端输出，而 7106 要求双端输入，因此，按图 7-14 电路连线。把 F3130 的输出端与同相端间的电压送入到 7106 的 IN^+ 和 IN^- 两输入端。7106 的 IN^+（30 脚）和 V^-（36 脚）应和公共端 COM（31 脚）相连。根据 7160 的原理分析，满度时（粮食全为水，即 A、B 短路）应使数码管的读数为 100（%），即使 N＝100，此时基准电压（V_{REF}）约为 1.5V。

V_{REF}的调整由 6.8kΩ 串联 2.2kΩ 电位器完成。调试时，将探头 A、B 开路，调节 3130 的 5 脚电位器 RP_1（100kΩ）使显示值为 0.00。将 A、B 短路（相当于粮食全泡在水中），调整 2.2kΩ 电位器 RP_2，使显示值为 100（%），即含水量 100（%）。

湿度传感器在使用过程中要注意以下几点：

1. 电源选择

湿敏电阻必须工作在交流回路中。若用直流供电，会引起多孔陶瓷表面结构改变，湿敏特性变劣；若交流电源频率过高，由于元件的附加容抗而影响测湿灵敏度和准确性。因此应以不产生正、负离子积聚为原则，使电源频率尽可能低。对于离子导电型湿敏元件，电源频率一般以 1kHz 为宜。对于电子导电型湿敏元件，电源频率应低于 50Hz。

2. 线性化处理

一般湿敏元件的特性均为非线性，为准确地获得湿度值，要加入线性化电路，使输出信号正比于湿度的变化。

3. 测量湿度范围

电阻式湿敏元件在湿度超过 95%RH 时，湿敏膜因湿润溶解，厚度会发生变化，若反复结露与潮解，特性将变坏而不能复原。电容式湿敏元件在 80%RH 以上高湿及 100%RH 以上结露或潮解状态下，也难以检测。另外，不能将湿敏电容直接浸入水中或长期用于结露状态，也不能用手摸或用嘴吹其表面。

4. 温度补偿

通常氧化物半导体陶瓷湿敏电阻温度系数为 0.1～0.3，在测湿精度要求高的情况下必须进行温度补偿。

【课外实训】

——吸烟报警器的制作

该报警器安装在不宜吸烟的场合，当有人吸烟而烟雾缭绕时，会发出响亮刺耳的语言“不要吸烟”，以提醒吸烟者自觉停止吸烟。

具体制作如下所述：

(1) 工作原理

该报警器由气敏传感器、单稳态触发器、语音集成电路和升压功放报警器等组成，如图 7-15 所示。当气敏元件 MQK-2 的表面吸附了烟雾或可燃性气体时，其 B、L 极间的阻值减小，这时由于 RP_2、R_1 和 B、L 极间电阻的分压，使节点 C 的电位下降，当其电位下降到 $1/3V_{DD}$时，IC_1 的 2 脚触发，由 IC_1 组成的单稳态触发器翻转，其 3 脚输出高电平，它经 R_3、C_2、VD 稳压在 4.2V，为语音集成电路 IC_2 和 VT 供电，这时 IC_2 的 K 点输出语音信号，由 C_3 耦合到 VT 进行一次电压预放大，再经 C_4 送入升压功放模块 TWH68，最后从扬声器中发出响亮的报警语音。虽然单稳态电路延时时间按图设定为 10s，但只要室内的烟雾或可燃性气体不被驱散，IC_1 的 2 脚的电位总不大于 $1/3V_{DD}$，它将一直输出高电平持续报警，只有烟雾消除后，MQK-2 的 B、L 极间阻值复原至 30kΩ 以上，且 2 脚的电位大于 $1/3V_{DD}$后，IC_1 才翻转输出低电平，从而停止报警。

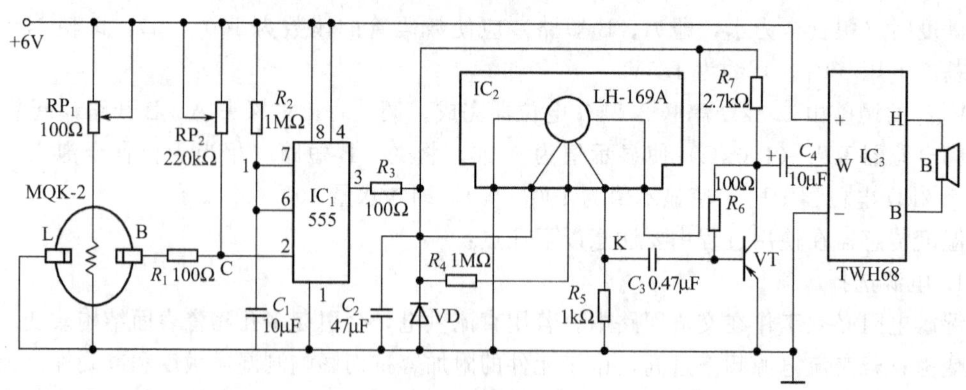

图 7-15 吸烟报警器电路

(2) 元器件选择

1) 气敏传感器选用 MQK-2 型气敏元件；IC_1 选用 NE555 或 LM555 等时基集成电路；

IC_2 选用 LH-169A 型语音集成电路；IC_3 选用升压功放模块 TWH68。

2）VT 用 9015 或 3CG21 型硅 PNP 小功率三极管，要求 $\beta > 100$。VD 用普通硅二极管 1N4148。

3）RP_1、RP_2 用 WH7-A 型立式微调电位器。$R_1 \sim R_7$ 选用 RTX-1/8W 碳膜电阻器。

4）C_1、C_2、C_4 用 CD11-10V 的电解电容器，C_3 选用 CC1 型瓷介电容器。

5）B 用 8W、0.25W 小口径电动式扬声器。

(3) 制作与调试

电源可用 6V/0.5A 的直流稳压电源供电。整个电路全部组装在体积合适的绝缘小盒（如塑料香皂盒）内。盒面板开孔固定气敏元件，并为扬声器 B 开出释音孔。调试时先将限流电位器 RP_1 旋至阻值最大处，然后通电，这样可防止大电流冲击损坏 MQK-2 的加热丝，微调 RP_1 使气敏元件加热的灯丝电压为 5V，这时流过加热极电流为 130mA 左右。注意，必须在 MQK-2 灯丝预热 10min，气敏元件的电阻处于正常工作状态后，再调节 RP_2 使 C 点的电位略大于 2V 即可。

【知识拓展】

离子敏传感器

离子敏传感器是一种对离子具有选择敏感作用的场效应晶体管。它是离子性电极（ISE）与金属-氧化物-半导体场效应管（MOSFET）组成，英文缩写 ISFET，是用来测量溶液或体液中的离子活度的微型固态电化学敏感器件。

一、离子敏传感器的工作原理

离子敏传感器由离子敏感膜和转换器两部分组成，结构如图 7-16 所示。敏感膜用以识别离子的种类和浓度，转换器则将敏感膜感知的信息转换为电信号。离子敏场效应管的结构和一般的场效应管之间的不同在于，离子敏场效应管没有金属栅电极，而是在绝缘栅上用铂膜作出引线，并在铂膜上涂覆一层敏感膜，这就构成了一只离子敏传感器。敏感膜的种类很多，不同的敏感膜所检测的离子种类也不同，具有离子的选择性。因此在使用时选择敏感膜的材料以检测所需离子的浓度。

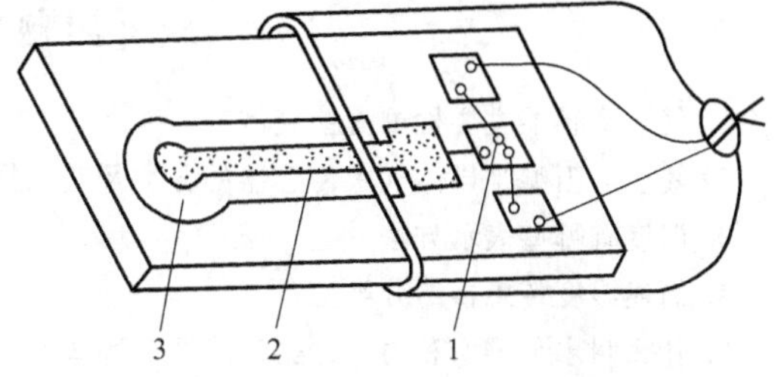

图 7-16　离子敏传感器的结构
1—MOSFET；2—铂膜；3—敏感膜

MOS 场效应管是利用金属栅上所加电压大小来控制漏源电流的；离子敏传感器则是利用其对溶液中离子有选择作用而改变栅极电位，以此来控制漏源电流变化的。

当将离子敏传感器插入溶液时，它的漏源电流将随溶液中被测离子的浓度的变化而变化，在一定条件下，漏源电流与离子浓度的对数呈线性关系，因此可以用漏极电流来确定离子浓度。

二、离子敏传感器的应用

离子敏传感器可以用来测量离子敏感电极（ISE）所不能测量的生物体中的微小区域和微量离子。因此，它在生物医学领域、环境保护、化工、矿山、地质、水文以及家庭生活等各方面都有应用。

1. 对生物体液中无机离子的检测

临床医学和生理学的主要检查对象是人或动物的体液，其中包括血液、脑髓液、脊髓液、汗液和尿液等，体液中某些无机离子的微量变化都与身体某个器官的病变有关。利用离子敏传感器迅速而准确地检测出体液中某些离子的变化，就可以为正确诊断、治疗及抢救提供可靠依据。

2. 在环境保护中应用

用离子敏传感器对植物的不同生长期体内离子的检测，可以研究植物在不同生长期对营养成分的需求情况，以及土壤污染对植物生长的影响等。用离子敏传感器对江河湖海中鱼类及其他动物血液中有关离子的检测，可以确定水域污染情况及其对生物体的影响。离子敏传感器也可用在大气污染的监测中，例如通过检测雨水成分中多种离子的浓度，可以监测大气污染的情况及查明污染的原因。

【项目小结】

气敏传感器就是能够感受环境中某种气体及其浓度并转换成电信号的器件。气敏传感器有半导体式、接触燃烧式、化学反应式、光干涉式、红外线吸收散射式等几种类型，其中最常见的是半导体气体传感器。其基本工作原理是利用半导体气敏元件同气体接触，造成半导体性质变化，来检测气体的成分或浓度。按照半导体变化的物理性质，可分为电阻型和非电阻型两种。

湿度传感器就是一种将被测环境湿度转换成电信号的器件。湿度传感器基本形式都为利用湿敏材料对水分子的吸附能力或对水分子产生物理效应的方法测量湿度。常见的湿度传感器主要分为水分子亲和力型和非水分子亲和力型。

【习题与训练】

1. 气敏传感器主要检测哪些气体？
2. 简述电阻型半导体气敏传感器的分类及其工作原理。
3. 湿度有哪些表示方法？
4. 简述湿度传感器的分类。
5. 什么叫水分子亲和力？这类传感器有哪些？

参 考 文 献

[1] 王煜东．传感器应用技术．西安：西安电子科技大学出版社，2006.

[2] 蔡共宣，林富生．工程测试与信号处理．武汉：华中科技大学出版社，2006.

[3] 宋健．传感器技术及应用．北京：北京理工大学出版社，2007.

[4] 胡孟谦，张晓娜．传感器与检测技术项目化教程．青岛：中国海洋大学出版社，2011.

[5] 梁森，王侃夫，黄杭美．自动检测与转换技术．北京：机械工业出版社，2005.

[6] 张玉莲．传感器与自动检测技术．第2版．北京：机械工业出版社，2013.

[7] 吴旗．传感器与自动检测技术．第2版．北京：高等教育出版社，2006.

[8] 潘新民，王燕芳．微型计算机控制技术．北京：电子工业出版社，2003.

[9] 董永贵．工业检测技术．北京：机械工业出版社，2009.

[10] 周乐挺．传感器与检测技术．北京：高等教育出版社，2005.

[11] 于彤．传感器原理及应用（项目式教学）．北京：机械工业出版社，2012.

[12] 丁炜，于秀丽．过程检测及仪表．北京：北京理工大学出版社，2010.

[13] 林锦实．传感器与检测技术．北京：机械工业出版社，2011.

[14] 黎景全．轧制工艺参数测试技术．第3版．北京：冶金工业出版社，2007.

[15] 秦益霖，李晴．虚拟仪器应用技术项目教程．北京：中国铁道出版社，2010.

[16] 李江全等．虚拟仪器设计测控应用典型实例．北京：电子工业出版社，2010.

[17] 刘顺兰，吴杰．数字信号处理．第2版．西安：西安电子科技大学出版社，2009.

[18] 王建新等．LabWindows/CVI虚拟仪器测试技术及工程应用．北京：化学工业出版社，2011.

[19] 胡向东，彭向华．传感器与检测技术学习指导．北京：机械工业出版社，2009.

[20] 刘丽．传感器与自动检测技术．北京：中国铁道出版社，2012.